ifaa-Edition

Reihe herausgegeben von

ifaa – Institut für angewandte Arbeitswissenschaft e. V. Düsseldorf, Deutschland

Die ifaa-Taschenbuchreihe behandelt Themen der Arbeitswissenschaft und Betriebsorganisation mit hoher Aktualität und betrieblicher Relevanz. Sie präsentiert praxisgerechte Handlungshilfen, Tools sowie richtungsweisende Studien, gerade auch für kleine und mittelständische Unternehmen. Die ifaa-Bücher richten sich an Fach- und Führungskräfte in Unternehmen, Arbeitgeberverbände der Metall- und Elektroindustrie und Wissenschaftler.

ifaa – Institut für angewandte
Arbeitswissenschaft e. V.
(Hrsg.)

Nachhaltigkeitsmanagement – Handbuch für die Unternehmenspraxis

Gestaltung und Umsetzung von Nachhaltigkeit in produzierenden Betrieben

2. Auflage

Springer Vieweg

Hrsg.
ifaa – Institut für angewandte
Arbeitswissenschaft e. V.
Düsseldorf, Deutschland

ISSN 2364-6896 ISSN2364-690X (electronic)
ifaa-Edition
ISBN 978-3-662-69572-2 ISBN 978-3-662-69573-9 (eBook)
https://doi.org/10.1007/978-3-662-69573-9

Die Deutsche Nationalbibliothek verzeichnet diese Publikation in der Deutschen Nationalbibliografie; detaillierte bibliografische Daten sind im Internet über https://portal.dnb.de abrufbar.

Planung/Lektorat: Alexander Grün
Springer Vieweg ist ein Imprint der eingetragenen Gesellschaft Springer-Verlag GmbH, DE und ist ein Teil von Springer Nature.
Die Anschrift der Gesellschaft ist: Heidelberger Platz 3, 14197 Berlin, Germany

Vorwort zur 2. Auflage

Unternehmen stehen gegenwärtig vor der Herausforderung mehrdimensionale Veränderungen in den Bereichen Wirtschaft, Umwelt, Soziales und Technik gleichzeitig bewältigen zu müssen. Der Klimawandel ist beispielsweise nicht nur mit ökologischen Risiken in Form von Naturgefahren, sondern auch mit veränderten Anforderungen von Gesellschaft, Kunden, Politik und Gesetzgebung an Unternehmen verbunden. Strategisch gewollte Transformationsprozesse laufen parallel zu turbulenten und schwer vorhersehbaren Veränderungen der wirtschaftlichen Rahmenbedingungen (beispielsweise Energiepreise, Inflation, Lieferkettenprobleme, neue gesetzliche Vorgaben) ab. Auf diese müssen die Unternehmen reagieren. Hinzu kommen soziale Veränderungen wie die demographische Entwicklung oder neue Arbeitswerte (New Work), die zu neuen Anforderungen bei der Gestaltung von Arbeitsplätzen und dem Umgang mit Beschäftigten führen. Unter diesen volatilen Rahmenbedingungen müssen Unternehmen ihre Existenz und den Erfolg nachhaltig sichern.

Im Kontext der Arbeits- und Betriebswelt bedeutet „Nachhaltigkeit", die Unternehmens- und Arbeitssituation bereits heute zu verbessern, ohne die langfristigen Zukunftsaussichten für Unternehmen, Inhaber, Beschäftigte, Kunden und Lieferanten zu verschlechtern. Dazu müssen vom Unternehmen die Situation und Handlungsfolgen unter ökonomischen, ökologischen, sozialen und technischen Aspekten betrachtet werden. Dies ist eine komplexe Aufgabenstellung, welche ein systematisches und strukturiertes Nachhaltigkeitsmanagement auf betrieblicher Ebene erfordert. Das vorliegende Handbuch beschreibt hierzu ein ganzheitliches Managementkonzept und gibt Hilfestellung für die praktische Umsetzung dieses Konzepts in Unternehmen. In dem Handbuch wurde Wert auf eine strukturierte und praxisorientierte Darstellung gelegt. In der vorliegenden zweiten Auflage des Handbuchs wurden neue Entwicklungen und Erkenntnisse

Die Originalversion des Buchs wurde revidiert. Ein Erratum ist verfügbar unter
https://doi.org/10.1007/978-3-662-69573-9_8

eingearbeitet. Zu nennen sind hier beispielsweise neue rechtliche Anforderungen an Unternehmen, wie die Corporate Sustainability Reporting Directive (CSRD). Auch Struktur, Inhalte und Abbildungen des Handbuchs wurden vollständig überarbeitet.

Dieses Handbuch ist Teil eines Paketes von Gestaltungs- und Handlungshilfen des ifaa – Institut für angewandte Arbeitswissenschaft e. V. zur praktischen Umsetzung eines betrieblichen Nachhaltigkeitsmanagements. Neben dem Handbuch umfasst dies Faktenblätter, Broschüren, Checklisten und Arbeitshilfen. Das vorliegende Handbuch und die ergänzenden Produkte sollen insbesondere Akteuren in produzierenden Unternehmen der deutschen Industrie helfen, die komplexen Herausforderungen der Zukunft erfolgreich und nachhaltig zu meistern.

Prof. Dr.-Ing. habil. Sascha Stowasser
Direktor
ifaa – Institut für angewandte Arbeitswissenschaft e. V.

Intention und Struktur des Handbuchs

Produzierende Unternehmen der deutschen Industrie stehen vor großen Herausforderungen. Sie müssen in einem krisenbehafteten, komplexen und anspruchsvollen Umfeld mit vielfältigen rechtlichen, normativen, gesellschaftlichen und kundenbezogenen Anforderungen agieren. Ein Erfolg versprechender Ansatz für die Gestaltung einer positiven Zukunft von Unternehmen ist die Realisierung eines betrieblichen Nachhaltigkeitsmanagements. In diesem Handbuch werden die Grundlagen und Elemente eines ganzheitlichen Managementkonzepts für die Sicherstellung und die Verbesserung von Nachhaltigkeit auf betrieblicher Ebene beschrieben. Bei der Darstellung wurde Wert auf eine strukturierte Darstellung sowie Praxisbezug gelegt. Das Handbuch soll insbesondere produzierenden Betrieben eine Hilfestellung zur Bewältigung der vielfältigen Anforderungen geben. Dadurch soll ein Beitrag zur Erhaltung von Industrieunternehmen und damit Beschäftigung sowie Wohlstand geleistet werden. Die Inhalte sind auf kleine, mittlere oder große Unternehmen anwendbar. Sie können angepasst auch auf Unternehmen außerhalb des Industriesektors übertragen werden.

Die Struktur des Handbuchs orientiert sich an den Elementen eines **Konzepts** zum Management von Nachhaltigkeit, das in Abschn. 1.3 als Übersicht dargestellt ist. Den Kern bildet ein **System** zur Leistungserstellung mit den vier Leistungsdimensionen Wirtschaft, Umwelt, Soziales und Technik, um die sich alle betrieblichen Prozesse des Unternehmens drehen. Dieses System wird von einem vierteiligen Ordnungs- und Gestaltungsrahmen umgeben. Die Basis bildet ein betrieblich definiertes **Verständnis** von Nachhaltigkeit. Dies wird durch unternehmensbezogene **Anforderungen** zur Nachhaltigkeit spezifiziert. Zur Einführung eines Nachhaltigkeitsmanagements und der systematischen Verbesserung der Nachhaltigkeit von Unternehmen sind sechs **Aufgaben** zu erfüllen. Mit der konkreten **Gestaltung** und Verbesserung von Nachhaltigkeit schließt sich der Rahmen um das Unternehmens- und Managementsystem.

In **Kapitel 1 (Konzept zum Nachhaltigkeitsmanagement)** werden die aktuelle Situation und die aktuellen Herausforderungen sowie das zugrunde liegende Managementkonzept zur systematischen Verbesserung der Nachhaltigkeit von Unternehmen dargestellt.

Das **Kapitel 2 (Verständnis von Nachhaltigkeit)** beinhaltet Grundlagen zum Verständnis von Nachhaltigkeit. Ausgehend von einer allgemeinen Definition und Zielen auf politischer und gesellschaftlicher Ebene werden eine Definition sowie Zweck und Ziele von Nachhaltigkeit auf betrieblicher Ebene beschrieben.

Kapitel 3 (Anforderungen an Unternehmen) gibt eine Hilfestellung bei der systematischen Erfassung und Identifizierung der Anforderungen, die verschiedene Anspruchsgruppen an die Nachhaltigkeit und ein Nachhaltigkeitsmanagement von Unternehmen stellen. Die Ausführungen werden durch Beispiele rechtlicher, normativer und individueller Anforderungen verdeutlicht.

Gegenstand von **Kapitel 4 (Aufgaben des Nachhaltigkeitsmanagements)** sind sechs Aufgaben, die in einem betrieblichen Nachhaltigkeitsmanagement in Form eines Managementzyklus bearbeitet werden müssen. Das Kapitel liefert einen Leitfaden für die praktische Einführung und Umsetzung eines Nachhaltigkeitsmanagements in Unternehmen. Für die Erfüllung der Aufgaben werden praxisorientierte Arbeitshilfen angeboten.

Das **Kapitel 5 (Gestaltung von Nachhaltigkeit)** umfasst sechs mögliche Gestaltungsbausteine zur Verbesserung der Nachhaltigkeit von Unternehmen. Für jeden Gestaltungsbaustein werden beispielhaft Kriterien zur Beurteilung von Situation, Potenzialen und Entwicklung sowie mögliche Ansätze und Maßnahmen zur Verbesserung der Nachhaltigkeit dargestellt.

In **Kapitel 6 (Nachhaltigkeitsmanagementsystem)** werden zunächst die Grundlagen von Produktions- und Unternehmenssystemen sowie normierten Managementsystemen beschrieben. Darauf aufbauend werden die Anforderungen sowie die Elemente und Prinzipien eines ganzheitlichen Nachhaltigkeitsmanagementsystems dargestellt.

Zum Abschluss wird in **Kapitel 7 (Gestaltungsbeispiel)** beispielhaft veranschaulicht, wie ein Nachhaltigkeitsmanagement in einem produzierenden Unternehmen konkret gestaltet und umgesetzt werden kann. Dazu wird eine nachhaltige Betriebs- und Arbeitsorganisation in Form eines Managementhandbuchs beschrieben. Solche Managementhandbücher werden in der Praxis häufig für normierte und zertifizierbare Managementsysteme erstellt. In dem Gestaltungsbeispiel wird ein Nachhaltigkeitsmanagementsystem beschrieben, das verschiedene Managementsysteme integriert. Es handelt sich somit um ein ganzheitliches Managementsystem.

Auf die verwendete und weiterführende Literatur wird jeweils am Ende der Kapitel verwiesen. Die Literaturhinweise enthalten Quellen zur Vertiefung und Unterstützung bei Fragestellungen rund um das Thema Nachhaltigkeit. Die Abbildungen entstammen Publikationen des ifaa – Institut für angewandte Arbeitswissenschaft e. V. sowie Präsentationen für Vorträge, Workshops und Seminare des Autors. Die Inhalte berücksichtigen berufliche Erfahrungen des Autors aus seiner praktischen Industrietätigkeit sowie Erkenntnisse aus Projekten, Workshops und Arbeitskreisen zur Nachhaltigkeit mit Arbeitgeberverbänden und Unternehmen der Metall- und Elektroindustrie. Diese sind in die Entwicklung des dargestellten Konzepts für ein Nachhaltigkeitsmanagement in produzierenden Unternehmen eingeflossen. Das Konzept ist offen für sich verändernde Anforderungen und lässt Freiraum für eine individuelle Anpassung an betriebsspezifische Bedürfnisse.

Die vorliegende Veröffentlichung ist in erster Linie als **Handbuch für Praktiker** gedacht. Sie vermittelt in kompakter Form das erforderliche Grundlagenwissen **zur Gestaltung und Verbesserung eines Nachhaltigkeitsmanagements in der Unternehmenspraxis.** Für eine operative Umsetzung in Unternehmen wird dieses um Gestaltungsvorschläge, Empfehlungen, Beispiele und Arbeitshilfen ergänzt. Das Handbuch kann darüber hinaus auch als Lehrmaterial mit Praxisbezug für Studium, berufliche Ausbildung oder Weiterbildung verwendet werden. Mit dem Handbuch werden folgende Ziele verfolgt:

- Sensibilisierung für Anforderungen und Handlungsbedarf in Unternehmen,
- Wissensvermittlung von Grundlagen eines Nachhaltigkeitsmanagements,
- Darstellung eines ganzheitlichen Konzepts für das Nachhaltigkeitsmanagement,
- Hilfestellung bei der strukturierten Bewältigung der komplexen Anforderungen,
- Befähigung zu eigenständiger, betriebsspezifischer Gestaltung und Verbesserung,
- Bereitstellung von praktischen Arbeits- und Handlungshilfen.

Das Handbuch beschreibt ein ganzheitliches, vierdimensionales Managementkonzept zur Verbesserung der Nachhaltigkeit für die Betriebs- und Arbeitsorganisation. Publikationen zum Nachhaltigkeitsmanagement verfolgen in der Regel einen dreidimensionalen Ansatz, wobei der Schwerpunkt häufig auf die zwei Dimensionen Umwelt und Soziales gelegt wird. Gegenüber rein wissenschaftlichen Publikationen liefert das Handbuch neben theoretischen Grundlagen auch Arbeits- und Handlungshilfen für die Umsetzung der Theorie in die Praxis. Das Handbuch bietet somit einen umfassenden Managementansatz mit einer praktischen Umsetzungsanleitung.

Inhaltsverzeichnis

Über den Autor

Olaf Eisele ist wissenschaftlicher Mitarbeiter am ifaa – Institut für angewandte Arbeitswissenschaft e. V. im Fachbereich Unternehmensexzellenz.

Nach dem Abitur und einer kaufmännischen Ausbildung absolvierte Herr Eisele ein Studium zum Diplom-Wirtschaftsingenieur sowie eine Ausbildung zum REFA-Prozessorganisator. Im Anschluss war er als Ingenieur für Industrial Engineering und Arbeitsstudien in der Metall- und Elektroindustrie tätig. Im Rahmen seiner beruflichen Laufbahn leitete er fünfzehn Jahre die Produktion eines modernen Elektronikwerks mit umfangreicher Personal- und Kostenverantwortung sowie Fachverantwortung für die Bereiche Fertigung, Industrial Engineering Produktionsplanung und -steuerung, Betriebstechnik, Instandhaltung sowie interne Logistik. Seit 2018 ist er im Fachbereich Unternehmensexzellenz des ifaa – Institut für angewandte Arbeitswissenschaft beschäftigt. Sein Themenschwerpunkt liegt auf der Gestaltung von Unternehmens- und Managementsystemen unter ausgewogener Berücksichtigung wirtschaftlicher, umweltbezogener, sozialer sowie technischer Anforderungen und Ziele. Er wirkt an Forschungsprojekten mit und ist Autor verschiedener Veröffentlichungen. Im Rahmen von Seminaren, Workshops und Arbeitskreisen unterstützt er die Arbeitgeberverbände und Unternehmen der Metall- und Elektroindustrie mit dem Ziel die Industrie am Standort Deutschland zu stärken.

Dipl.-Wirt.Ing. Olaf Eisele
Fachbereich Unternehmensexzellenz
ifaa – Institut für angewandte Arbeitswissenschaft e. V.
Uerdinger Straße 56
40474 Düsseldorf
Tel.: 0211 542263-36
E-Mail: o.eisele@ifaa-mail.de

Abkürzungsverzeichnis

3R	Ressourcenreduzierung, Ressourcentausch, Reengineering
5S	Selektierung, Strukturierung, Sauberkeit, Stabilisierung, Selbstreflexion
7V	sieben Verschwendungsarten
Abb.	Abbildung
AGM	Arbeits- und Gesundheitsschutzmanagement
ArbSchG	Arbeitsschutzgesetz
ArbStättV	Arbeitsstättenverordnung
ArbStättR	Arbeitsstättenrichtlinie
ASiG	Arbeitssicherheitsgesetz
B2B	Business-to-Business
B2C	Business-to-Consumer
BAFA	Bundesamt für Wirtschaft und Ausfuhrkontrolle
BAuA	Bundesanstalt für Arbeitsschutz und Arbeitsmedizin
BaFin	Bundesanstalt für Finanzdienstleistungsaufsicht
BDE	Betriebsdatenerfassung
BGB	Bürgerliches Gesetzbuch
BKM	Betriebliches Kontinuitätsmanagement
BNM	Betriebliches Nachhaltigkeitsmanagement
BetrSichV	Betriebssicherheitsverordnung
BetrVG	Betriebsverfassungsgesetz
BImSchG	Bundes-Immissionsschutzgesetz
BImSchV	Bundes-Immissionsschutzverordnung
BMAS	Bundesministerium für Arbeit und Soziales
BMU	Bundesministerium für Umwelt, Naturschutz und Reaktorsicherheit
BPS	Bosch Production System
CBAM	Carbon Border Adjustment Mechanism
CDP	Carbon Disclosure Project
CHL	Checkliste
CIE	Corporate Industrial Engineering

CO_2	Kohlenstoffdioxid
Cr6	Chrom(VI)-oxid
CSDDD	Corporate Sustainability Due Diligence Directive
CSR	Corporate Social Responsibility
CSRD	Corporate Sustainability Reporting Directive
DB	Deckungsbeitrag
Destatis	Statistisches Bundesamt
DfM	Design for Manufacturing
DGUV	Deutsche Gesetzliche Unfallversicherung
DNK	Deutscher Nachhaltigkeitskodex
DIN	Deutsche Industrienorm
DS-GVO	Datenschutz-Grundverordnung
EDL-G	Energiedienstleistungsgesetz
EFRAG	European Financial Reporting Advisory Group
ElektroG	Elektro- und Elektronikgerätegesetz
EN	Europäische Norm
EPS	exzellentes Produktionssystem
ERP	Enterprise Resource Planing
ESEF	European Single Electronic Format
ESG	Environment Social Governance
ESRS	European Sustainability Reporting Standards
EU	Europäische Union
F&E	Forschung und Entwicklung
FEE	Fertigungseinzelemission
FGE	Fertigungsgemeinemission
FKM	Finanz- und Kostenmanagement
FIFO	First In – First Out
FMEA	Fehlermöglichkeits- und Einflussanalyse
FOR	Formular
GCA	Global Carbon Atlas
GCD	Green Claim Directive
GefStoffV	Gefahrstoffverordnung
GEMIS	Globales Emissions-Modell integrierter Systeme
GeschGehG	Geschäftsgeheimnisgesetz
GGBefG	Gefahrgutbeförderungsgesetz
GHG	Greenhouse Gas
GPM	Ganzheitliches Produktivitätsmanagement
GPS	Ganzheitliches Produktionssystem
GRI	Global Reporting Initiative
GSSB	Global Sustainability Standards Board
h	hour (Stunde)
HE	Herstellemission

HGB	Handelsgesetzbuch
HLS	High Level Structure
HRM	Humanressourcenmanagement
ifaa	Institut für angewandte Arbeitswissenschaft
IEC	International Electrotechnical Commission
IFRS	International Financial Reporting Standards
ILO	International Labour Organization
IMSN	Integriertes Managementsystem Nachhaltigkeit
ISO	International Organization for Standardization
ISSB	International Sustainability Standards Board
JIT	Just-In-Time
KfW	Kreditanstalt für Wiederaufbau
kg	Kilogramm
KI	künstliche Intelligenz
KMU	kleine und mittlere Unternehmen
KrWG	Kreislaufwirtschaftsgesetz
kW	Kilowatt
kWh	Kilowattstunde
l	Liter
LCA	Low Cost Automation
LIM	Lean Information Management
LkSG	Lieferkettensorgfaltspflichtengesetz
m^3	Kubikmeter
MA	Mitarbeiter/-innen
ME	Materialemission
MEE	Materialeinzelemission
MES	Manufacturing Execution System
MGE	Materialgemeinemission
Mtoe	Millionen Tonnen Öläquivalent
MPS	Mercedes-Benz Produktionssystem
NFRD	Non-Financial Reporting Directive
NGO	Non-Governmental Organization
NMS	Nachhaltigkeitsmanagementsystem
oe	oil equivalent
OECD	Organisation for Economic Co-operation and Development
OEE	Overall Equipment Efficiency
OSEE	Overall Sustainability Equipment Efficiency
Pb	Blei
PDCA	Plan Do Check Act
PEE	Produktentsorgungsemission
PEV	Primärenergiebedarf
PG	Produktgruppe

PLC	Product-Lifecycle
PLCE	Product-Lifecycle-Emission
PNE	Produktnutzungsemission
ProdHaftG	Produkthaftungsgesetz
ProdSV	Produktsicherheitsverordnung
PVE	Produktverkaufsemission
REACH	Registration, Evaluation, Authorisation and Restriction of Chemicals
REFA	Verband für Arbeitsgestaltung, Betriebsorganisation und Unternehmensentwicklung
RHB	Roh, Hilfs- und Betriebsstoffe
RoHS	Restriction of Hazardous Substances
SBSC	Sustainability Balanced Scorecard
SBTi	Science Based Targets initiative
SGB	Sozialgesetzbuch
SFDR	Sustainable Finance Disclosure Regulation
SFM	Shopfloor Management
SSFM	Sustainability Shopfloor Management
Sifa	Fachkraft für Arbeitssicherheit
SMED	Single Minute Exchange of Die
SPC	Statistical Process Control
SPL	systematische Problemlösung
St	Stück
StMWi	Bayerisches Staatsministerium für Wirtschaft und Medien, Energie und Technologie
STOP	Standort, Technik, Organisation, Person
SWOT	Strengths, Weaknesses, Opportunities, Threats
Tab.	Tabelle
TCFD	Task Force on Climate-related Financial Disclosures
TGA	technische Gebäudeausstattung
THG	Treibhausgas
TOP	Technik, Organisation, Person
TPM	Total Productive Maintenance
TPS	Toyota-Produktionssystem
TRGS	Technische Regeln für Gefahrstoffe
TWM	Technologie- und Wissensmanagement
UBA	Umweltbundesamt
UmweltHG	Umwelthaftungsgesetz
UN	United Nations
UNGC	United Nations Global Compact
UNPOP	United Nations Population Division
VDE	Verband der Elektrotechnik Elektronik Informationstechnik
VDI	Verein Deutscher Ingenieure

VerpackG	Verpackungsgesetz
VtGE	Vertriebsgemeinemission
VvGE	Verwaltungsgemeinemission
WBCSD	World Business Council for Sustainable Development
WEEE	Waste Electrical and Electronic Equipment
WHG	Wasserhaushaltsgesetz
WRI	World Resources Institute
WUST	Wirtschaft, Umwelt, Soziales, Technik
ZIELE	zielorientiert, in time, eindeutig, leistungsbeeinflussbar, einfach
ZVEI	Verband der Elektro- und Digitalindustrie

Konzept zum Nachhaltigkeitsmanagement

1

Ausgangssituation, Bedarf und Inhalt eines Nachhaltigkeitsmanagementkonzepts

Olaf Eisele

1.1 Ausgangssituation für Unternehmen

Unternehmen agieren in einem unbeständigen, unsicheren, komplexen und unklaren Umfeld. Im betrieblichen Alltag werden Akteure in Unternehmen mit einer Vielzahl und immer wieder neuen Themen und Trends konfrontiert. Diese Situation hat sich mit der globalen Vernetzung und der Möglichkeit zur digitalen Information und Kommunikation von jeder Maschine oder Person, zu jeder Zeit und an jedem Ort verstärkt. Die unternehmerischen Rahmenbedingungen lassen sich vereinfacht als WUST-Welt charakterisieren (Abb. 1.1). Das verwendete Substantiv „Wust" steht hier sinngemäß für eine ungeordnete Menge von unbeständigen, unsicheren, komplexen und unklaren Themen und Trends.

Ein hilfreicher Ansatz, um ein komplexes Umfeld besser zu beschreiben, zu verstehen und letztendlich zu bewältigen, ist die Schaffung von Ordnung und Struktur. Dies lässt sich beispielsweise durch Zuordnung von Themen zu übergeordneten Themenfeldern und eine Strukturierung in Bereiche oder Dimensionen realisieren.

Als Einfluss-, Handlungs- sowie Zieldimensionen für Unternehmen können Wirtschaft, Umwelt, Soziales und Technik (WUST) definiert werden. Die Buchstabenfolge „WUST" kann somit als Synonym für einen Ordnungs- und Strukturierungsansatz verwendet werden. Dieser ist sowohl für die Charakterisierung der Rahmenbedingungen und der aktuellen Situation (Herausforderungen) eines Unternehmens geeignet, als auch für die Strukturierung von dessen Handlungsfeldern und Zieldimensionen (Lösungsansatz). In

O. Eisele (✉)
FachbereichUnternehmensexzellenz, ifaa– Institut fürangewandteArbeitswissenschaft e.V., Düsseldorf, Deutschland
E-Mail: o.eisele@ifaa-mail.de

Nachhaltigkeitsmanagement – Handbuch für die Unternehmenspraxis, ifaa-Edition
https://doi.org/10.1007/978-3-662-69573-9_1

Abb. 1.1 WUST-Welt

Abb. 1.2 sind die Rahmenbedingungen für Unternehmen in den vier Dimensionen Wirtschaft, Umwelt, Soziales und Technik mit Beispielen für Themen und wesentliche Umfeldtrends dargestellt.

Die individuelle Situation eines Unternehmens kann nur betriebsspezifisch beschrieben und bewertet werden. Sie kann trotz gleichem Umfeld sehr unterschiedlich sein. Der Grund hierfür liegt darin, dass sich jedes Unternehmen durch eine einzigartige Kombination von Eigenschaften und Anforderungen auszeichnet. Unternehmen haben unterschiedliche Standorte, Größen, Geschäftsmodelle, Organisationsformen, Kapitalgeber, Produkte, Prozesse, Anlagen, Gebäude, Kunden, Lieferanten, Führungskräfte und Beschäftigte. Die folgende Beschreibung der Ausgangssituation für Unternehmen erfolgt zunächst auf allgemeiner, gesamtwirtschaftlicher Ebene. Anschließend werden jeweils Hinweise gegeben, mit welchen Kennzahlen die individuelle Situation zu den Bereichen Wirtschaft, Umwelt, Soziales und Technik auf betrieblicher Ebene detailliert werden kann.

1.1.1 Wirtschaftssituation

Die Wirtschaftssituation wird auf gesamtwirtschaftlicher Ebene vor allem durch die realisierte Wirtschaftsleistung in Form des Bruttoinlandsprodukts (BIP) beschrieben. Das

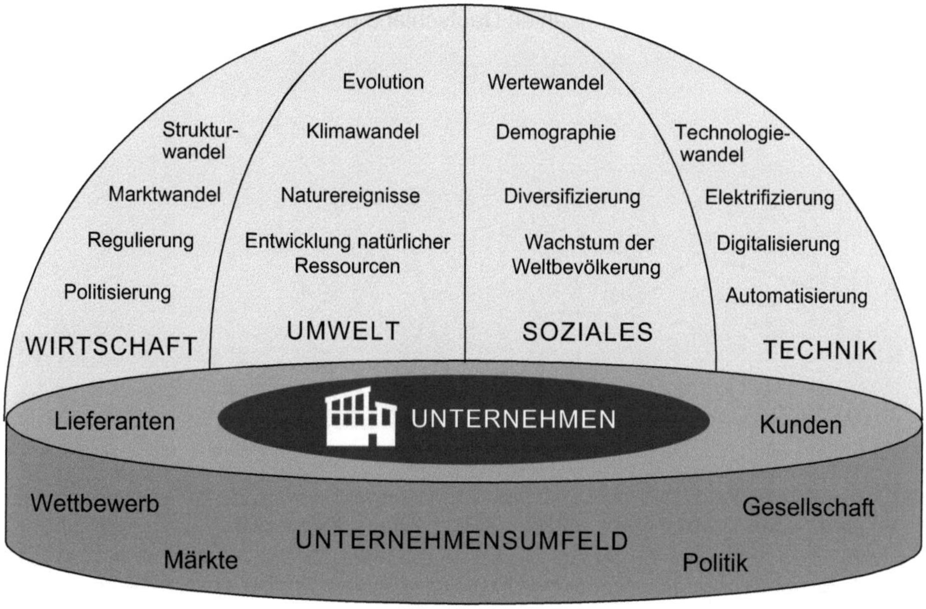

Abb. 1.2 Vierdimensionales Umfeld von Unternehmen

deutsche BIP zu jeweiligen Preisen lag 2023 bei 4.186 Mrd. EUR (Destatis 2024). Ergänzend dazu können Verhältniskennzahlen, wie die Arbeitsproduktivität oder Lohnstückkosten je Erwerbstätigen, zur Einschätzung der wirtschaftlichen Situation herangezogen werden. Abb. 1.3 zeigt die prozentualen Veränderungen der genannten Wirtschaftskennzahlen gegenüber dem Vorjahr für Deutschland von 2015 bis 2023.

Ein geringes Wirtschafts- und Produktivitätswachstum bei hohen Inflationsraten und Steigerungen der Lohnstückkosten gefährden die nachhaltige Entwicklung eines Landes. Die Wirtschaftsentwicklung eines Landes wird maßgeblich durch politische Entscheidungen beeinflusst. Insbesondere Unternehmen des Industriesektors stehen aktuell in Deutschland vor großen wirtschaftlichen Herausforderungen. Sie sind von einem massiven Strukturwandel betroffen, der von Störungen der Lieferketten und einem Fachkräftemangel begleitet wird. Am Standort Deutschland werden die Unternehmen in zunehmenden Umfang von bürokratischen Vorschriften und Gesetzen (z. B. Lieferkettensorgfaltspflichtengesetz) sowie steigenden Lohnkosten, Energiekosten, Steuern und Sozialabgaben belastet. Unternehmen, die sich in einem internationalen Wettbewerb befinden, können die damit verbundenen Mehrkosten nicht an ihre Kunden weiterreichen. Die einzige Chance zur Sicherung der Wettbewerbsfähigkeit besteht dann darin, Kostennachteile durch eine höhere Produktivität auszugleichen oder den Standort zu verlagern. Die Produktivität ist ein zentraler Erfolgsschlüssel für die nachhaltige Sicherung der wirtschaftlichen Existenz und Zukunft von Unternehmen. Wirtschaftliche, technische und soziale Entwicklungen haben in Unternehmen zu einer Veränderung der Arbeits- und

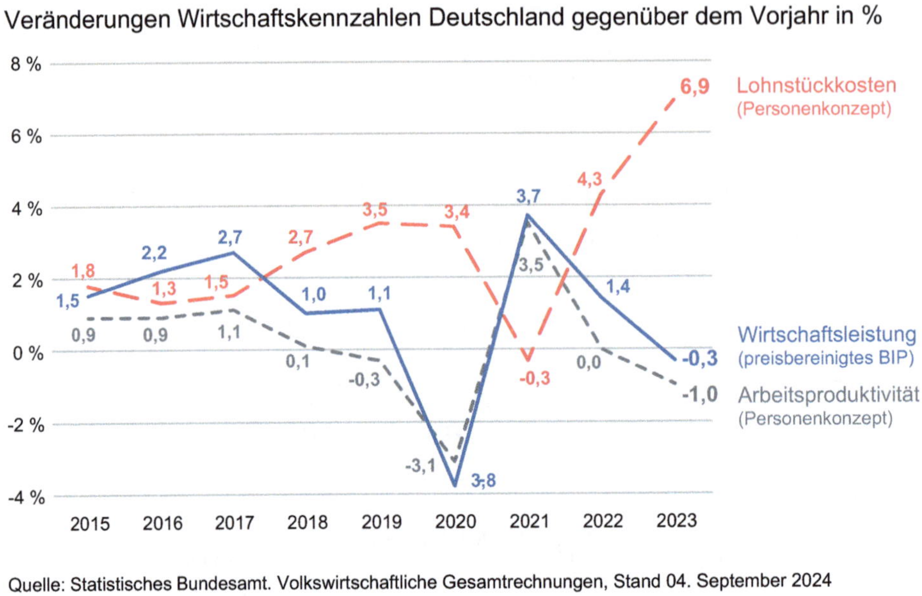

Abb. 1.3 Wirtschaftliche Entwicklung in Deutschland (Destatis 2024)

Kostenstrukturen geführt. Um diesen Veränderungen gerecht zu werden, müssen bisherige Ansätze zum Management der Produktivität in Unternehmen an die neuen Bedingungen angepasst werden. Zukünftig ist ein „Ganzheitliches Produktivitätsmanagement (GPM)" gefragt (Eisele et al. 2021). Dieses zeichnet sich dadurch aus, dass es sich nicht nur auf die Arbeitsproduktivität direkter Produktionsprozesse fokussiert. Es beinhaltet vielmehr alle Prozesse und eingesetzten Ressourcen in Unternehmen. Dazu zählen auch die mit steigenden Kostenanteilen verbundenen indirekten Prozesse sowie ein möglichst produktiver Einsatz von Betriebsmitteln, Material, Energie und Information.

Verschiedene Krisenereignisse der letzten Jahre haben gezeigt, dass Unternehmen zunehmenden und sich verändernden Risiken ausgesetzt sind. Ereignisse der letzten Jahre wie die Finanzkrise, Pandemie, Ukrainekrieg, Handelskonflikte sowie Störungen internationaler Lieferketten und verschiedene Naturereignisse (Hitzewellen, Waldbrände, Stürme, Starkregen, Überschwemmungen) zeigen, dass Unternehmen zur Existenzsicherung eine höhere Resilienz benötigen. Hierzu reicht es nicht aus, sich im Rahmen eines wertorientierten Risikomanagements lediglich mit der Optimierung des finanziellen Ertrag-Risiko-Profils auseinanderzusetzen und monetäre Risiken kalkulatorisch einzupreisen oder zu versichern. Vielmehr sind finanzielle Risikobetrachtungen durch organisatorische und technische Maßnahmen zur Vermeidung, Reduzierung und Behebung von Schäden zu ergänzen. Erforderlich ist ein Betriebliches Kontinuitätsmanagement (BKM). Dies beinhaltet neben einem Risikomanagement auch ein wirksames Krisen- und Sanierungsmanagement (Eisele 2022).

Die individuelle Wirtschaftssituation wird in Unternehmen durch das Rechnungswesen mit betriebswirtschaftlichen Kennzahlen erfasst und in Jahresabschlüssen sowie Geschäftsberichten beschrieben. Wichtige wirtschaftliche Leistungsindikatoren sind beispielsweise Kennzahlen zu Umsatz, Betriebserfolg, Anlage- und Umlaufvermögen, Kapital- und Kostenstruktur, Liquidität, Rendite, Produktivität, Qualität sowie Lieferzeiten. Deren Vergleich im Zeitablauf und zu anderen Unternehmen im Rahmen von Benchmarks bringen zusätzliche Erkenntnisse zur wirtschaftlichen Situation. Unternehmen, die im Benchmark von den für Kunden wichtigen Zielgrößen Qualität, Kosten und Lieferzeit nicht wettbewerbsfähig sind, sind in ihrer Existenz gefährdet.

1.1.2 Umweltsituation

Die Umweltsituation ergibt sich aus dem Zustand der Natur (Pflanzen, Gewässer, Tierwelt, Klima) sowie den verfügbaren natürlichen Ressourcen und Bodenschätzen. Zur Beschreibung des Naturzustands können beispielsweise die Temperaturen, Wassermengen, Wasserqualität, Größe von Waldflächen, Gasgehalte der Atmosphäre, Stoffgehalte von Böden oder Pflanzen- und Tierbestände verwendet werden. Die Situation von Ressourcen und Bodenschätzen wird über die verfügbaren Vorkommen (z. B. von Öl, Gas, Metallen, seltenen Erden) und deren Entwicklung beschrieben.

Der Schwerpunkt umweltpolitischer Diskussionen liegt aktuell bei dem Klimawandel und den von Menschen emittierten Treibhausgasen (THG). Den größten Anteil von etwa 90 % an den THG hat das Kohlendioxid (CO_2). Im Jahr 2022 wurden weltweit 37.150 Mio. Tonnen CO_2 emittiert, wobei allein China hierzu mit 11.397 Mio. Tonnen zu 31 % beitrug (GCA 2024). Etwa 80 % der globalen CO_2-Emissionen werden von 20 Ländern emittiert (Eisele, ifaa 2023a). Deutschland hatte mit 666 Mio. Tonnen einen Anteil von weniger als 2 % an der globalen Gesamtemission. Die Abb. 1.4 zeigt die territorialen CO_2-Emissionen von 1990 und 2022 für ausgewählte Länder im Vergleich (GCA 2024).

Bei der Entwicklung der CO_2-Emissionen existieren zum Teil große Unterschiede in den Ländern. Die Ursachen hierfür sind vielfältig. In einigen Staaten (z. B. Deutschland) konnten die Emissionen kontinuierlich reduziert werden. Weitere Reduzierungen in diesen Staaten haben jedoch immer weniger Einfluss auf die aktuell noch steigende globale Gesamtentwicklung. Die weitere Entwicklung wird zukünftig von Ländern bestimmt, deren jährliche CO_2-Emissionen bisher nicht reduziert wurden, sondern weiterhin mit hohen Raten wachsen. Ob es gelingt, bei diesen eine Trendumkehr zu erreichen, hängt von der wirtschaftlichen und technischen Machbarkeit sowie Motivation zur Trendumkehr ab. Erforderliche Investitionen und Anstrengungen zur Transformation müssen attraktiv sein. Dabei können positive Länderbeispiele helfen. Beispiele, in denen eine CO_2-Reduktion zu Wohlstandsverlust führt, sind jedoch nicht hilfreich (Eisele, ifaa 2023b).

Die territoriale CO_2-Emission von Deutschland lag 2022 bei 666 Mio. Tonnen. Gegenüber dem Jahr 1990 wurde diese um 37 % reduziert (UBA 2023). Die deutsche

Land	1990	2022	Änderung
Indien	578	2830	390 %
Indonesien	155	729	370 %
China	2485	11397	359 %
Iran	210	691	229 %
Saudi-Arabien	209	663	217 %
Südkorea	251	601	139 %
Brasilien	219	484	121 %
Mexiko	317	512	62 %
Südafrika	313	404	29 %
Kanada	459	548	19 %
USA	5121	5057	−1 %
Japan	1157	1054	−9 %
Russland	2536	1652	−35 %
Deutschland	1055	666	−37 %
Großbritannien	602	319	−47 %

Abb. 1.4 Territoriale Emissionen ausgewählter Länder in Millionen Tonnen CO_2 (GCA 2024)

Industrie hat aktuell noch einen Anteil von etwa 0,4 % an den globalen Emissionen (Eisele, ifaa 2023b).

Die CO_2-Emission wird maßgeblich durch den Primärenergieverbrauch (PEV) und die dafür eingesetzten Energieträger (Kohle, Öl, Gas, Kernkraft, Sonne, Wind, Wasser) bestimmt. Der Primärenergiebedarf wird über die Wirkungsgradmethode als öläquivalentes Gewicht (oe = oil equivalent) oder in Energieeinheiten (Joule) ermittelt. Der weltweite Energieverbrauch lag 2022 bei 14.585 Mio. Tonnen Öläquivalent (Mtoe). Die drei größten Verbraucher waren China (3.801 Mtoe), USA (2.182 Mtoe) und Indien (1.005 Mtoe). Deutschland lag mit 270 Mtoe im Ländervergleich hinter Indonesien und Iran auf dem elften Platz. Während global ein steigender Energieverbrauch beobachtet werden kann, ist dieser in Deutschland von 1990 bis 2022 um etwa 23 % gesunken. Ein Anstieg findet vor allem in China und Indien statt. Der Energieverbrauch hat sich dort von 1990 bis 2022 etwa um den Faktor vier erhöht (Enerdata 2023).

Bei den Anteilen der Energiearten am Energieverbrauch lassen sich im Zeitablauf Veränderungen und länderspezifische Unterschiede beobachten. Diese werden beispielsweise am Anteil der Atomenergie an der Stromerzeugung deutlich. Während der Anteil der Kernenergie als Energiequelle im Jahr 2022 in Deutschland unter 6 % lag, betrug er in Frankreich mehr als 60 % (Statista 2023).

Zur Beschreibung der Einflüsse von Unternehmenstätigkeiten auf die Umweltsituation können verschiedene absolute oder relative Kennzahlen verwendet werden

(BMU 1997). Diese erfassen beispielsweise den Verbrauch von Energie, Material, Fläche, Wasser oder die verursachten Emissionen sowie Abfälle.

1.1.3 Soziale Situation

Die soziale Situation lässt sich beispielsweise anhand von Bevölkerungsentwicklung, Altersstruktur, Alterserwartung, Einkommens- und Vermögensverteilung oder einer Bewertung von Gesundheit sowie Zufriedenheit beschreiben. Nach Berechnungen der Vereinten Nationen (UN) hat die Weltbevölkerung am 15. November 2022 die Schwelle von acht Milliarden Menschen überschritten. Sie wird in Prognosen bis zum Jahr 2030 auf etwa 8,5 Mrd. und bis 2050 auf 9,7 Mrd. weiter ansteigen (UNPOP 2022). Abb. 1.5 zeigt die demographische Entwicklung der deutschen Bevölkerung für die Jahre 1990, 2022 und eine moderate Prognose für das Jahr 2030 (Destatis 2023a). Die deutsche Bevölkerung ist von 1990 bis 2022 um mehr als 4 Mio. gewachsen. Erkennbar ist zudem eine demographische Altersverschiebung.

Gesellschaftlich lassen sich insbesondere in Westeuropa und bei jüngeren Generationen ein zunehmendes Selbstbewusstsein sowie höhere Anforderungen an Mitspracherechte und die individuelle Lebensgestaltung beobachten. In Unternehmen führt dies zu veränderten Anforderungen der Beschäftigten an Arbeits- und Vertragsbedingungen. Die Beschäftigten fordern beispielsweise verstärkt kürzere Arbeitszeiten, mehr räumliche und zeitliche Flexibilität, eine gute Vereinbarkeit von Beruf und Privatinteressen (Familie, Freizeit) sowie individuelle Arbeitsgestaltung.

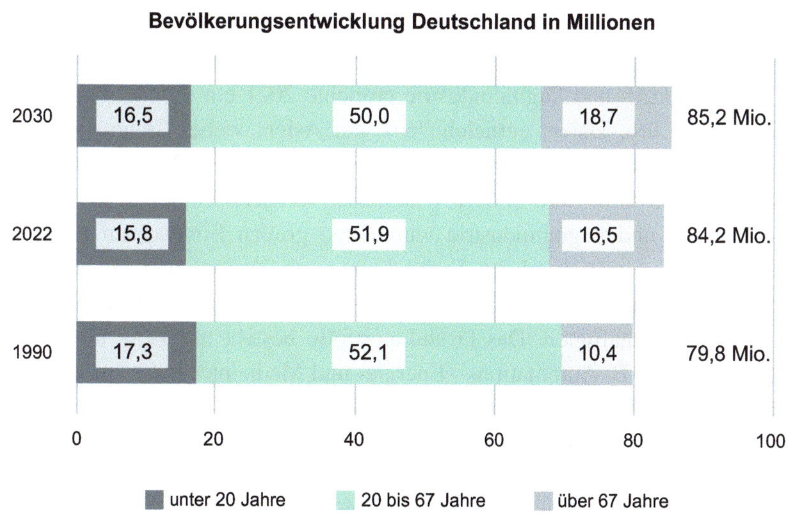

Abb. 1.5 Bevölkerungsentwicklung in Deutschland (Destatis 2023a)

Die soziale Situation von Gesellschaften wird stark durch die wirtschaftliche Situation beeinflusst. Die Geschichte zeigt, dass eine schlechte Wirtschaftslage oder Wirtschaftskrisen zu Konflikten und Verteilungskämpfen in Gesellschaften und sogar zu gewaltsamen Auseinandersetzungen in und zwischen Staaten führen können. Eine gute wirtschaftliche Entwicklung hat dagegen positive Effekte auf die Lebensqualität, Gesundheitsversorgung, Alterserwartung und Zufriedenheit.

Zur Beschreibung der sozialen Situation können auf Unternehmensebene beispielsweise Kennzahlen zu Beschäftigungsstruktur (Anzahl oder Anteile der Beschäftigten nach Funktion, Alter, Geschlecht, Arbeitszeit, Beschäftigungsdauer und Lohngruppen), Sozialausgaben, Arbeitsunfällen, Krankenquoten oder Zufriedenheitsbewertungen herangezogen werden.

1.1.4 Techniksituation

Die Techniksituation wird durch das technische Wissen sowie die Art und Menge der eingesetzten technischen Geräte und Maschinen beschrieben. Der Einsatz von Technik hat einen fundamentalen Einfluss auf die gesellschaftliche und unternehmensbezogene Wirtschafts-, Umwelt- und Sozialsituation. Ein Beleg hierfür sind die vier industriellen Revolutionen. Die technischen Veränderungen in den letzten Jahrhunderten hatten massiven Einfluss auf die Entwicklung in Wirtschaft, Umwelt und Gesellschaft. Aktuell befinden wir uns in der sogenannten vierten industriellen Revolution (Industrie 4.0). Die aktuelle und zukünftige Techniksituation ist durch eine zunehmende Elektrifizierung, Digitalisierung und Automatisierung von Produkten, Anlagen, Gebäuden und Prozessen gekennzeichnet. Für alle Formen der Digitalisierung und Automatisierung werden Elektrizität und elektronische Produkte benötigt. Die Elektroindustrie hat dadurch eine besondere Bedeutung für die weitere Entwicklung von Wirtschaft, Umwelt und Gesellschaft.

Die globale Elektro- und Digitalindustrie erreichte 2021 ein Produktionsvolumen von etwa 5 Billionen Euro. Davon entfielen 76 % auf Asien, wobei China mit 52 % mehr als die Hälfte der globalen Produktionswerte erzeugte (ZVEI 2023a). Deutschland hatte einen Anteil von 153 Mrd. Euro bzw. 3 % an dieser Wertschöpfung. Die Entwicklung der deutschen Elektro- und Digitalindustrie wird einen großen Einfluss auf die zukünftige wirtschaftliche und gesellschaftliche Entwicklung von Deutschland haben. Aktuell ist sie national die zweitgrößte Industriebranche mit rund 900.000 Inlandsbeschäftigen und 810.000 Auslandsbeschäftigten. Das Produktportfolio besteht mit 79 % im Schwerpunkt aus Industriegütern (z. B. Automations-, Energie- und Medizintechnik). Im weltweit größten Fachbereich der Elektronikbauelemente hat die deutsche Industrie aktuell nur einen geringen Anteil an der globalen Wertschöpfung. Die aktuellen Wachstumsraten der deutschen Elektroindustrie liegen gegenwärtig unterhalb der globalen Entwicklung (ZVEI 2023b).

Durch die zunehmende Vernetzung technischer Geräte sowie die steigende Leistungsfähigkeit von selbststeuernden Maschinen bis hin zu digitaler Intelligenz (KI) können immer komplexere Arbeitsaufgaben von Menschen automatisiert werden. Die

Digitalisierung und die Automatisierung durch künstliche Intelligenz (KI) bieten Unternehmen Chancen ihre Produkte, Dienstleistungen sowie Leistungserstellungsprozesse neu zu gestalten und zu verbessern (Stowasser 2023). Gleichzeitig führen die damit verbundenen Entwicklungen aber auch zu veränderten Rahmenbedingungen und Anforderungen an Strukturen und Fähigkeiten von Unternehmen (Eisele et al. 2021) sowie neuen Risiken für die wirtschaftliche, umweltbezogene und soziale Entwicklung.

Auf betrieblicher Ebene kann die individuelle Techniksituation beispielsweise durch Kennzahlen zu Anlagenstruktur (Alter, Technikstand), Produktstruktur (Alter, Technikstand), Innovationen (Patente, neue Produkte), Investitionen, Verfügbarkeit oder Effizienz beschrieben werden.

1.2 Bedarf für ein Nachhaltigkeitsmanagementkonzept

Unternehmen agieren in einem Umfeld, dass durch einen kontinuierlichen Wandel in den vier Dimensionen Wirtschaft, Umwelt, Soziales und Technik gekennzeichnet ist. Zur nachhaltigen Existenzsicherung müssen sie die aktuelle Situation und die zukünftigen Entwicklungen sowie Anforderungen in diesen Dimensionen wiederkehrend analysieren und bewerten. Aus einer solchen Analyse und Bewertung kann sich ein Handlungsbedarf zur Anpassung von betrieblichen Zielen, Strategien und Aktivitäten ergeben. Die Umsetzung notwendiger Maßnahmen muss geplant, koordiniert und eine Kontrolle der Ergebnisse durchgeführt werden. Die Durchführung dieser Aufgaben ist Gegenstand eines betrieblichen Nachhaltigkeitsmanagements.

In der Betriebs- und Arbeitsorganisation existieren bereits viele Managementkonzepte und Managementsysteme. Diese beschränken sich jedoch häufig auf einen ausgewählten Teilaspekt und Teilziele der betrieblichen Leistungserstellung. Beispiele hierfür sind Konzepte und Systeme zum Management von Qualität, Kosten, Umweltschutz, Energieverbrauch, Informationssicherheit oder Arbeits- und Gesundheitsschutz. Für eine nachhaltige Sicherung von Existenz und Erfolg eines Unternehmens ist jedoch ein ganzheitliches Managementkonzept erforderlich. Dieses muss die einzelnen Teilaspekte und Teilziele von Unternehmen als Ganzes erfassen und diesen eine aufeinander abgestimmte sowie einheitliche Ausrichtung geben.

Ein ganzheitliches Management der Nachhaltigkeit von Unternehmen ist aufgrund der Vielfalt von mehrdimensionalen Themen, Anforderungen und Zielen ein sehr anspruchsvolles und komplexes Vorhaben. Es erfordert eine systematische, gut strukturierte und geordnete Vorgehensweise. Ein Managementkonzept hierzu muss vor allem helfen, die Übersicht zu behalten und den roten Faden nicht zu verlieren. Es muss die betriebsspezifische Situation (Unternehmensmerkmale, verfügbare Ressourcen, Fähigkeiten) und externen Rahmenbedingungen berücksichtigen. Zudem muss es offen für Anpassungen an neue und im Zeitablauf veränderliche Anforderungen (z. B. Kundenbedürfnisse, Gesetze) sein.

Nachhaltigkeitsmanagementkonzepte wurden in der Vergangenheit von einigen Unternehmen auf der Basis freiwilliger Initiativen entwickelt. Durch verschiedene Richtlinien,

Verordnungen und Gesetze werden Unternehmen jedoch zunehmend zur Implementierung eines Nachhaltigkeitsmanagements verpflichtet. Dies ergibt sich beispielsweise durch die Corporate Sustainability Reporting Directive (CSRD) der Europäischen Union, die zukünftig für alle großen Unternehmen gelten soll (EU 2022). Auf den ersten Blick fordert diese Richtlinie lediglich einen Nachhaltigkeitsbericht. Um diesen inhaltlich füllen zu können, sind jedoch organisatorische Managementstrukturen, Ziele, Kennzahlen, Strategien, Maßnahmen und eine Ergebniskontrolle zur Nachhaltigkeitsentwicklung erforderlich. Dies bedeutet indirekt die Forderung zur Realisierung eines betrieblichen Nachhaltigkeitsmanagements, welches Gegenstand dieses Handbuchs ist.

Die CSRD stellt eine Erweiterung und Detaillierung von Nachhaltigkeitspflichten für Unternehmen dar. Sie soll für alle großen Unternehmen innerhalb der Europäischen Union (EU) gelten und in nationales Recht überführt werden. Als „groß" gelten nach aktueller EU-Definition Unternehmen mit mehr als 250 Beschäftigten sowie einem Netto-Jahresumsatz von mehr als 50 Mio. Euro oder einer Bilanzsumme von mehr als 25 Mio. Euro (EU 2023).

Gemäß dem Unternehmensregister des Statistischen Bundesamtes existierten 2022 in Deutschland mehr als 17.000 rechtliche Einheiten mit mehr als 250 abhängig Beschäftigten, davon etwa 4.500 aus dem verarbeitenden Gewerbe (Destatis 2023b). Diese sind potenziell von der neuen Berichtspflicht zur unternehmerischen Nachhaltigkeit betroffen und es liegt ein rechtlich begründeter Bedarf für ein Nachhaltigkeitsmanagementkonzept vor. Hinzu kommen kleine und mittlere Unternehmen (KMU), die zwar rechtlich nicht von der CSRD betroffen sind, jedoch ebenfalls Bedarf für ein Managementkonzept zur Nachhaltigkeit haben. Dieser kann sich aufgrund von Anforderungen durch Geschäftspartner (Kunden, Kapitalgeber) ergeben oder auf einer freiwilligen Entscheidung aus strategischen Gründen sowie Überzeugung der Gesellschafter beruhen.

Unabhängig davon, ob ein Nachhaltigkeitsmanagement aus zwingenden oder freiwilligen Gründen realisiert wird, sollte das Nachhaltigkeitsmanagementkonzept folgende Eigenschaften aufweisen:

- **Konformität:** Erfüllung von rechtlichen oder normativen Anforderungen an das Unternehmen.
- **Ganzheitlichkeit:** Berücksichtigung aller für den Unternehmenserfolg relevanten Einflussgrößen und Zieldimensionen (Wirtschaft, Umwelt, Soziales, Technik).
- **Wesentlichkeit:** Konzentration auf das Richtige und Wichtige.
- **Offenheit:** Möglichkeit zur Abbildung betriebsspezifischer und im Zeitablauf veränderlicher Anforderungen.
- **Machbarkeit:** Möglichkeit zur Anpassung von Komplexitäts- und Detaillierungsgrad sowie Aufwand an die betrieblich verfügbaren Ressourcen.
- **Einfachheit:** Logischer, gut verständlicher und schlanker Aufbau ohne unnötige Komplexität und Bürokratie.
- **Nützlichkeit:** Schaffung eines Mehrwerts für das Unternehmen, bei dem der Nutzen höher als der Aufwand ist.

1.3 Nachhaltigkeitsmanagementkonzept

Eine dauerhafte Existenz- und Erfolgssicherung für ein Unternehmen unter Berücksichtigung ökonomischer, ökologischer, sozialer und technologischer Veränderungen, Anforderungen und Ziele ist ein komplexes Managementvorhaben. Zur Bewältigung dieser Aufgabenstellung wurde am ifaa – Institut für angewandte Arbeitswissenschaft e. V. ein betriebs- und arbeitsorganisatorisches Konzept für ein betriebliches Nachhaltigkeitsmanagement entwickelt (Abb. 1.6). Es hilft die Übersicht zu behalten, gibt Orientierung und liefert einen Leitfaden zur praktischen Umsetzung in Unternehmen.

Das Managementkonzept besteht im Kern aus einem vierdimensionalen **System** zur Bewertung aller Einflüsse und Handlungen eines Unternehmens, um das sich alle Unternehmensprozesse (Management-, Kern-, Unterstützungsprozesse) drehen. Die Basis des Managementkonzepts ist ein ganzheitliches, zukunftsorientiertes **Verständnis** von Nachhaltigkeit, welches vier Ziel- und Leistungsdimensionen (Wirtschaft, Umwelt, Soziales, Technik) ausgewogen berücksichtigt. Um erfolgreich am Markt zu bestehen, müssen Unternehmen die für sie relevanten Interessengruppen und deren **Anforderungen** kennen. Die Anforderungen müssen bewertet, priorisiert und bei der **Gestaltung** von Mission, Grundsätzen, Zielen, Strategien, Produkten, Prozessen sowie technischer Infrastruktur (Gebäude und Anlagen) berücksichtigt werden. Für die erfolgreiche und nachhaltige Erfüllung der Anforderungen sind sechs **Aufgaben** des Nachhaltigkeits-

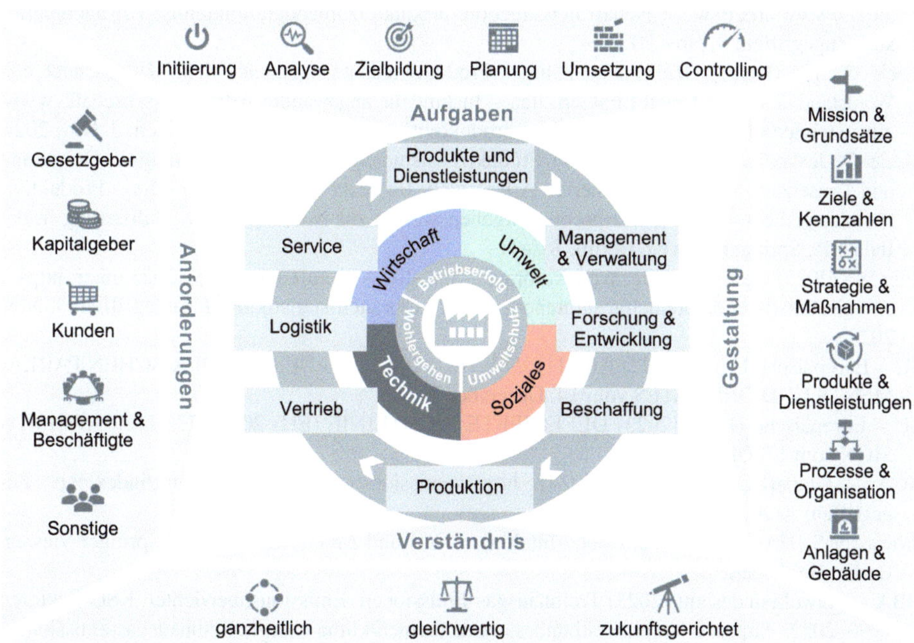

Abb. 1.6 Nachhaltigkeitsmanagementkonzept (Eisele, ifaa 2023)

managements in Form eines Managementzyklus zu bearbeiten. Diese reichen von der Initiierung notwendiger Verbesserungen bis zum Controlling und der Ableitung weiterer Verbesserungen. Die Elemente des Managementkonzepts werden in den folgenden Kapiteln im Detail erläutert.

Literatur

BMU – Bundesministerium für Umwelt, Naturschutz und Reaktorsicherheit (Hrsg) (1997) Leitfaden Betriebliche Umweltkennzahlen. Druckhaus Deutsch, München

Destatis – Statistisches Bundesamt (2023a) Bevölkerungspyramide für Deutschland. https://service.destatis.de/bevoelkerungspyramide/index.html#!v=2. Zugegriffen: 3. Nov. 2023

Destatis – Statistisches Bundesamt (2023b) Statistisches Unternehmensregister. Rechtliche Einheiten und abhängig Beschäftigte nach Beschäftigungsgrößenklassen und Wirtschaftsabschnitten im Berichtsjahr 2022. https://www.destatis.de/DE/Themen/Branchen-Unternehmen/Unternehmen/Unternehmensregister/Tabellen/unternehmen-beschaeftigtengroessenklassen-wz08.html. Zugegriffen: 16. Jan. 2024

Destatis – Statistisches Bundesamt (2024) Volkswirtschaftliche Gesamtrechnungen, Inlandsprodukte. https://www.destatis.de/DE/Themen/Wirtschaft/Volkswirtschaftliche-Gesamtrechnungen-Inlandsprodukt/_inhalt.html. Zugegriffen: 4. Sep. 2024

Eisele O (2022) Betriebliches Kontinuitätsmanagement – Handlungsleitfaden für die praktische Umsetzung. Leistung & Entgelt (Sonderdruck Juni 2022):6–45

Eisele O, ifaa (Hrsg) (2023a) Nachhaltigkeit in Zahlen. Situation auf globaler, nationaler und betrieblicher Ebene. Zahlen | Daten | Fakten. ifaa – Institut für angewandte Arbeitswissenschaft. https://www.arbeitswissenschaft.net/angebote-produkte/zahlendatenfakten/ue-zdf-nachhaltigkeit. Zugegriffen: 3. Nov. 2023

Eisele O, ifaa (Hrsg) (2023b) Nachhaltiges Produktivitätsmanagement. Mehr Klimaschutz und Wohlstand. Zahlen | Daten | Fakten. ifaa – Institut für angewandte Arbeitswissenschaft. www.arbeitswissenschaft.net/zdf-nachhaltiges-produktivitaetsmanagement. Zugegriffen: 3. Nov. 2024

Eisele O, Jeske T, Lennings F (2021) Produktivitätsmanagement – Anforderungen, Gestaltung und Umsetzung in der digitalisierten Arbeitswelt. In: Jeske T, Lennings F (Hrsg) Produktivitätsmanagement 4.0 – Praxiserprobte Vorgehensweisen zur Nutzung der Digitalisierung in der Industrie. Springer Vieweg, Berlin, S 7–41

Enerdata (2023) Gesamtenergie. Welt-Verbrauch-Statistik. Abgerufen am 03.11.2023 unter: https://energiestatistik.enerdata.net/gesamtenergie/welt-verbrauch-statistik.html. Zugegriffen: 3. Nov. 2023

EU – Europäische Union (2022) RICHTLINIE (EU) 2022/2464 DES EUROPÄISCHEN PARLAMENTS UND DES RATES vom 14. Dezember 2022

EU – Europäische Union (2023) DELEGIERTE RICHTLINIE (EU) 2022/2775 DER KOMMISSION vom 17. Oktober 2023

GCA – Global Carbon Atlas (2024). https://emissions.globalcarbonatlas.org/index.php. Zugegriffen: 4. Apr. 2024

Stowasser S (Hrsg) (2023) Künstliche Intelligenz (KI) und Arbeit. ifaa-Edition. Springer Vieweg, Berlin, Heidelberg

UBA – Umweltbundesamt (2023) Treibhausgas-Emissionen. Emissionsübersichten KSG-Sektoren 1990–2022. https://www.umweltbundesamt.de/themen/klima-energie/treibhausgas-emissionen. Zugegriffen: 30. Okt. 2023

UNPOP (Bevölkerungsabteilung der Vereinten Nationen) (2022) World Population Prospects. https://population.un.org/wpp/. Zugegriffen: 31. Okt. 2023

Statista (2023) Wichtigste EU-Länder nach Anteil der Kernenergie an der Stromerzeugung in den Jahren 2016 bis 2022. https://de.statista.com/statistik/daten/studie/186652/umfrage/anteil-der-atomkraft-an-stromerzeugung-in-eu-laendern/. Zugegriffen: 30. Okt. 2023

ZVEI – Verband der Elektro- und Digitalindustrie (Hrsg) (2023a) Globale Elektro- und Digitalindustrie. Daten, Zahlen und Fakten. https://www.zvei.org/fileadmin/user_upload/Presse_und_Medien/Publikationen/Regelmaessige_Publikationen/Daten_Zahlen_und_Fakten/Die_globale_Elektroindustrie_Daten_Zahlen_Fakten/ZVEI-Faktenblatt-International-2023.pdf. Zugegriffen: 2. Nov. 2023

ZVEI – Verband der Elektro- und Digitalindustrie (Hrsg) (2023b) Die deutsche Elektro- und Digitalindustrie. Daten, Zahlen und Fakten. https://www.zvei.org/presse-medien/publikationen/die-deutsche-elektro-und-digitalindustrie-daten-zahlen-und-fakten. Zugegriffen: 2. Nov. 2023

Verständnis von Nachhaltigkeit

Bedeutung, Zweck und Definition von Nachhaltigkeit

2

Olaf Eisele

2.1 Verwendung und Herkunft des Nachhaltigkeitsbegriffs

Die Begriffe »nachhaltig« und »Nachhaltigkeit« werden häufig und vielfältig benutzt. Dies wird an mehr als einer Million Ergebnissen bei einer Suche im Internet deutlich. Im täglichen Sprachgebrauch wird das Adjektiv »nachhaltig« zur Charakterisierung von etwas als zukunftsfest, andauernd, dauerhaft, robust und langfristig gültig verwendet. Der Begriff »Nachhaltigkeit« wird vor allem zur Beschreibung eines Denk- und Handlungsprinzips benutzt.

Die Forderung von Nachhaltigkeit gehört zu den aktuellen Megatrends in Politik, Gesellschaft und Wirtschaft. Der Begriff Nachhaltigkeit (engl. Sustainability) ist allgegenwärtig. Er findet sich in Zielen, Strategien, Richtlinien, Berichten oder Positionspapieren von Vereinten Nationen, Europäischer Union, Deutscher Bundesregierung, politischen Parteien sowie zivilen und wirtschaftlichen Organisationen. Der Nachhaltigkeitsbegriff wird in verschiedenen Kontexten und mit unterschiedlicher Interpretation sowie Gewichtung verwendet. Auf politischer Ebene werden im Zusammenhang mit dem Nachhaltigkeitsbegriff vor allem umweltbezogene und soziale Ziele einer Gesellschaft sowie daraus abgeleitete Anforderungen an Organisationen und Menschen diskutiert und thematisiert.

Die von den Vereinten Nationen 1983 gegründete Weltkommission für Umwelt und Entwicklung veröffentlichte 1987 unter dem Titel „Our Common Future" einen Bericht. In diesem wird ein heute verbreitetes Verständnis für eine „Nachhaltige Entwicklung" aus

O. Eisele (✉)
FachbereichUnternehmensexzellenz, ifaa– Institut fürangewandteArbeitswissenschaft e.V., Düsseldorf, Deutschland
E-Mail: o.eisele@ifaa-mail.de

Nachhaltigkeitsmanagement – Handbuch für die Unternehmenspraxis, ifaa-Edition
https://doi.org/10.1007/978-3-662-69573-9_2

politisch-gesellschaftlicher Perspektive beschrieben. Dieses wird in dem Bericht unter Punkt 27 wie folgt charakterisiert: „Humanity has the ability to make development sustainable to ensure that it meets the needs of the present without compromising the ability of future generations to meet their own needs" (UN 1987). In der Folge wurde von den Vereinten Nationen 1992 in Rio de Janeiro eine internationale Konferenz für Umwelt und Entwicklung (UNCED) durchgeführt. Daraus entstand eine Agenda 2021, die später durch eine Agenda 2030 ersetzt wurde. Mit der Agenda 2030 wurden 17 globalpolitische Ziele (SDG – Sustainability Development Goals) für eine Nachhaltige Entwicklung durch die Organisation der Vereinten Nationen definiert (UN 2015). Die Nachhaltigkeitsziele der Vereinten Nationen werden mittlerweile häufig genutzt, um eine dazu konforme moralische Einstellung zu bekunden. Sie finden sich beispielsweise in politischen Programmen, Positionspapieren, Grundsatzerklärungen oder medienwirksamen Öffentlichkeitsberichten von staatlichen, nichtstaatlichen und privatwirtschaftlichen Organisationen.

Das von politischen Akteuren aufgegriffene Nachhaltigkeitsprinzip ist keine neue Erfindung des 20. Jahrhunderts, sondern hat bereits eine lange Vorgeschichte (Spindler 2012). Es wurde bereits in frühzeitlichen Gesellschaften bei agrar- und forstwirtschaftlichen Belangen auf Basis von logischen Überlegungen praktiziert, aber nicht öffentlichkeitswirksam publiziert. Eine der ersten Publikationen zur Nachhaltigkeit in der Forstwirtschaft stammt aus dem Jahr 1713 von dem Oberberghauptmann Hans Carl von Carlowitz (Kessel 2013). Diese enthält eine Anweisung für eine nachhaltige Holzbewirtschaftung, mit der eine dauerhafte Befriedigung des Holzbedarfs von Menschen und Wirtschaftstätigkeiten (Bergbau, Verhüttung) gesichert werden sollte. Das empfohlene Handlungsprinzip besagt vereinfacht, dass immer nur so viel Holz geschlagen wird, wie durch Wiederaufforstung nachwachsen kann. Hans Carl von Carlowitz spricht von „nachhaltender Nutzung der Wälder" und empfiehlt eine Holzwirtschaft, die eine kontinuierliche, beständige und nachhaltige Nutzung ermöglicht.

Die praktische Erfahrung in der Entwicklung von industrialisierten Gesellschaften hat gezeigt, dass zwischen ökonomischen, ökologischen und sozialen Entwicklungen gegenseitige Abhängigkeiten und Wechselbeziehungen bestehen. Daraus wurde die Notwendigkeit einer gleichrangigen und gleichwertigen Berücksichtigung von ökonomischen, ökologischen sowie sozialen Zielen und Interessen für eine nachhaltige Entwicklung von Gesellschaften abgeleitet. Durch die vom Deutschen Bundestag 1995 eingerichtete Enquete-Kommission „Schutz des Menschen und der Umwelt" wurde das „Drei-Säulen-Modell" einer nachhaltigen Entwicklung beschrieben. Im Gegensatz zu häufig auf Umweltaspekte beschränkte Diskussionen stellt dieses Modell die zu beachtenden Interdependenzen einer nachhaltigen Entwicklung heraus. Die drei Säulen Ökonomie, Ökologie und Soziales symbolisieren, dass Ziele in diesen Dimensionen für eine nachhaltige Entwicklung gleichberechtigt und gleichwertig zueinanderstehen müssen. Diese bedingen einander und können nicht teiloptimiert werden. Die Kommission empfiehlt deshalb eine dreidimensionale Perspektive für eine nachhaltige Gesellschaftspolitik mit dem Ziel die ökonomische, ökologische und soziale Leistungsfähigkeit zu sichern und zu verbessern (Enquete-Kommission 1998).

2.2 Nachhaltigkeit auf gesellschaftlicher Ebene

Der Begriff »Nachhaltigkeit« beschreibt gemäß den Ausführungen in Abschn. 2.1 ein Denken und Handeln, dass die gegenwärtige Situation verbessert, ohne die Zukunftsaussichten folgender Generationen zu verschlechtern. Durch die Enquete-Kommission wurde der Begriff Nachhaltigkeit mit einem Drei-Säulen-Modell beschrieben (Enquete-Kommission 1998). Auf gesellschaftlicher (Makro-) Ebene beschreibt »Nachhaltigkeit« danach eine Politik, deren Ziel die gleichwertige und gleichberechtigte Sicherstellung und Verbesserung von ökonomischer, ökologischer und sozialer Leistungsfähigkeit ist. Die Nachhaltigkeit wird maßgeblich durch die verfügbaren und eingesetzten Technologien beeinflusst. Die Erfahrungen der industriellen Revolutionen zeigen, dass der Einsatz von Technik maßgeblichen Einfluss auf die Entwicklungen der drei Nachhaltigkeitssäulen hat. Neue Technologien (Digitalisierung, regenerative Energieerzeugung oder künstliche Intelligenz etc.) bilden aktuell wesentliche Hoffnungsträger, um ökonomische, ökologische und soziale Ziele zu erreichen. Insofern ist Technik von fundamentaler Bedeutung für die drei Nachhaltigkeitssäulen (Eisele und ifaa 2023). Das Drei-Säulen-Modell der Nachhaltigkeit lässt sich durch diese Sichtweise um ein Fundament „Technik“ als vierte Dimension und Basis von Nachhaltigkeit erweitern (Abb. 2.1).

Die Notwendigkeit von Nachhaltigkeit auf gesellschaftlicher Ebene ergibt sich aus den möglichen Folgen für Gesellschaften bei fehlender Beachtung des Nachhaltigkeitsprinzips. Diese zeigen sich beispielsweise in Wirtschaftskrisen, im Klimawandel und Umweltschäden oder in sozialen Unruhen bis hin zu Kriegen. Durch Anwendung des Nachhaltigkeitsprinzips sollen diese negativen Ereignisse vermieden bzw. deren Ausmaß

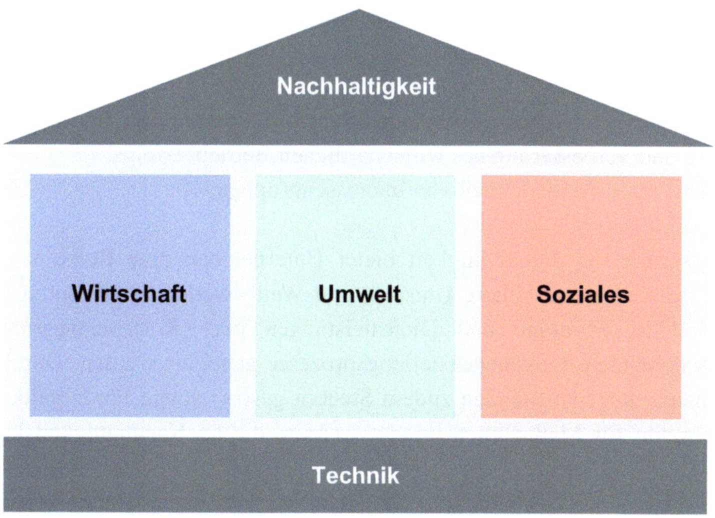

Abb. 2.1 Nachhaltigkeitsmodell auf Gesellschaftsebene (Eisele und ifaa 2023)

verringert werden. Dementsprechend lassen sich als Ziele und Nutzen von Nachhaltigkeit auf gesellschaftlicher Ebene nennen:

- Erhaltung der ökologischen Lebensgrundlage und natürlichen Ressourcen,
- Sicherung und Verbesserung des gesellschaftlichen Wohlstands,
- Erhaltung des sozialen Friedens, der Gesundheit und Freiheit.

2.3 Nachhaltigkeit auf betrieblicher Ebene

Auf die Betriebsebene heruntergebrochen steht der Begriff »Nachhaltigkeit« für ein Handlungsprinzip, bei dem die Unternehmenssituation in der Gegenwart verbessert wird, ohne die langfristigen Zukunftsaussichten für das Unternehmen und relevante Interessengruppen (Inhaber, Beschäftigte, Kunden, Lieferanten) auch in nächster Generation zu verschlechtern.

Die Nachhaltigkeit zeigt sich bei Unternehmen in der wirtschaftlichen, umweltbezogenen, sozialen und technischen Leistungsfähigkeit (Eisele und ifaa 2023). Ergebnis der Leistungserstellung sind Produkte und Dienstleistungen. Um diese zu erstellen sind verschiedene Management-, Unterstützungs- und Kernprozesse durchzuführen (Abschn. 5.5). Diese drehen sich um die Unternehmensziele in den Dimensionen Wirtschaft, Umwelt, Soziales und Technik (Abb. 2.2).

Die Notwendigkeit für Nachhaltigkeit auf Unternehmensebene ergibt sich aus den Anforderungen von Politik und Gesetzgebung, Kunden, Kapitalgebern, Management, Beschäftigen und sonstigen gesellschaftlichen Anspruchsgruppen (Kap. 3). Unternehmen, die diese Anforderungen nicht erfüllen, gefährden dadurch unter Umständen ihre wirtschaftliche Existenz und ihr Fortbestehen. Ziele und Nutzen eines nachhaltigen Wirtschaftens von Unternehmen sind:

- Erhaltung der betrieblichen Existenzgrundlage und Ressourcen,
- Sicherung und Verbesserung des wirtschaftlichen Betriebserfolgs,
- Wohlergehen und Zufriedenheit von Interessengruppen.

Eine Verbesserung der Nachhaltigkeit bietet Unternehmen eine Reihe von Chancen. So können beispielsweise höhere Umsätze und Wettbewerbsvorteile durch nachhaltige Geschäftsmodelle, Produkte und Dienstleistungen oder Kosteneinsparungen durch ressourcenschonendere Leistungserstellungsprozesse generiert werden. Durch staatliche Anreize können unter Umständen zudem Steuern gespart sowie Fördergelder oder vergünstigte Kredite für Maßnahmen erlangt werden, die an Nachhaltigkeitskriterien gekoppelt sind.

Zur Schärfung des Nachhaltigkeitsverständnisses von Unternehmen bietet sich eine Beschreibung der angestrebten Fähigkeiten und Merkmale eines Unternehmens in den

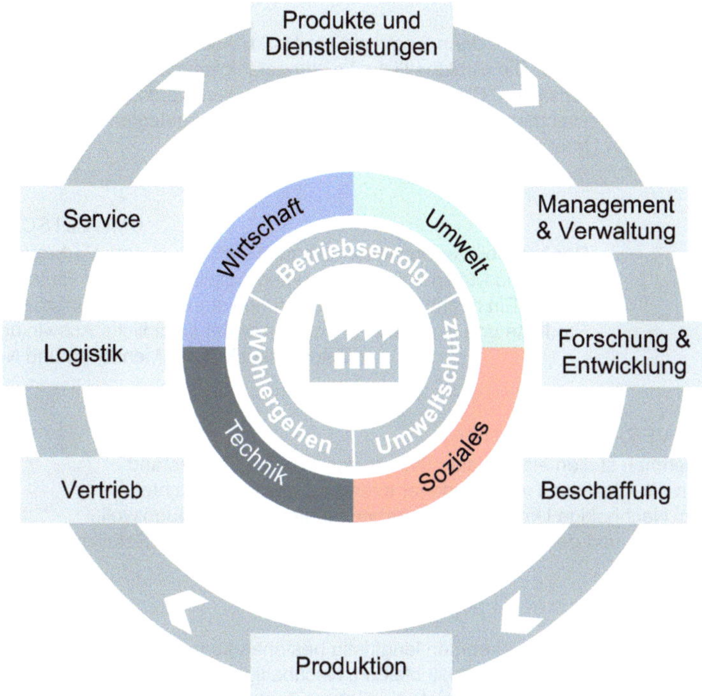

Abb. 2.2 Nachhaltigkeit auf Betriebsebene (Eisele und ifaa 2023)

vier Dimensionen Umwelt, Wirtschaft, Soziales sowie Technik an. Das ifaa – Institut für angewandte Arbeitswissenschaft hat hierzu beispielsweise folgendes Verständnis von Nachhaltigkeit formuliert (Abb. 2.3).

Ökonomische Nachhaltigkeit (Wirtschaft)
Unternehmen können nur dann langfristig am Markt existieren, wenn sie wettbewerbsfähig sind und Gewinne erzielen. Die wirtschaftliche Leistungsfähigkeit von Unternehmen zeigt sich vor allem in Umsätzen, Bilanzen und Produktivitätskennzahlen. Nachhaltige Unternehmen streben nicht nur nach einer kurzfristigen Gewinnmaximierung, sondern nach einem auf Dauer angelegten wirtschaftlichen Unternehmenserfolg.

Ökologische Nachhaltigkeit (Umwelt)
Die ökologische Nachhaltigkeit von Unternehmen zeigt sich unter anderem in dem Verbrauch von Energie und Material sowie erzeugten Abfallmengen und CO_2-Emissionen. Nachhaltige Unternehmen streben möglichst ressourcenschonende Produkte und Prozesse an und vermeiden schädliche Auswirkungen der Betriebstätigkeit auf Menschen und Natur.

WIRTSCHAFTLICHKEIT
Unternehmen existieren nur dann langfristig am Markt, wenn sie wettbewerbsfähig sind. Die wirtschaftliche Leistungsfähigkeit zeigt sich vor allem in Umsätzen, Bilanzen und Produktivitätskennzahlen. Nachhaltige Unternehmen streben nach einem auf Dauer angelegten wirtschaftlichen Unternehmenserfolg.
UMWELTSCHUTZ
Der betriebliche Umweltschutz zeigt sich u.a. in dem Verbrauch von Energie und Material sowie erzeugten Abfallmengen und Emissionen. Ein nachhaltiges Unternehmen strebt ressourcenschonende Produkte und Prozesse an und vermeidet schädliche Auswirkungen der Betriebstätigkeit auf Menschen und Natur.
SOZIALVERANTWORTUNG
Unternehmen stellen ein soziales System dar. Für den Fortbestand müssen die Interessen verschiedener Interessengruppen beachtet werden. Nachhaltige Unternehmen streben langfristige, vertrauensvolle Beziehungen und den Schutz der Gesundheit und Existenz aller Beteiligten an.
TECHNIKSTÄRKE
Damit Unternehmen langfristig bestehen können, müssen sie auf dem Stand der Technik bleiben. Nachhaltige Unternehmen erkennen und nutzen die beste verfügbare Technik für eine Verbesserung ihrer wirtschaftlichen, umweltbezogenen und sozialen Leistungsfähigkeit.

Abb. 2.3 Verständnis von Nachhaltigkeit auf Unternehmensebene (Eisele 2022)

Soziale Nachhaltigkeit (Soziales)
Unternehmen stellen ein soziales System aus interagierenden Menschen dar. Für den Fortbestand eines Unternehmens müssen die Interessen von Kunden, Beschäftigten, Lieferanten und Inhabern gleichermaßen beachtet werden. Nachhaltige Unternehmen streben langfristige, vertrauensvolle Beziehungen zu Geschäftspartnern und Beschäftigten sowie den Schutz der Gesundheit und Existenz aller beteiligten und betroffenen Menschen an.

Technologische Nachhaltigkeit (Technik)
In einer fortschrittlichen Gesellschaft ist der Einsatz von Technik unabdingbar. Damit Unternehmen langfristig bestehen können, müssen sie auf dem Stand der Technik bleiben. Nachhaltige Unternehmen erkennen frühzeitig Chancen neuer Technologien und nutzen diese für eine gleichrangige Verbesserung ihrer ökonomischen, ökologischen und sozialen Leistungsfähigkeit.

Unternehmen, die ein Nachhaltigkeitsmanagement einführen oder ihre Nachhaltigkeit verbessern möchten, sollten sich zunächst Klarheit über das eigene Verständnis von Nachhaltigkeit schaffen und dieses auch schriftlich analog dem hier aufgeführten Beispiel fixieren.

2.4 Betriebliches Nachhaltigkeitsmanagement

Um die Herausforderungen der Zukunft in Unternehmen zu meistern, ist ein Managementkonzept erforderlich, mit dem die Komplexität der Anforderungen beherrscht, Chancen genutzt und Risiken für Unternehmen reduziert werden (Eisele 2021). Hierzu bietet sich eine systematische Vorgehensweise an, bei der zunächst ein unternehmensbezogener Ordnungs- und Gestaltungsrahmen definiert wird. Dies kann durch die Realisierung eines Managementsystems erfolgen, das alle Zieldimensionen und Gestaltungselemente einer nachhaltigen Betriebs- und Arbeitsorganisation beinhaltet und die Erfüllung rechtlicher Mindestanforderungen sicherstellt. Mit diesem Handbuch soll ein solches Managementsystem als Ordnungs- und Gestaltungsrahmen dargestellt werden. Es soll Unternehmen eine Hilfestellung zur generellen Orientierung und aktiven Gestaltung einer erfolgreichen Zukunft durch eine systematische Verbesserung der Nachhaltigkeit an die Hand geben. Die verwendeten Prinzipien, Methoden und Werkzeuge sind so gewählt, dass sie auch für kleine und mittlere Unternehmen umsetzbar sind.

Zur Erfüllung der vielfältigen Anforderungen an Unternehmen wurde für die Betriebs- und Arbeitsorganisation bereits eine Reihe von Managementsystemen entwickelt (Abschn. 6.2). Diese sollen in Unternehmen beispielsweise ein erfolgreiches Management von Qualität, Umwelt-, Arbeits- und Gesundheitsschutz, Energieverbrauch oder Risiken gewährleisten. Um die vielfältigen Anforderungen an Unternehmen zu erfüllen, reicht ein Managementsystem für eine einzelne Zielsetzung jedoch nicht aus. Erforderlich ist vielmehr ein ganzheitliches Managementsystem, dass die mehrdimensionalen Anforderungen und Ziele ganzheitlich berücksichtigt (Kap. 6). Die Grundlage hierfür bildet das in Abschn. 2.3 dargestellte Nachhaltigkeitsverständnis auf Unternehmensebene.

Betriebliches Nachhaltigkeitsmanagement beschreibt die systematische Planung, Organisation und Steuerung einer kontinuierlichen Nachhaltigkeitsverbesserung in einem Unternehmen. Als Gründe für ein betriebliches Nachhaltigkeitsmanagement lassen sich nennen:

- Einhaltung von Gesetzen und Verordnungen,
- Erfüllung von Kundenwünschen,
- Erfüllung der Anforderungen von Kapitalgebern,
- Erfüllung der Anforderungen von Management und Beschäftigten,
- Erhalt von Förderungen, Zuschüssen und günstigen Krediten,
- Beherrschung von Risiken und Nutzen von Chancen,
- Realisierung von Wettbewerbsvorteilen,
- Steigerung von Produktivität und Rentabilität,
- Verbesserung des Firmenimages,
- Erfüllung der gesellschaftlichen Verantwortung.

2.5 Gesellschaftliche Verantwortung

Von Unternehmen wird eine gesellschaftliche Verantwortung (Corporate Social Responsibility) gefordert. Diese kann durch ein betriebliches Nachhaltigkeitsmanagement erfüllt werden, wie es in Abschn. 2.4 charakterisiert wurde.

Mit der Norm ISO 26000 wurde ein Leitfaden für gesellschaftliche Verantwortung erstellt, mit dem Unternehmen – auf freiwilliger Basis – Empfehlungen für Grundsätze und Handlungsweisen gegeben werden. In der DIN ISO 26000 wird gesellschaftliche Verantwortung für Unternehmen wie folgt definiert: „Verantwortung einer Organisation für die Auswirkungen ihrer Entscheidungen und Aktivitäten auf die Gesellschaft und die Umwelt durch transparentes und ethisches Verhalten, das

- zur nachhaltigen Entwicklung, Gesundheit und Gemeinwohl eingeschlossen, beiträgt,
- die Erwartungen der Anspruchsgruppen berücksichtigt,
- anwendbares Recht einhält und im Einklang mit internationalen Verhaltensstandards steht,
- in der gesamten Organisation integriert ist und
- in ihren Beziehungen gelebt wird" (BMAS 2011).

Zur Übernahme von gesellschaftlicher Verantwortung im Sinne von anständigem und ehrbarem Verhalten wird die Beachtung von folgenden sieben Grundsätze empfohlen (BMAS 2011):

1. Rechenschaftspflicht: Ablegen von Rechenschaft über Auswirkungen von Entscheidungen und Handlungen auf Gesellschaft, Wirtschaft und Umwelt.
2. Transparenz: Glaubwürdige, offene, verständliche Kommunikation und Berichterstattung über Zweck, Art und Standorte eines Unternehmens und seiner Aktivitäten.
3. Ethisches Verhalten: Streben nach Ehrlichkeit, Gerechtigkeit und Rechtschaffenheit.
4. Achtung der Interessen von Anspruchsgruppen: Kennen, Respektieren und berücksichtigen der Interessen betroffener Anspruchsgruppen.
5. Achtung der Rechtsstaatlichkeit: Einhaltung von Recht und Gesetz.
6. Achtung internationaler Verhaltensstandards: Ausrichtung von Verhalten und Handeln an international anerkannten Normen und Standards (z. B. UN-Menschenrechtskonvention, Völkergewohnheitsrecht, zwischenstaatliche Abkommen oder Verträge).
7. Achtung der Menschenrechte: Anerkennung von Bedeutung und Gültigkeit grundlegender Menschenrechte, unabhängig von Standort, kulturellem Hintergrund oder spezifischen Situationen.

Gesellschaftliche Verantwortung bzw. Corporate Social Responsibility (CSR) wird in Anlehnung an die Nachhaltigkeitsaspekte prinzipiell durch drei Säulen getragen (StMWi 2015):

Ökonomische Verantwortung: Sicherung der Existenz von Unternehmen, Arbeit und Einkommen durch Management von Chancen und Risiken, effiziente Gestaltung von Geschäftsprozessen, Schaffung von Regeln zur Vermeidung von Korruption und kontinuierliche Weiterentwicklung von Produkten, Prozessen und Marktwert des Unternehmens.

Ökologische Verantwortung: betrieblicher Umweltschutz, Beitrag zum Klimaschutz und schonender bzw. effizienter Umgang mit natürlichen Ressourcen und Energieträgern.

Soziale Verantwortung: Einhaltung von Menschenrechten, Arbeits- und Sozialstandards, Einbindung der Beschäftigten, Arbeitsplatzsicherung, faire Kunden- und Lieferantenbeziehungen und Transparenz der Geschäftspraktiken.

Mit dem in diesem Handbuch dargestellten Verständnis von Nachhaltigkeit können diese drei Säulen um eine vierte Verantwortungsdimension ergänzt werden:

Technische Verantwortung: Gewährleistung der technischen Sicherheit, Beachtung ethischer Grundsätze bei der Entwicklung und Nutzung von Technik, Einhaltung von zugesagten technischen Eigenschaften, Übernahme von Produkthaftung, Gewährleistung und Garantie sowie Rücknahme und Entsorgung technischer Geräte.

Literatur

BMAS – Bundesministerium für Arbeit und Soziales (2011) Die DIN ISO 26000 „Leitfaden zur gesellschaftlichen Verantwortung von Organisationen" – Ein Überblick. Abgerufen am 09. Februar 2024 unter: https://www.bmas.de/SharedDocs/Downloads/DE/Publikationen/a395-csr-din-26000.html. Zugegriffen: 9. Febr. 2024

Enquete-Kommission (1998) Konzept Nachhaltigkeit. Vom Leitbild zur Umsetzung. Abschlussbericht der Enquete-Kommission „Schutz des Menschen und der Umwelt - Ziele und Rahmenbedingungen einer nachhaltig zukunftsverträglichen Entwicklung". https://dserver.bundestag.de/btd/13/112/1311200.pdf. Zugegriffen: 17. Jan. 2024

Eisele O, ifaa (Hrsg) (2023) Nachhaltigkeit in Zahlen. Situation auf globaler, nationaler und betrieblicher Ebene. Zahlen | Daten | Fakten. ifaa – Institut für angewandte Arbeitswissenschaft. https://www.arbeitswissenschaft.net/angebote-produkte/zahlendatenfakten/ue-zdf-nachhaltigkeit. Zugegriffen: 3. Nov. 2023

Eisele O (2022) Mehr als Klimaschutz: Was bedeutet Nachhaltigkeit für Betriebe. Werkwandel 02(2022):50–52

Eisele O (2021) Nachhaltigkeitsmanagement. Chancen nutzen, Risiken vermeiden. Komplexität beherrschen. In: Betriebspraxis & Arbeitsforschung 241:30–34

Kessel N (Hrsg) (2013) Sylvicultura oeconomica: Transkription in das Deutsch der Gegenwart. https://www.amazon.de/Sylvicultura-oeconomica-Transkription-Deutsch-Gegenwart/dp/3941300709. Zugegriffen: 17. Jan. 2024

Spindler E A (2012) Geschichte der Nachhaltigkeit. Vom Werden und Wirken eines beliebten Begriffes. https://www.nachhaltigkeit.info/media/1326279587phpeJPyvC.pdf. Zugegriffen: 17. Jan. 2024

StMWi – Bayerisches Staatsministerium für Wirtschaft und Medien, Energie und Technologie (2015) Aktuelle normierte Managementsysteme. Qualitäts-, Umwelt-, Energie-, Arbeitsschutz-, Risiko- und Nachhaltigkeitsmanagement. Ein Überblick für kleine und mittlere Unternehmen

UN – United Nations (1987) Our Common Future. Report of the World Commission on Environment and Development. https://sustainabledevelopment.un.org/content/documents/5987our-common-future.pdf. Zugegriffen: 17. Jan. 2024

UN – United Nations (2015) General Assembly. Resolution adopted by the General Assembly on 25 September 2015. https://www.un.org/en/development/desa/population/migration/generalassembly/docs/globalcompact/A_RES_70_1_E.pdf. Zugegriffen: 17. Jan. 2024

Anforderung an Unternehmen

3

Nachhaltigkeitsanforderungen durch Anspruchsgruppen an Unternehmen

Olaf Eisele

3.1 Anspruchsgruppen für Unternehmen

Die an Unternehmen gestellten Anforderungen sind vielfältig und verändern sich im Zeitablauf. Anforderungen haben ihren Ursprung immer in Interessen von Personen oder Personengruppen. Für eine systematische Anforderungsanalyse lassen sich vereinfacht fünf Anspruchsgruppen unterscheiden (Abb. 3.1):

- Gesetzgeber (EU, Staat, Land, Stadt, Kommune),
- Kapitalgeber (Inhaber, Investoren, Kreditinstitute),
- Kunden (Händler, Verarbeiter, Konsumenten),
- Management & Beschäftigte (Führungspersonal, Mitarbeiter),
- Sonstige (Vereinigungen, Vereine, Stiftungen, Privatpersonen).

Da sich Anforderungen von unterschiedlichen Anspruchsgruppen zum Teil stark unterscheiden und teilweise sogar gegensätzlich sind, ist es für ein Unternehmen unmöglich jede Anforderung vollumfänglich zu erfüllen. Der Erfüllungsgrad von Anforderungen stellt somit immer einen Kompromiss dar. Dieser erfordert eine Abwägung und Priorisierung. Bestimmte Anforderungen müssen unter Umständen von Unternehmen sogar abgelehnt werden, wenn deren Erfüllung die Existenz des Unternehmens gefährdet.

O. Eisele (✉)
ifaa – Institut für angewandte Arbeitswissenschaft e.V., Fachbereich Unternehmensexzellenz, Düsseldorf, Deutschland
E-Mail: o.eisele@ifaa-mail.de

Nachhaltigkeitsmanagement – Handbuch für die Unternehmenspraxis, ifaa-Edition
https://doi.org/10.1007/978-3-662-69573-9_3

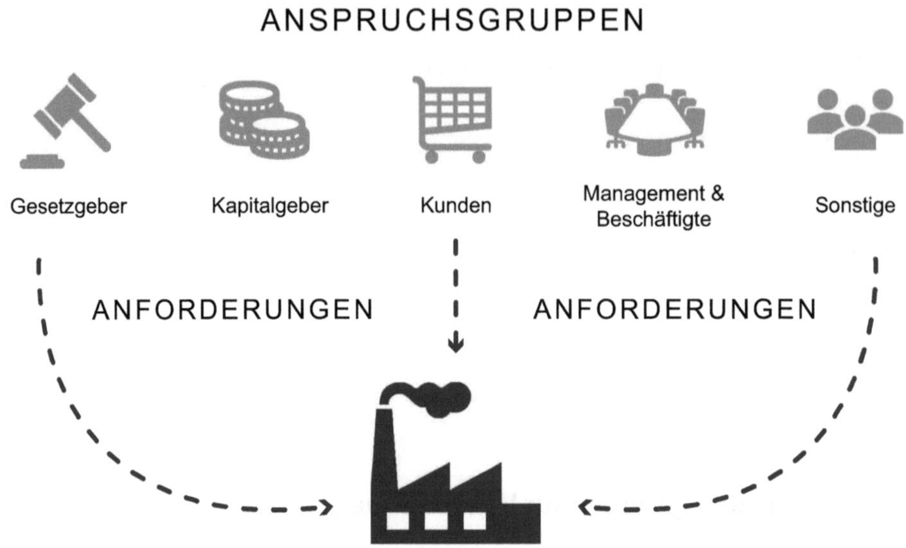

Abb. 3.1 Anspruchsgruppen für Unternehmen. (Eisele, ifaa 2024)

Anforderungen können vom Charakter ein zwingendes „Muss" (z. B. Gesetze) oder freiwilliges „Soll" (z. B. Kundenwünsche) darstellen. Jedes Unternehmen sollte sich einen Überblick und Klarheit über die existierenden Anspruchsgruppen und deren Anforderungen verschaffen. Die Anspruchsgruppen und Anforderungen sind hinsichtlich ihrer Relevanz und Bedeutung für das Unternehmen zu bewerten.

3.2 Anforderungen durch Gesetzgeber

Als Mindestanforderung muss ein betriebliches Nachhaltigkeitsmanagement rechtsverbindliche Anforderungen erfüllen. Rechtliche Anforderungen an deutsche Unternehmen zur Nachhaltigkeit basieren häufig auf politischen Initiativen der Europäischen Union (EU). Nach Diskussion, Abstimmung und Verabschiedung werden durch europäische Institutionen Richtlinien erstellt, die dann in den Mitgliedsstaaten in nationales Recht umzusetzen sind. Dazu müssen die Mitgliedsstaaten zum Teil neue Gesetze erlassen oder vorhandene Gesetze anpassen oder ergänzen. Verordnungen der Europäischen Union haben hingegen unmittelbare Wirksamkeit in den Mitgliedstaaten und gelten vor deren nationalen Gesetzen. In nationalen Parlamenten müssen hierzu keine Gesetzesbeschlüsse gefasst werden. Im ersten Unterabschnitt werden zunächst ausgewählte Richtlinien und Verordnungen mit Nachhaltigkeitsbezug beschrieben. Zur Information sind zum Teil auch solche aufgeführt, die zum Zeitpunkt der Bucherstellung noch nicht verabschiedet, aber in Planung oder Vorbereitung waren. Im zweiten Unterabschnitt werden ausgewählte deutsche Gesetze und Vorschriften dargestellt, die einen Bezug zur Nachhaltigkeit haben.

Aufgrund der sehr großen Menge von bereits bestehenden Richtlinien, Verordnungen, Gesetzen und Vorschriften in Europa und insbesondere Deutschland sowie der aktuell hohen Dynamik bei der Neuerstellung, Erweiterung und Änderung von rechtlichen Anforderungen erhebt dieses Handbuch keinen Anspruch auf Vollständigkeit und Aktualität.

Unternehmen bleibt es leider nicht erspart sich zyklisch mit neuen, erweiterten oder geänderten Anforderungen durch Gesetzgeber (EU, Staat, Land) zu befassen. Aus diesem Umstand ergibt sich für ein betriebliches Nachhaltigkeitsmanagement die Notwendigkeit Strukturen und Standards für die regelmäßige Analyse, Prüfung und Bewertung von rechtlichen Anforderungen und deren betrieblicher Relevanz zu implementieren. Zu empfehlen ist eine übersichtliche Dokumentation der für ein Unternehmen relevanten Vorschriften in einem standortbezogenen Betriebshandbuch oder einer Checkliste zur Betriebs- und Managementprüfung. Die Inhalte sollten jährlich überprüft und aktualisiert werden. Die Verfügbarkeit der aktuell gültigen Vorschriften kann beispielsweise durch eine abonnierte Informationsdienstleistung sichergestellt werden.

Die Relevanz von Rechtsvorschriften ist häufig von der Organisationsform (Personengesellschaft, Kapitalgesellschaft, Sonstige), der Unternehmensgröße (Anzahl Beschäftigte, Jahresumsatz, Bilanzsumme) sowie dem Geschäftssektor (Branche, Leistungsart) abhängig. Dies ist im Rahmen einer betriebsspezifischen Anforderungsanalyse zu berücksichtigen.

3.2.1 Europäische Richtlinien und Verordnungen

EU-Verordnung 2006/1907 – Chemikalienverantwortung (EU 2006)

Die Verordnung (EU) 2006/1907 wird auch mit dem Synonym „REACH" (Registration, Evaluation, Authorisation and Restriction of Chemicals) bezeichnet und steht für eine europäische Chemikalienverordnung. Sie basiert auf dem Grundsatz der Eigenverantwortung der Industrie. Nach dem Prinzip „no data, no market" dürfen nur noch chemische Stoffe in Verkehr gebracht werden, die vorher registriert worden sind. Nach der Registrierung wird ein Arbeitsplan für die Bewertung der Stoffe erstellt. Die Bewertung kann unter anderem ein Beschränkungs- oder Zulassungsverfahren von Stoffen nach sich ziehen. Bei dem Beschränkungsverfahren können einzelne Verwendungen verboten werden. Bei zulassungspflichtigen Stoffen sind alle nicht ausdrücklich als Ausnahme zugelassenen Verwendungen untersagt.

EU-Richtlinie 2011/65 – Beschränkung gefährlicher Stoffe (EU 2011)

Die Richtlinie (EU) 2011/65 wird auch mit dem Synonym „RoHS" (Restriction of Hazardous Substances) bezeichnet. Sie dient der Beschränkung gefährlicher Stoffe in Elektro- und Elektronikgeräten. Sie regelt die Verwendung und das Inverkehrbringen von Gefahrstoffen (z. B. Pb, Cr6) in Elektrogeräten und elektronischen Bauelementen. Ziel der Richtlinie ist, umwelt- und gesundheitsschädliche Bestandteile in

Elektronikschrott zu vermeiden. Die Richtlinie enthält Grenzwerte für maximal zulässige Höchstkonzentrationen der als problematisch erachteten Stoffe in homogenen Werkstoffen als Gewichtsprozent.

EU-Verordnung 2017/821 – Sorgfaltspflicht in der Lieferkette bei Konfliktmaterialien (EU 2017)
Durch die Verordnung (EU) 2017/821 wurden ab 2021 für EU-Importeure von Konfliktmineralien (Zinn, Tantal, Wolfram, deren Erze und Gold) Sorgfaltspflichten entlang der Lieferkette verbindlich gemacht. Sie sollen Menschenrechtsverletzungen und Gewalt in Konflikt- oder Hochrisikogebieten eindämmen. Die Verordnung sieht vor, dass europäische Importeure von Zinn, Tantal, Wolfram, deren Erzen sowie Gold ein Risikomanagement beim Rohstoffeinkauf installieren müssen. Dieses ist von einer unabhängigen Stelle durch Audits zu überprüfen. In Deutschland wird die Überprüfung von der Bundesanstalt für Geowissenschaften und Rohstoffe (BGR) durchgeführt. Die EU-Verordnung orientiert sich an den Due-Diligence-Richtlinien der Organisation for Economic Co-operation and Development (OECD). Importeure, die unter die Verordnung fallen, müssen eine Lieferkettenpolitik entsprechend der OECD-Vorgehensweise einführen und dies ihren Lieferanten und der Öffentlichkeit mitteilen. Sie müssen zudem ein System zur Rückverfolgbarkeit (Traceability) haben. In diesem müssen Informationen zu Art, Menge und Herkunft (Ursprungsland, Lieferant) der importierten Minerale oder Metalle dokumentiert werden. Ein Bericht über die Aktivitäten zur Umsetzung der Sorgfaltspflicht soll digital über das Internet veröffentlicht werden. Beim Import von Metallen kann auf ein eigenes Audit verzichtet werden, wenn für die Bezugsquellen substanzielle Nachweise zur Einhaltung der Sorgfaltspflichten vorliegen. Das kann beispielsweise durch Zertifikate einer anerkannten Initiative erfolgen. Sind die Bezugsquellen auf der Liste der EU nach Artikel neun der Verordnung aufgeführt, so gilt dies ebenfalls als substanzieller Nachweis. Die Verordnung kann als ein Vorläufer des deutschen Lieferkettengesetzes (LkSG) und der aktuell geplanten Richtlinie der EU zur Corporate Sustainability Due Dilligence Directive (CSDDD) für eine noch umfassendere Sorgfaltspflicht in den Wertschöpfungsketten angesehen werden.

EU-Verordnung 2020/852 – Taxonomie (EU 2020)
Durch die Verordnung (EU) 2020/852 werden Anforderungen und Bewertungsverfahren für nachhaltige Investitionen definiert. Sie wurde durch eine zweite Verordnung (EU) 2021/2139 mit technischen Bewertungskriterien ergänzt (EU 2021b). Diese dient der Bestimmung, ob eine Wirtschaftstätigkeit als ökologisch nachhaltig einzustufen ist (Taxonomie). Ziel ist es, den Grad der ökologischen Nachhaltigkeit einer Investition ermitteln zu können. Durch die Taxonomie-Verordnung sollen Investitionen in nachhaltige Projekte und Kapitalanlagen gelenkt und dadurch ein Beitrag zum europäischen „Green Deal" geleistet werden. Die Verordnung wurde am 18. Juni 2020 verabschiedet und ist ab Januar 2022 anzuwenden. Durch die Taxonomie-Verordnung müssen große deutsche Unternehmen die gemäß § 289b, 315b HGB bereits zu nichtfinanziellen Erklärungen

verpflichtet sind, diese um Angaben zum ökologisch nachhaltigen Anteil der Umsatzerlöse, der Investitionsausgaben und der Betriebsausgaben ergänzen. Darin sind ab Januar 2023 folgende Themenfelder zu berücksichtigen:

- Klimaschutz,
- Anpassung an den Klimawandel,
- nachhaltige Nutzung und Schutz von Wasser- und Meeresressourcen,
- Übergang zu einer Kreislaufwirtschaft,
- Vermeidung und Verminderung der Umweltverschmutzung,
- Schutz und Wiederherstellung der Biodiversität und der Ökosysteme.

EU-Verordnung 2021/1119 – Klimaneutralität bis 2050 (EU 2021a)
Mit der Verordnung (EU) 2021/1119 wurde das Ziel der Klimaneutralität bis 2050 in der Europäischen Union verbindlich gemacht. Die Verordnung wird auch als EU-Klimagesetz bezeichnet. Sie legt für die EU verbindliche Minderungsziele für Treibhausgasemissionen und einen Rahmen für Maßnahmen zur Zielerreichung fest. Als Zwischenziel sollen die Treibhausgasemissionen bis 2030 um 55 % gesenkt werden. Das EU-Klimagesetz bildet den rechtlichen Rahmen für die EU-Klimapolitik. Die Mitgliedstaaten müssen nationale Maßnahmen ergreifen, um diese Klimaziele und den Beitrag der EU zum Übereinkommen von Paris zu verwirklichen. Die Treibhausgasemissionen der EU sollen schrittweise unumkehrbar verringert und der Abbau von Treibhausgasen aus der Atmosphäre gesteigert werden. Die Verordnung fordert zudem Maßnahmen zur Anpassung an die nicht mehr vermeidbaren Klimaveränderungen.

EU-Richtlinie 2022/2464 – Nachhaltigkeitsberichterstattung (EU 2022)
Durch die sogenannte Corporate Sustainability Reporting Directive (CSRD) werden alle großen Unternehmen zur Erstellung von Nachhaltigkeitsberichten verpflichtet. Sie ersetzt und erweitert die vorher geltende Non-Financial Reporting Directive (NFRD). Mit der CSRD soll ein einheitlicher, rechtsverbindlicher Standard für die Nachhaltigkeitsberichterstattung eingeführt werden. Die CSRD verankert das Konzept der doppelten Wesentlichkeit (double materiality) und verlangt ausführlichere Informationen zu Nachhaltigkeitszielen und Kennzahlen. Dabei richtet sich die CSRD an der Sustainable Finance Disclosure Regulation (SFDR) und der EU-Taxonomie aus.

Die Nachhaltigkeitsberichterstattung wird durch die CSRD-Richtlinie in Europa vereinheitlicht. Unternehmen werden abhängig von der Größe (Anzahl Beschäftigte, Jahresumsatz, Bilanzsumme) und Gesellschaftsform (Kapitalmarktorientierung) verpflichtet, ihren wirtschaftlichen Lagebericht durch einen nichtfinanziellen Bericht zur Nachhaltigkeit zu erweitern. Die Kriterien zur Definition der Unternehmensgröße und Bestimmung der Berichtspflicht wurde 2023 in einer delegierten Richtlinie (EU) 2023/2775 aktualisiert (EU 2023f). Als „groß" gelten nach aktueller EU-Definition Unternehmen mit mehr als 250 Beschäftigten sowie einem Netto-Jahresumsatz von mehr als 50 Mio. Euro oder einer Bilanzsumme von mehr als 25 Mio. Euro (EU 2023f).

Die Nachhaltigkeitsberichte sollen spätestens vier Monate nach Geschäftsjahresende in einem standardisierten, maschinenlesbaren, digitalen Format übermittelt und veröffentlicht werden. Dazu müssen die Nachhaltigkeitsinformationen nach dem „European Single Electronic Format“ (ESEF) bereitgestellt werden. Eine kostenlos einsehbare Datenbank (European Single Access Point) bündelt die digital aufbereiteten Berichte. Sie sorgt für Transparenz und macht eine Auswertung sowie einen Vergleich der Nachhaltigkeitsinformationen von Unternehmen möglich.

Die Inhalte der Nachhaltigkeitsberichte gemäß der CSRD werden durch eine ergänzende Verordnung zu den geforderten Standards der Berichterstattung detailliert (EU 2023a).

EU-Verordnung 2023/2772 – Nachhaltigkeitsstandards (EU 2023a)
Die EU-Verordnung 2023/2772 wurde am 22. Dezember 2023 veröffentlicht und ist ab Januar 2024 verbindlich von allen Unternehmen, die von der CSRD betroffen sind, zu beachten. Die Inhalte der Nachhaltigkeitsberichte werden darin durch sogenannte European Sustainability Reporting Standards (ESRS) definiert. Die Standards sollen sicherstellen, dass die in den gemäß der CSRD geforderten Nachhaltigkeitsberichten dargelegten Informationen relevant, überprüfbar und vergleichbar sind. Die einzelnen ESRS sind drei Gültigkeitsebenen zugeordnet:

- allgemeine Standards (ESRS1, ESRS2),
- sektorübergreifende Standards (ESRS G1, ESRS E1 bis E5 und ESRS S1 bis S4),
- sektorspezifische Standards (aktuell noch keine vorhanden).

Die allgemeinen Standards definieren generelle Anforderungen (ESRS 1) und Angaben (ESRS 2) für die Berichte. Die sektorübergreifenden Standards sind in drei Berichtsbereiche unterteilt, denen verschiedene Themenfelder zugeordnet sind:

1. Environment (Umweltstandards)
   - ESRS E1 Klimawandel
   - ESRS E2 Umweltverschmutzung
   - ESRS E3 Wasser- und Meeresressourcen
   - ESRS E4 Biologische Vielfalt und Ökosysteme
   - ESRS E5 Ressourcennutzung und Kreislaufwirtschaft
2. Social (Sozialstandards)
   - ESRS S.1 Eigene Belegschaft
   - ESRS S.2 Arbeitskräfte in der Wertschöpfungskette
   - ESRS S.3 Betroffene Gemeinschaften
   - ESRS S.4 Verbraucher und Endnutzer
3. Governance (Führungsstandards)
   - ESRS G1 Unternehmenspolitik und -kultur

EU-Verordnung 2023/956 – CO_2-Grenzausgleichsystem (EU 2023b)
Im Mai 2023 ist die Verordnung (EU) 2023/956 zur Schaffung eines Grenzausgleichsystems für verursachte Kohlendioxidemissionen (Carbon Border Adjustment Mechanism – CBAM) in Kraft getreten. Sie gilt ab Oktober 2023. Unternehmen, die von der Verordnung betroffene Waren einführen, sind zur Abgabe eines sogenannten "CBAM-Berichts" verpflichtet. Der CBAM-Bericht ist der EU-Kommission für die während eines Quartals eingeführten Waren nach Anhang I der Verordnung spätestens einen Monat nach Quartalsende zu übermitteln. Der CBAM-Bericht ist erstmalig für das vierte Quartal 2023 abzugeben. Der quartalsweise zu übermittelnde CBAM-Bericht muss folgende Angaben enthalten:

- Gesamtmenge jeder Warenart: Angabe bei Strom in Megawattstunden und bei anderen Waren in Tonnen;
- tatsächliche gesamte graue Emissionen: Angabe in Tonnen CO_2-Emissionen pro Megawattstunde Strom oder in Tonnen CO_2-Emissionen pro Tonne für andere Waren;
- gesamte indirekte Emissionen;
- CO_2-Preis, der in einem Ursprungsland für die mit den eingeführten Waren verbundenen grauen Emissionen entrichtet werden muss, wobei jede verfügbare Ausfuhrerstattung oder andere Form von Ausgleich zu berücksichtigen ist.

Weitere Details über den Inhalt und die Anforderungen an die CBAM-Berichte enthält die im September 2023 veröffentlichte Durchführungsverordnung (EU) 2023/1773 (EU 2023c).

EU-Verordnung 2023/988 – Allgemeine Produktsicherheit (EU 2023d)
Die Verordnung (EU) 2023/988 über die allgemeine Produktsicherheit wurde im Mai 2023 veröffentlicht und muss ab Dezember 2024 in allen Mitgliedsstaaten angewendet werden. Sie gilt für alle in Verkehr gebrachten Produkte, die keinen besonderen Sicherheitsbestimmungen der EU unterliegen (Maschinenrichtlinie, Niederspannungsrichtlinie). Hersteller müssen nach der Verordnung eine Risikobewertung des Produkts vornehmen, eine technische Dokumentation erstellen und diese Überwachungsbehörden zur Verfügung stellen.

Die EU-Verordnung enthält umfassende Kriterien zur Beurteilung der Sicherheit von Produkten wie beispielsweise:

- Eigenschaften des Produkts (Gestaltung, technische Merkmale, Zusammensetzung, Verpackung, Anleitungen für den Zusammenbau, Installation, Verwendung und Wartung);
- Einwirkung auf andere Produkte und Einwirkung anderer Produkte auf das Produkt (bei vorhersehbarer gemeinsamer Verwendung);
- Aufmachung, Kennzeichnung, Warnhinweise, Anweisungen zur sicheren Verwendung des Produkts;

- zielgruppenspezifische Aspekte (z. B. besonders schutzbedürftige Verbrauchergruppen, Auswirkungen geschlechtsspezifischer Unterschiede auf Gesundheit und Sicherheit);
- Erscheinungsbild des Produkts, wenn dieses zu einer Verwendung verleiten kann, für die das Produkt nicht bestimmt ist (z. B. Verwechslungsgefahr mit Lebensmitteln oder Spielzeugen);
- Cybersicherheitsmerkmale;
- sich entwickelnde, lernende (z. B. KI) und prädikative Funktionen des Produkts.

EU-Richtlinienvorschlag 2023 – Grüne Angaben (EU 2023e)
Mit dem Richtlinienvorschlag „Green Claim Directive (GCD)" will die EU gemeinsame Kriterien gegen Greenwashing und irreführende Umweltbehauptungen vorgeben (EU 2023e). Dadurch sollen die Verbraucher qualitativ hochwertigere Informationen erhalten, um umweltfreundliche Produkte und Dienstleistungen auszuwählen. Dem Vorschlag zufolge sollen Unternehmen, die eine "grüne Aussage" über ihre Produkte oder Dienstleistungen machen Mindestnormen für ihre Behauptungen einhalten. Bevor Unternehmen "grüne Angaben" machen, sollen diese Behauptungen unabhängig überprüft und mit wissenschaftlichen Beweisen belegt werden. Zudem sollen Umweltkennzeichen geregelt und harmonisiert werden. Neue öffentliche Kennzeichnungssysteme sollen nicht mehr zugelassen werden, wenn sie nicht auf EU-Ebene entwickelt wurden. Für die Genehmigung von neuen Kennzeichnungen sollen höhere Umweltambitionen erforderlich werden. Sie sollen zuverlässig und transparent sein sowie unabhängig überprüft und regelmäßig überwacht werden.

EU-Richtlinienvorschlag 2024 – Nachhaltigkeitssorgfaltspflichten (EU 2024)
Im März 2024 nahm der Rat der Europäischen Union einen überarbeiteten Richtlinienvorschlag mit dem Synonym „Corporate Sustainability Due Diligence Directive (CSDDD)" für menschenrechts- und umweltbezogenen Sorgfaltspflichten von Unternehmen an. Nach einer Zustimmung durch das Europäische Parlament müssen die EU-Mitgliedstaaten die Richtlinie innerhalb von zwei Jahren in nationales Recht umsetzen. In Deutschland wird dies voraussichtlich durch eine Anpassung des LkSG erfolgen. Während das deutsche LkSG nur die vorgelagerte Lieferkette abzielt, soll für die europäischen Sorgfaltspflichten nach der CSDDD die sogenannte Aktivitätenkette maßgeblich sein. Der Begriff der Aktivitätenkette ist produkt- bzw. dienstleistungsorientiert zu verstehen. In Bezug auf nachgelagerte Aktivitäten ist der Anwendungsbereich auf Tätigkeiten im Zusammenhang mit dem Vertrieb, der Beförderung und der Lagerung von Produkten und auf direkte Geschäftspartner beschränkt. In der vorgelagerten Aktivitätenkette sind dagegen auch indirekte Geschäftspartner zu berücksichtigen.

Für die CSDDD ist nach aktuellem Stand eine stufenweise Umsetzung in Abhängigkeit der Unternehmensgröße (Anzahl Beschäftigte und Umsatz) geplant:

- 2027: CSDDD ist bei Unternehmen mit mehr als 5.000 Beschäftigten und einem Umsatz von mehr als 1,5 Mrd. Euro anzuwenden.
- 2028: CSDDD ist bei Unternehmen mit mehr als 3.000 Beschäftigten und einem Umsatz von mehr 900 Mio. Euro anzuwenden.
- 2029: CSDDD ist bei Unternehmen mit mehr als 1.000 Beschäftigten sowie mehr als 450 Mio. Euro Umsatz anzuwenden.

Der Entwurf enthält weitreichende Pflichten zum sorgfältigen Umgang mit den sozialen und ökologischen Auswirkungen entlang der Aktivitätenkette, inklusive direkten und indirekten Lieferanten, eigenen Geschäftstätigkeiten, sowie Produkten und Dienstleistungen.

Mit der Richtlinie sollen die weltweite Einhaltung von geltenden Menschenrechtsstandards und des Umweltschutzes, eine nachhaltigere globale Wirtschaft sowie eine verantwortungsvolle Unternehmensführung rechtsverbindlich eingefordert und überwacht werden.

Nach dem Vorschlag werden Unternehmen verpflichtet einen Beitrag zur Erreichung des Ziels im Pariser Klimaabkommen zu leisten. Die CSDDD verweist hierzu auf das Europäische Klimagesetz, welches schrittweise Klimaneutralitätsziele bis 2050 enthält. Von den Unternehmen sind Klimapläne mit gestalterischen Vorgaben zu erstellen. Diese sollen beispielsweise fristgebundene Reduktionsziele für den Zeitraum von 2030 bis 2050 beinhalten, Handlungen zur Erreichung der Reduktionsziele sowie die Rolle der Unternehmensleitung festlegen.

Für Verstöße gegen das nationale Recht, das die Richtlinie umsetzt, sollen die Mitgliedstaaten Strafen und Sanktionen für Unternehmen vorsehen. Die Geldstrafen sind anhand des weltweiten Nettoumsatzes zu berechnen. Bei Verletzung der Sorgfaltspflichten sind eine zivilrechtliche Haftung der Unternehmen und eine Entschädigung betroffener Personen vorgesehen.

3.2.2 Deutsche Gesetze und Verordnungen

Arbeitsschutzgesetz (ArbSchG)

Mit dem Arbeitsschutzgesetz wird Unternehmen eine soziale Verantwortung für die Beschäftigten im Hinblick auf Sicherheit und Schutz der Gesundheit bei der Arbeit rechtsverbindlich vorgeschrieben. Dazu hat ein Arbeitgeber „für eine geeignete Organisation zu sorgen und die erforderlichen Mittel bereitzustellen“. Das Arbeitsschutzgesetz wird durch eine Reihe von Verordnungen (z. B. Arbeitsstättenverordnung), Vorschriften (DGUV), Regeln (z. B. Arbeitsstättenrichtlinie) sowie Normen (z. B. DIN) und Informationen (DGUV) ergänzt.

Bundes-Immissionsschutzgesetz (BImSchG)

Durch das BImSchG werden Unternehmen rechtsverbindlich zu einem ökologisch nachhaltigen Handeln durch Umweltschutzmaßnahmen in Bezug auf Immissionen und

Emissionen verpflichtet. Das BImSchG enthält Vorschriften zum Schutz vor schädlichen Umwelteinwirkungen durch Luftverunreinigungen, Geräusche, Erschütterungen und ähnliche Belastungen. Dies gilt für die Errichtung und den Betrieb von Anlagen, das Herstellen, Inverkehrbringen und Einführen von Anlagen, Brennstoffen, Treibstoffen sowie bestimmten anderen Stoffen und Erzeugnissen.

Betriebssicherheitsverordnung (BetrSichV)
Ziel der BetrSichV ist es, die Sicherheit und den Schutz der Gesundheit von Beschäftigten bei der Verwendung von Arbeitsmitteln zu gewährleisten. Dies soll insbesondere durch die Auswahl geeigneter Arbeitsmittel, deren sichere Verwendung, eine geeignete Gestaltung von Arbeits- und Fertigungsverfahren sowie die Qualifikation und Unterweisung der Beschäftigten erfolgen. Die Verordnung regelt zugleich Maßnahmen zum Schutz anderer Personen im Gefahrenbereich, soweit diese aufgrund der Verwendung dieser Anlagen gefährdet werden können.

Betriebsverfassungsgesetz (BetrVG)
Das Betriebsverfassungsgesetz definiert eine grundlegende Ordnung der Zusammenarbeit und des sozialen Umgangs von Arbeitgeber und der von den Arbeitnehmern gewählten betrieblichen Interessenvertretung. Darin sind Rechte und Pflichten für die Sozialpartner definiert.

Elektro- und Elektronikgerätegesetz (ElektroG)
In dem ElektroG sind rechtliche Vorgaben für das Inverkehrbringen, die Rücknahme und die umweltverträgliche Entsorgung von Elektro- und Elektronikgeräten enthalten. Das ElektroG setzt die europäische Richtlinie 2012/19/EU über Elektro- und Elektronikaltgeräte (WEEE-Richtlinie) in nationales Recht um. Durch das gesteuerte und kontrollierte Entsorgen sollen negative Auswirkungen von Elektro- und Elektronikgeräten auf die Umwelt und die Gesundheit reduziert werden.

Energiedienstleistungsgesetz (EDL-G)
Das Gesetz über Energiedienstleistungen und andere Energieeffizienzmaßnahmen (EDL-G) geht auf die europäische Energieeffizienzrichtlinie 2012/27/EU zurück. Es soll für einen geringeren Primärenergieverbrauch sorgen und damit einen nachhaltigen Klimaschutz unterstützen. Das EDL-G schreibt verpflichtend vor, dass alle Unternehmen, die kein kleines oder mittleres Unternehmen sind, ein Energieaudit durchzuführen haben (BAFA 2023). Dies muss mindestens alle vier Jahre aktualisiert werden. Die Einhaltung des Gesetzes wird durch das Bundesamt für Wirtschaft und Ausfuhrkontrolle (BAFA) überwacht. Die Nichteinhaltung der Vorschrift kann mit einem Bußgeld in Höhe von bis zu 50.000 EUR sanktioniert werden.

Kreislaufwirtschaftsgesetz (KrWG)
Zweck des KrWG ist es, eine Kreislaufwirtschaft (Circular Economy) zur Schonung der natürlichen Ressourcen zu fördern und den Schutz von Menschen und Umwelt bei der Erzeugung und Bewirtschaftung von Abfällen sicherzustellen. Das KrWG wird durch zahlreiche Verordnungen sowie Abfallgesetze der Bundesländer ergänzt. Das KrWG regelt unter anderem die Produktverantwortung. Diese liegt bei demjenigen, der Erzeugnisse entwickelt, herstellt, verarbeitet oder vertreibt. Erzeugnisse sind nach dem KrWG so zu gestalten, dass bei ihrer Herstellung und Nutzung das Entstehen von Abfällen vermindert wird. Zudem soll sichergestellt werden, dass Erzeugnisse nach dem Gebrauch umweltverträglich verwertet oder beseitigt werden können.

Lieferkettensorgfaltspflichtengesetz (LkSG)
Ziel des LkSG ist es, den Schutz sozialer Rechte zu verbessern. Auch Umweltbelange sind relevant, wenn sie zu Menschenrechtsverletzungen führen. Das Gesetz gilt ab dem 01. Januar 2024 für alle deutschen Unternehmen mit mehr als 1.000 Beschäftigten. Die Anforderungen zur Wahrnehmung der Verantwortung für die Lieferkette sind in drei Bereiche abgestuft: eigener Geschäftsbereich, unmittelbarer Zulieferer und mittelbarer Zulieferer.

Eine Überprüfung der Einhaltung des Gesetzes erfolgt durch das Bundesamt für Wirtschaft und Ausfuhrkontrolle. Dieses kontrolliert die Unternehmensberichte, geht eingereichten Beschwerden nach und verhängt im Notfall auch Sanktionen. Betroffene von Menschenrechtsverletzungen können ihre Rechte nicht nur vor deutschen Gerichten geltend machen, sondern auch Beschwerde beim Bundesamt für Wirtschaft und Ausfuhrkontrolle einreichen. Deutsche Gewerkschaften und Nichtregierungsorganisationen dürfen im Ausland Betroffene bei der Vertretung ihrer Rechte vor deutschen Gerichten unterstützen. Bei Verstößen gegen das Gesetz sind Bußgelder möglich. Unternehmen können bei schwerwiegenden Verstößen bis zu drei Jahre von der öffentlichen Beschaffung ausgeschlossen werden.

Von dem LkSG betroffene Unternehmen müssen sowohl im eigenen Geschäftsbereich als auch beim unmittelbaren Zulieferer folgende Maßnahmen umsetzen:

- Grundsatzerklärung zur Achtung der Menschenrechte verabschieden.
- Risikoanalyse: Verfahren zur Ermittlung nachteiliger Auswirkungen auf die Menschenrechte durchführen.
- Risikomanagement (inkl. Präventions- und Abhilfemaßnahmen) zur Abwendung potenziell negativer Auswirkungen auf die Menschenrechte.
- Beschwerdemechanismus einrichten.
- Transparent öffentlich berichten.

Im eigenen Geschäftsbereich müssen Unternehmen im Fall einer Verletzung im Inland unverzüglich Abhilfemaßnahmen ergreifen, die zur Beendigung der Verletzung führen.

Beim unmittelbaren Zulieferer muss das Unternehmen einen konkreten Plan zur Minimierung und Vermeidung erstellen, wenn es die Verletzung nicht in absehbarer Zeit beenden kann. Durch die europäische Richtlinie „Corporate Sustainability Due Diligence Directive (CSDDD)“ ist eine Anpassung des LkSG zu erwarten.

Produkthaftungsgesetz (ProdHaftG)
Im ProdHaftG werden Unternehmen zur Haftung für Schäden bei Endabnehmern durch fehlerhafte Produkte verpflichtet. Von Unternehmen werden eine verantwortungsvolle und sichere Gestaltung und Erzeugung von Produkten sowie soziale Verantwortung für mögliche negative Folgen bei Kunden gefordert. Durch eine Beweislastumkehr müssen Unternehmen im Falle von Schadensersatzansprüchen nachweisen, dass ein Produktfehler zum Zeitpunkt der Inverkehrbringung nicht vorlag bzw. nach Stand der Technik nicht erkennbar war.

Umwelthaftungsgesetz (UmweltHG)
Durch das UmweltHG von 1990 müssen Inhaber einer Anlage, durch deren Umwelteinwirkung Personen oder Sachen geschädigt werden, Geschädigten den entstehenden Schaden ersetzen. Daneben existieren Regelungen, die den Verursacher eines Umweltschadens verpflichten, den Schaden an Umweltgütern selbst zu beseitigen. Dies gilt auch wenn diese nicht im Eigentum einer Person stehen. Diese Regeln ermöglichen es den Behörden, notfalls auch mit Zwangsmitteln gegen den Verursacher vorzugehen und ihn zur Beseitigung zu veranlassen. Solche Vorschriften sind im Umweltschadensgesetz enthalten, das seit 2007 gültig ist.

3.3 Anforderungen durch Kapitalgeber

Organisationen benötigen zur Gründung und Aufrechterhaltung eines Geschäftsbetriebs finanzielle Mittel in Form von Anlagekapital sowie bei fehlenden Eigenmitteln Kredite. Dies gilt unabhängig von der Gesellschaftsform. Eine von staatlichen Zuwendungen abhängige Organisation, muss die Anforderungen der für die Bewilligung von Zuwendungen verantwortlichen Entscheidungsstellen erfüllen. Spendenabhängige Organisationen erhalten Spenden, wenn sie die Ziele und Bedürfnisse der Spender erfüllen. Aktiengesellschaften müssen die Anforderungen der Aktionäre erfüllen und Personengesellschaften die der Gesellschafter.

Kapitalgeber führen bei Kapitalanlagen häufig eine Chancen- und Risikobewertung durch. Für jede Kapitalanlage existiert ein Nutzen-Risiko-Profil. Neben finanziellen Erfolgskennzahlen (Gewinn oder Verlust, Return on Investment, Rendite), sind auch nicht-finanzielle Informationen zu Einflüssen sowie möglichen Auswirkungen auf den Erfolg von Bedeutung (TCFD 2017).

Für die Kapitalbeschaffung von Unternehmen spielen zunehmend Nachhaltigkeitsaspekte eine Rolle. Dies wird von der EU durch ein Paket von Richtlinien, Verordnungen und Maßnahmen gefördert, mit dem die Kapital- und Finanzströme in nachhaltige Anlagen und Investitionen gelenkt werden sollen. Ein Beispiel hierfür ist die EU-Taxonomie-Verordnung (EU 2020).

Auch bei Krediten spielen Nachhaltigkeitsaspekte eine zunehmende Rolle. Kreditinstitute sind angehalten, diese bei der Kreditvergabe und ihren Geschäften zu beachten. Dies wird beispielsweise an dem Merkblatt der Bundesanstalt für Finanzdienstleistungsaufsicht deutlich (BaFin 2020).

Kapitalgeber machen ihre Anlageentscheidung teilweise auch von Ratings abhängig. Dadurch sind einige Unternehmen aufgefordert an Ratings teilzunehmen und die Ratinganforderung für eine gute Bewertung zu erfüllen (Abschn. 3.6.2).

Die Bedeutung der Anforderungen von einzelnen Kapitalgebern und die Entscheidungs- und Handlungsfreiheit eines Unternehmens hängen von dem Grad der finanziellen Abhängigkeit ab. Für Wirtschaftsunternehmen ist deshalb die Eigenkapitalquote eine wichtige Kennzahl. Für eine nachhaltige Existenzsicherung kann die wirtschaftliche Unabhängigkeit ein wesentliches Thema in einem betrieblichen Nachhaltigkeitsmanagement sein.

3.4 Anforderungen durch Kunden

Die Existenz und der Erfolg von Wirtschaftsunternehmen hängen entscheidend davon ab, ob es gelingt Produkte und Dienstleistungen an Kunden zu verkaufen. Für Unternehmen ist es deshalb wichtig die Kundenanforderungen zu kennen und zu berücksichtigen. Um die Anforderungen von Kunden zu ermitteln, können mündliche oder schriftliche Kundenbefragungen sowie statistische Markt- und Absatzanalysen durchgeführt werden.

Abhängig von dem Geschäftsmodell können verschiedene Arten von Kunden vorliegen. Ein Unternehmen kann seine Produkte oder Dienstleistungen direkt an Endverbraucher (Business-to-Consumer, B2C) oder an andere Unternehmen (Business-to-Business, B2B) veräußern. Dadurch ergeben sich unterschiedliche Interessen und Anforderungen der Kunden. Im B2B-Geschäft ist der Kunde eine Einkaufsabteilung mit organisatorischen Vorgaben für die Beschaffung. Diese können beispielsweise in Form von rechtlichen und vertraglichen Vorschriften (z. B. Allgemeine Geschäfts- und Einkaufsbedingungen) vorliegen. Um eigene organisatorische Anforderungen zu erfüllen, werden im B2B-Geschäft von den Lieferanten für die Aufnahme und Fortführung von Geschäftsbeziehungen häufig Nachweise zur Gesetzeskonformität (z. B. Lieferkettengesetz), zertifizierten Normen (z. B. ISO 9001), Ratingergebnissen (z. B. Ecovadis) oder die Teilnahme an Initiativen zur Nachhaltigkeit (z. B. DNK, UNGC) gefordert. Im B2C-Geschäft ist dies weniger der Fall.

Die Kaufentscheidung von Kunden wird durch eine gewichtete Kombination von wirtschaftlichen, umweltbezogenen, sozialen und technischen Anforderungen gefällt (Abb. 3.2). Die Anforderungen basieren auf einem Nutzenkalkül zur Befriedigung von Bedürfnissen. Ein Kunde zahlt nicht für ein Produkt oder eine Dienstleistung als solches,

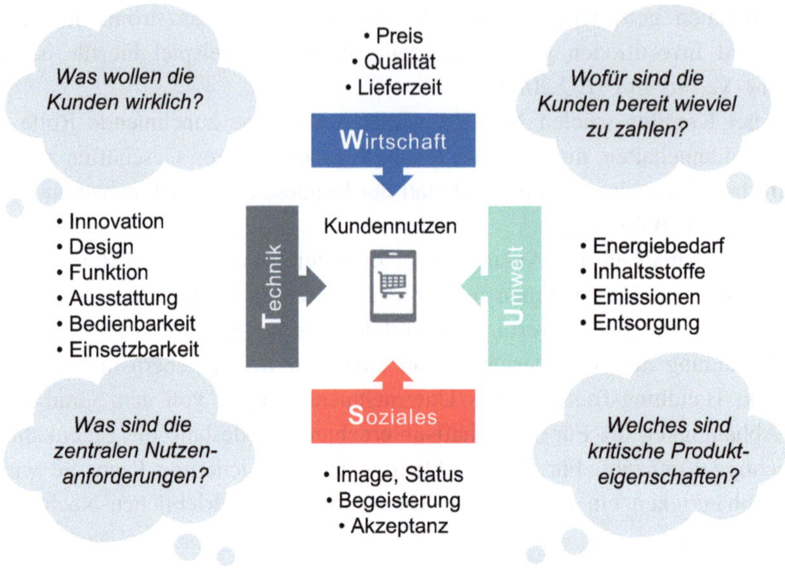

Abb. 3.2 Kriterien für eine Kaufentscheidung von Kunden

sondern für einen Nutzen, den er dadurch realisiert. Der Gesamtnutzen wird gegen den Preis abgewogen. Ob ein Unternehmen die Kundenanforderungen richtig erfasst hat und tatsächlich erfüllt, zeigt sich am Ende in den realisierten Umsatzzahlen.

3.5 Anforderungen durch Management und Beschäftigte

Der Erfolg eines Nachhaltigkeitsmanagements in Unternehmen hängt von der Akzeptanz und dem Engagement von betrieblichen Akteuren ab. Deshalb sollte es nicht nur externe, sondern auch interne Anforderungen berücksichtigen. Die eigenen Anforderungen eines Unternehmens ergeben sich aus den Bedürfnissen von Management und Beschäftigten. Bedürfnisse können je nach Person sehr unterschiedlich gewichtet sein. Nach Maslow lassen sich bei Menschen grundsätzlich fünf Arten von Bedürfnissen unterscheiden, die sich in Ebenen einer Pyramide darstellen lassen (Maslow 1970):

1. Grundbedürfnisse: Selbsterhaltung, Unversehrtheit und körperliches Wohlergehen.
2. Sicherheitsbedürfnisse: Sicherheit von Existenz, Eigentum und Besitzstand.
3. Soziale Bedürfnisse: Gesellschaftliche Zugehörigkeit und soziale Kontakte.
4. Ich-Bedürfnisse: Anerkennung, Respekt, Geltung und Einflussnahme.
5. Selbstverwirklichungsbedürfnisse: Selbstbestimmung, Entfaltung, Idealismus.

Bedürfnisse der nächsthöheren Ebene werden relevant, wenn die Bedürfnisse der darunter liegenden Ebene vollständig oder zum größten Teil erfüllt sind.

Die fünf Bedürfnisebenen können auf den betrieblichen Kontext übertragen werden. Die Grundbedürfnisse können beispielsweise durch Maßnahmen zum Arbeits- und Gesundheitsschutz sowie die Möglichkeit zur Einnahme von Speisen und Getränken berücksichtigt werden. Sicherheitsbedürfnisse äußern sich beispielsweise im Wunsch nach Beschäftigungs- und Einkommenssicherheit. Soziale Bedürfnisse können durch regelmäßige Information und Kommunikation, Gruppengespräche, Teamarbeit sowie Vereinbarkeit von Beruf und Familie befriedigt werden. Ich-Bedürfnisse lassen sich durch Lob von Vorgesetzten, Beurteilungen, Beförderung, Leistungsprämien, Mitbestimmung und Einbeziehung in Entscheidungen erfüllen. Die Selbstverwirklichung kann durch Eigenverantwortung, Freiräume bei der Arbeitserfüllung, Ausleben individueller Lebensvorstellungen (Diversität), Förderung von Kreativität sowie Realisierung einer Work-Life-Balance ermöglicht werden.

Zu bedenken ist, dass die Gewichtung der Bedürfnisse und Anforderungen personenabhängig sehr unterschiedlich sein kann. Sie hängt auch von der individuellen Lebenssituation ab. Diese kann sich im Zeitablauf verändern. Zur Ermittlung der aktuellen Anforderungen von Management und Beschäftigten in einem Unternehmen können Einzelgespräche, Gruppengespräche, Interviews oder Mitarbeiterbefragungen durchgeführt werden.

3.6 Sonstige Anforderungen

Neben Anforderungen durch Gesetzgeber, Kapitalgeber, Kunden, Management und Beschäftigte, können noch weitere Anspruchsgruppen (Stakeholder) und deren Anforderungen für das Nachhaltigkeitsmanagement in Unternehmen relevant sein. Zu nennen sind hier vor allem Anforderungen durch Normgeber, Initiativen oder externe Kontroll- und Bewertungsstellen (Ratingagenturen, Wirtschaftsprüfer, Auditierungs- und Zertifizierungsstellen). Diese können einen maßgeblichen Einfluss auf ein Unternehmen haben.

3.6.1 Anforderungen durch Normgeber und Initiativen

Neben rechtlichen Anforderungen werden Unternehmen mit Anforderungen konfrontiert, die auf nichtstaatlichen Normen oder Initiativen beruhen. Diese definieren ethische, organisatorische und technische Standards zu bestimmten Themen (z. B. Qualität, Umweltschutz, Arbeitssicherheit, Nachhaltigkeit). Durch die Befolgung der Standards sollen definierte Ziele erreicht, Ergebnisse sichergestellt und eine Vergleichbarkeit von Unternehmen ermöglicht werden.

Für die Entwicklung, Publikation, Pflege und Verbreitung der Standards werden internationale, kontinentale, nationale, branchenbezogene oder interessengeleitete zivilgesellschaftliche Nichtregierungsorganisationen (NGO) gegründet. Diese Organisationen finanzieren sich häufig durch eine Kombination von Mitgliedsbeiträgen, staatlichen Zuwendungen, kostenpflichtigen Dienstleistungen und Publikationen oder Spenden. Im Bereich der Nachhaltigkeit wurde in den vergangenen Jahren eine Vielzahl von Organisationen gegründet, die bestimmte umwelt- und sozialpolitische Interessen verfolgen. Mit ihrer Tätigkeit wollen Sie Einfluss auf Ziele, Strategien und Handlungen in Wirtschaftsunternehmen im Sinne ihrer umwelt- und sozialpolitischen Mission nehmen.

Im Folgenden werden in der Wirtschaft verbreite Normen und Initiativen aufgeführt. Eine Anwendung von Normen oder die Teilnahme an einer der dargestellten Initiativen ist für Unternehmen freiwillig. Sie wird teilweise jedoch von Geschäftspartnern (Kunden, Kapitalgebern, Kooperationspartnern) als Basis und zur Aufrechterhaltung von Geschäftsbeziehungen gefordert. Unternehmen müssen dann auf Basis eines Vergleichs von Nutzen und Aufwand entscheiden, ob sie diese Anforderung erfüllen können und wollen. Bei der Entscheidung spielen in Unternehmen häufig auch strategische Marketing- sowie Imageüberlegungen eine Rolle.

Aufgrund der Vielzahl von bereits bestehenden Normgebern und Initiativen sowie der Dynamik bei der Neuerstellung, Erweiterung und Änderung von Anforderungen durch diese, erhebt dieses Handbuch keinen Anspruch auf Vollständigkeit und Aktualität.

ILO-Normen – International Labour Organization (ILO 2024)

Die International Labour Organization (ILO) wurde 1919 als Sonderorganisation der Vereinten Nationen gegründet. Ihr Hauptsitz liegt in Genf. Die Haupteinnahmequelle der ILO sind die Beiträge der Mitgliedsstaaten. Deutschland ist nach den USA, China und Japan der viertgrößte Beitragszahler.

Die ILO ist verantwortlich für die Entwicklung und Umsetzung internationaler Arbeits- und Sozialstandards. Die ILO entwickelt im Dialog mit Regierungen, Gewerkschaften und Arbeitgeberverbänden in Gremien Verfahren zur Formulierung, Überprüfung und Durchsetzung internationaler Arbeitsstandards. Zentrale Forderung der ILO ist es, menschenwürdige Arbeit für alle zu schaffen. Diese Forderung wird durch fünf ILO-Grundprinzipien ausgedrückt:

1. Vereinigungsfreiheit und Recht auf Kollektivverhandlungen.
2. Beseitigung der Zwangsarbeit.
3. Abschaffung der Kinderarbeit.
4. Verbot der Diskriminierung in Beschäftigung und Beruf.
5. Arbeitsschutz und Arbeitssicherheit.

Von besonderer Bedeutung sind die zehn ILO-Kernarbeitsnormen, mit welchen die fünf Grundprinzipien in Form von internationalen Übereinkommen konkretisiert werden:

1. Übereinkommen 87: Vereinigungsfreiheit und Schutz des Vereinigungsrechts (1948).
2. Übereinkommen 98: Vereinigungsrecht und Recht zu Kollektivverhandlungen (1949).
3. Übereinkommen 29: Zwangsarbeit (1930) und Protokoll von 2014 zum Übereinkommen zur Zwangsarbeit.
4. Übereinkommen 105: Abschaffung der Zwangsarbeit (1957).
5. Übereinkommen 100: Gleichheit des Entgelts (1951).
6. Übereinkommen 111: Diskriminierung in Beschäftigung und Beruf (1958).
7. Übereinkommen 138: Mindestalter (1973).
8. Übereinkommen 182: Verbot und unverzügliche Maßnahmen zur Beseitigung der schlimmsten Formen der Kinderarbeit (1999).
9. Übereinkommen 155: Arbeitsschutz und Arbeitsumwelt (1981).
10. Übereinkommen 187: Förderungsrahmen für den Arbeitsschutz (2009).

Mit einer Erklärung über die grundlegenden Prinzipien und Rechte bei der Arbeit sollen sich die Mitgliedsstaaten der Organisation zu den Kernarbeitsnormen bekennen. Sanktionsmöglichkeiten können aus der Erklärung nicht abgeleitet werden. Bislang haben etwa 140 der 187 ILO-Mitgliedsstaaten alle Kernübereinkommen ratifiziert.

ISO – International Organization for Standardization (ISO 2024)
Die International Organization for Standardization (ISO) wurde 1947 als Verein mit Sitz in Genf gegründet. Sie ist eine internationale Nichtregierungsorganisation, die sich aus Mitgliedern der nationalen Normungsgremien von 170 Ländern zusammensetzt. Jedes Land darf nur durch ein Mitglied vertreten werden. Für Deutschland ist das Deutsche Institut für Normung e. V. (DIN) Mitglied der ISO. Mission der ISO ist es, über seine Mitglieder mithilfe von Experten freiwillige, konsensbasierte und marktrelevante internationale Standards zu entwickeln. Die ISO erarbeitet internationale Normen in fast allen Bereichen mit Ausnahme der Elektrotechnik sowie Telekommunikation. Für diese Bereiche gibt es andere internationale Normungsorganisationen. Die für den Bereich Elektrik und Elektronik zuständige International Electrotechnical Commission (IEC) hat ihren Sitz ebenfalls in Genf. Einige Normen werden von ISO und IEC gemeinsam entwickelt. Die von der ISO veröffentlichten Normen werden zum Teil in Geschäftsbeziehungen gefordert. Sie sollen sicherstellen, dass bestimmte Regeln, Leitlinien oder Merkmale von Organisationen, Prozessen oder Produkten erfüllt werden. Einige ISO-Normen lassen sich von unabhängigen Prüfern auditieren und zertifizieren. Die Zertifikate dienen als Nachweis für Geschäftspartner oder zum Marketing gegenüber Kunden. Sie werden teilweise als Basis und zum Nachweis für die Einhaltung von rechtlichen Vorschriften verwendet (z. B. Energiemanagement für Energiedienstleistungsgesetz oder Sicherheitsmanagement für Störfallverordnung). Im Folgenden sind einige ISO-Normen mit Bezug zu Nachhaltigkeitsthemen beispielhaft aufgelistet:

- ISO 9001: Qualitätsmanagement.
- ISO 14001: Umweltmanagement.
- ISO 22301: Betriebliches Kontinuitätsmanagement.
- ISO 26000: Leitfaden für gesellschaftliche Verantwortung.
- ISO 31000: Risikomanagement.
- ISO 45001: Arbeits- und Gesundheitsschutzmanagement.
- ISO 50001: Energiemanagement.

DIN – Deutsches Institut für Normung (DIN 2024)
Das Deutsche Institut für Normung e. V. (DIN) ist ein Verein für Normung und Standardisierung mit Sitz in Deutschland, der 1917 gegründet wurde. Das DIN steuert als privatwirtschaftlich organisierter Projektmanager Normungsprozesse mit Gremien, die aus Vertretern von Wirtschaft, Wissenschaft, öffentlicher Hand und Zivilgesellschaft bestehen. Die Ergebnisse werden in Form von DIN-Normen und Standards publiziert und verbreitet. Durch die Normen soll der globale Handel gefördert werden. Die Normen sollen zudem zur Rationalisierung sowie Qualitätssicherung von Leistungsprozessen beitragen. Ebenso sollen sie der besseren Verständigung sowie dem Schutz und der Sicherheit von Gesellschaft und Umwelt dienen. Die DIN-Normen definieren häufig technische Standards. Das wohl bekannteste Beispiel ist das DIN A4-Format. Das Deutsche Normenwerk umfasst aktuell mehr als 33.000 Normen. Die DIN-Normen werden kostenpflichtig über den Beuth Verlag veröffentlicht und verbreitet. Die Anwendung von DIN-Normen ist grundsätzlich freiwillig. Erst wenn Normen zum Inhalt von Verträgen werden oder der Gesetzgeber ihre Einhaltung zwingend vorschreibt, werden Normen bindend. Wer DIN-Normen – als anerkannte Regeln der Technik – anwendet, kann dadurch ein korrektes Verhalten einfacher nachweisen.

VDE – Verband der Elektrotechnik Elektronik Informationstechnik (VDE 2024)
Der Verband der Elektrotechnik Elektronik Informationstechnik e. V. (VDE) ist ein 1893 unter dem Namen Verband Deutscher Elektrotechniker (VDE) gegründeter technisch-wissenschaftlicher Verein mit Hauptsitz in Deutschland. Die Kernthemen des Verbandes sind Prüfung, Standardisierung, Zertifizierung und Anwendungsberatung im Fachbereich Elektrotechnik. Der VDE hat nach eigenen Angaben weltweit 2.000 Beschäftigte. Der VDE entwickelt und bringt Anforderungen und Lösungen in die nationale und internationale Normung ein. Diese werden in Form von DIN-VDE-Normen publiziert. Die DIN-VDE-Normen stellen zum Teil elektrotechnische Sicherheitsnormen für elektrische Anlagen und Betriebsmittel dar. Diese sind von der Deutschen Gesetzlichen Unfallversicherung (DGUV) und der Berufsgenossenschaft Energie Textil Elektro Medienerzeugnisse (BG ETEM) anerkannt. Dadurch haben die DIN-VDE-Normen besondere Bedeutung für die Erfüllung von Sicherheits- und Sorgfaltspflichten durch rechtlich verantwortliche Personen in Unternehmen.

CDP – Carbon Disclosure Project (CDP 2024)
Das Carbon Disclosure Project (CDP) bezeichnet eine gemeinnützige Wohltätigkeitsorganisation, die ein globales Offenlegungssystem zu Umweltauswirkungen für Investoren, Unternehmen, Städte, Staaten und Regionen betreibt. Das CDP wurde 2022 zu über 50 % durch philanthropische Zuwendungen (Sponsoren, Stiftungen) finanziert. Weitere Quellen zur Finanzierung sind dienstleistungsbasierte Mitgliedsbeiträge, der Verkauf von Informationen und Daten sowie staatliche Zuschüsse. Unternehmen werden teilweise durch Investoren oder Kunden zur Teilnahme am CDP-Programm aufgefordert. Mit dem Antrag zur Teilnahme am CDP erhalten Unternehmen einen umfangreichen Fragebogen, welcher die Offenlegung umweltrelevanter Daten erfordert. Die teilnehmenden Unternehmen werden mit einem CDP-Score für ihre aktuelle Offenlegungs- und Umweltleistung bewertet. Die CDP-Scores (D, C, B, A) stehen für die Niveaustufen, die ein Unternehmen beginnend mit der Offenlegung von Umweltdaten (D) bis zu einer Vorreiterrolle im Umweltschutz (A) durchläuft.

DNK – Deutscher Nachhaltigkeitskodex (DNK 2024)
Der Deutsche Nachhaltigkeitskodex (DNK) wurde vom Rat für Nachhaltige Entwicklung mit Vertretern aus Politik, Finanzmarkt, Unternehmen und zivilgesellschaftlichen Organisationen in einem Dialog entwickelt und 2011 veröffentlicht. Seit Anfang 2012 organisiert die Geschäftsstelle des Rates für Nachhaltige Entwicklung den DNK, arbeitet an seiner Weiterentwicklung und bringt ihn in die öffentliche Diskussion und unternehmerische Praxis ein. Der DNK ist ein nationaler Standard für die Berichterstattung von Nachhaltigkeitsleistungen. Die Berichte werden in einer DNK-Datenbank veröffentlicht. Der DNK-Standard beinhaltet 20 Kriterien, die in vier Bereiche untergliedert sind:

1. Strategie: Wesentlichkeit, Vision und Ziele.
2. Prozessmanagement: Regeln und Strukturen.
3. Umwelt: ökologische Aspekte der Nachhaltigkeit.
4. Gesellschaft: soziale Aspekte der Nachhaltigkeit.

Die Anwendung des DNK ist freiwillig. Beim DNK laufen aktuell Aktivitäten diesen an die neuen rechtlichen Anforderungen der CSRD anzupassen und die Kompatibilität zu den von der EU definierten Berichtsstandards (ESRS) zu erzeugen.

GRI – Global Reporting Initiative (GRI 2024)
Der GRI ist ein internationaler Standard für die Erstellung von Nachhaltigkeitsberichten. Der Standard wird von einer Organisation mit der Bezeichnung Global Sustainability Standards Board (GSSB) herausgegeben. Der Berichtsstandard enthält Leitlinien für die Erstellung von Berichten zu ökonomischen, ökologischen und sozialen Aspekten. Es

gibt drei universelle Standards, die für jede Organisation gelten (101, 102, 103). Danach wählt die Organisation themenspezifische GRI-Standards zu ihren wesentlichen Themen aus. Unterschieden werden die 200er-Reihe (7 ökonomische Themen), 300er-Reihe (9 ökologische Themen) und 400er-Reihe (19 soziale Themen).

Die Berichte können Unternehmen in verschiedenen Formaten veröffentlichen oder zugänglich machen. Dies kann an einem oder mehreren Orten, zum Beispiel in einem eigenständigen Nachhaltigkeitsbericht, auf Webseiten oder in einem Jahresbericht erfolgen.

Die Anwendung des GRI-Standards ist freiwillig. Die Berichtsqualität wird anhand von sechs Kriterien beurteilt: Genauigkeit, Ausgewogenheit, Verständlichkeit, Vergleichbarkeit, Zuverlässigkeit und Aktualität. Ergänzend dazu wird der Inhalt nach den folgenden Merkmalen beurteilt: Einbindung von Stakeholdern, Nachhaltigkeitskontext, Wesentlichkeit und Vollständigkeit.

GHG-Protocol – Greenhouse Gas Protocol (WRI und WBCSD 2004)

Das Greenhouse Gas Protocol basiert auf einer Initiative von Nichtregierungsorganisationen (NGOs), Unternehmen und Regierungsvertretern. Die Koordinierung erfolgt über das World Resources Institute (WRI) sowie dem World Business Council for Sustainable Development (WBCSD). Das WRI ist eine in den USA ansässige Non-Profit-Organisation. Das WBCSD ist eine in Genf ansässige Koalition von internationalen Unternehmensvertretern, die sich gemeinsam für eine nachhaltige Entwicklung einsetzen. Die 1998 ins Leben gerufene Initiative hat die Mission, international anerkannte Standards für die Bilanzierung und Berichterstattung von Treibhausgasen (THG) für Unternehmen zu entwickeln und deren breite Einführung zu fördern. Das GHG Protocol liefert die weltweit am häufigsten verwendeten Standards für die Bilanzierung von THG-Emissionen. Es umfasst eine Standardreihe für die Emissionsbilanzierung und das Berichtswesen für unterschiedliche Organisationsformen, Städte und Staaten. Es gibt sieben GHG-Standards (Unternehmen, Lieferkette, Produktlebenszyklus, Städte, Mitigation, Politik und Projekte). Der Unternehmensstandard beinhaltet die Erstellung eines Treibhausgasinventars. Die Organisation kann die nach dem Standard ermittelten Emissionsdaten in unterschiedlichen Formaten für Nachhaltigkeitsberichte (GRI, DNK, UNGC) verwenden. Das GHG Protocol unterscheidet grundsätzlich drei relevante Bereiche (Scopes) zur Beeinflussung und Erfassung von THG-Emissionen:

1. Scope 1: direkte Emission durch eigene Unternehmensprozesse.
2. Scope 2: indirekte Emission durch bezogene Energie.
3. Scope 3: indirekte Emission durch vorgelagerte Aktivitäten (Erzeugung, Beschaffung) oder nachgelagerte Aktivitäten (Vertrieb, Nutzung, Verwertung, Entsorgung).

SBTi – Science Based Targets initiative (SBTi 2024)

Die Science Based Targets initiative (SBTi) stellt eine Kooperation von dem Carbon Disclosure Project (CDP), dem Global Compact der Vereinten Nationen (UNGC), dem

World Resources Institute (WRI) und dem World Wide Fund for Nature (WWF) dar. Die Science Based Targets initiative wurde 2015 gestartet, um Unternehmen zu unterstützen, Emissionsreduktionsziele auf wissenschaftlicher Basis und im Einklang mit den Zielen des Pariser Abkommens festzulegen. Die Initiative wird unter anderem durch Stiftungen (z. B. IKEA Foundation, Amazon, Bezos Earth Fund, Rockefeller Brothers Fund, UPS Foundation) finanziert. Die SBTi hat einen Standard entwickelt, der Unternehmen den Rahmen und die Instrumente vorgibt, um Emissionsreduktionsziele und Maßnahmenpläne festzulegen, die konform zu dem 1,5-Grad-Ziel des Abkommens von Paris sind. Auf Basis ihrer Emissionsbilanz und je nach gewähltem Berechnungsansatz legen Unternehmen ein Emissionsreduktionsziel fest. Die SBTi validiert anhand der Science-based Criteria das eingereichte Ziel. Die Anwendung des SBTi-Standards umfasst fünf Schritte:

1. Bekundung: Online-Registrierung und Einreichung eines Schreibens mit dem die Absicht zur Festlegung eines wissenschaftlich fundierten Ziels bekundet wird.
2. Entwicklung: Ausarbeitung eines Emissionsreduktionsziels gemäß den Kriterien der SBTi.
3. Einreichung: Einreichen des Ziels bei der SBTi zur offiziellen Validierung. Nach Einreichung des Schreibens hat ein Unternehmen 24 Monate Zeit, das Ziel einzuhalten.
4. Kommunikation: Verkünden des Ziels und Information an Stakeholder.
5. Offenlegung: jährliche Berichterstattung über die unternehmensweiten Emissionen und Verfolgung des Zielfortschritts.

IFRS – International Financial Reporting Standards (IFRS 2024)
Die International Financial Reporting Standards (IFRS) bezeichnen internationale Vorgaben zur Rechnungslegung für Unternehmen, die vom International Accounting Standards Board (IASB) herausgegeben werden. Das IASB ist in die IFRS-Stiftung als Dachorganisation eingebettet. Die IFRS-Stiftung ist eine gemeinnützige Organisation mit dem Ziel, qualitativ hochwertige, verständliche, durchsetzbare und weltweit anerkannte Rechnungslegungs- und Nachhaltigkeitsstandards zu entwickeln. Diese sollen losgelöst von nationalen Rechtsvorschriften die Aufstellung international vergleichbarer Jahres- und Konzernabschlüsse regeln. Der Rechnungslegungsstandard „IFRS Accounting Standard“, entwickelt vom IASB, ist ein globaler Standard für Jahresabschlüsse geworden und in vielen Ländern vorgeschrieben.

Seit 2021 werden neben dem Rechnungslegungsstandard auch Nachhaltigkeitsstandards „IFRS Sustainability Standards“ von dem neu geschaffenen International Sustainability Standards Board (ISSB) entwickelt. Der Nachhaltigkeitsstandard legt fest, wie ein Unternehmen Informationen über nachhaltigkeitsbezogene Faktoren offenlegt, die die Wertschöpfung eines Unternehmens als Chance oder als Risiko beeinflussen.

Ebenso wie bei den Rechnungslegungsstandards liegt es im Ermessen der nationalen Behörden, ob sie die Anwendung der vom ISSB herausgegebenen Nachhaltigkeitsstandards vorschreiben. Für die Rechnungslegungsstandards gilt derzeit die EU-Vorgabe, dass alle börsennotierten Unternehmen, einschließlich Banken und Versicherungen, ihre Konzernabschlüsse nach den IFRS-Rechnungslegungsstandards erstellen müssen. Gegenwärtig liegen noch keine Informationen über den endgültigen Anwendungsbereich der IFRS Sustainability Standards und den Zusammenhang mit den ESRS vor.

TCFD – Task Force on Climate-related Financial Disclosure (TCFD 2017)
Die Task Force on Climate-related Financial Disclosure (TCFD) steht für eine 1995 vom Finanzstabilitätsrat gestartete Initiative zur Stabilisierung der globalen Finanzmärkte. Die TCFD setzt sich aus Branchenexperten verschiedener Staaten zusammen. Sie gibt Empfehlungen für eine einheitliche und vergleichbare Unternehmensberichterstattung in Bezug auf klimabezogene finanzielle Chancen und Risiken. Diese Informationen können für Kreditgeber, Versicherer und Investoren entscheidungsrelevant sein. Die TCFD hat für die Berichterstattung ein Rahmenwerk entwickelt. Das Regelwerk der TCFD besteht aus drei wesentlichen Teilen.

Der erste Teil gibt Empfehlungen für vier definierte Kernbereiche einer Berichterstattung:

1. Governance: Unternehmenspolitik in Bezug auf klimabezogene Risiken und Chancen.
2. Strategy: Tatsächliche und potenzielle Auswirkungen von klimabezogenen Risiken und Chancen auf Geschäfte, Strategie und Finanzplanung.
3. Risk Management: Identifizierung, Bewertung und Steuerung der klimabezogenen Risiken und Chancen.
4. Metric and Targets: Kennzahlen und Ziele, die zur Bewertung und Steuerung relevanter klimabezogener Risiken und Chancen verwendet werden.

Der zweite Teil enthält Grundsätze für die Offenlegung von Informationen:

- Relevante Informationen sollen so dargestellt werden, dass sie zwischen Unternehmen innerhalb einer Branche oder eines Portfolios vergleichbar sind.
- Berichte sollen spezifisch, vollständig, ausgewogen, verständlich, zuverlässig, überprüfbar und objektiv sein.
- Die Berichterstattung soll als ganzheitliche Offenlegung und in zeitnahen Abständen erfolgen.

Der dritte Teil behandelt eine Szenarioanalyse und Szenarien, um die Widerstandsfähigkeit der Strategie zu prüfen und zu erhöhen. Die Berichterstattung nach TCFD ist freiwillig und beinhaltet keine Prüfpflicht.

UNGC – United Nations Global Compact (UNGC 2024)
United Nations Global Compact (UNGC) steht für eine internationale Initiative unter Führung der Vereinten Nationen in Zusammenarbeit mit der Wirtschaft („globaler Pakt“) für eine nachhaltige Unternehmensführung. Die Teilnahme am Global Compact wird von Unternehmen in einem Brief an den UN-Generalsekretär begründet. Darin erklärt

ein Unternehmen seinen Willen, in Zukunft bestimmte soziale und ökologische Mindeststandards einzuhalten. Unternehmen, die freiwillig am UN Global Compact teilnehmen, verpflichten sich, über ihren Fortschritt bei der Umsetzung von zehn UNGC-Prinzipien und ihre Aktivitäten zur Förderung einer nachhaltigen Entwicklung zu berichten. Dieser jährliche Communication on Progress (COP) richtet sich an die Anspruchsgruppen (Stakeholder) des Unternehmens (Gesetzgeber, Investoren, Geschäftspartner, Kunden, Sonstige). Für die Berichte existieren drei inhaltliche Anforderungen:

1. Erklärung der Geschäftsführung zum fortlaufenden Engagement des Unternehmens im UN Global Compact und zu weiteren Anstrengungen zur Umsetzung und Förderung der zehn Prinzipien.
2. Beschreibung von Aktivitäten und Maßnahmen zur Umsetzung der zehn Prinzipien in den vier Themenfeldern des UN Global Compact (Menschenrechte, Arbeitsnormen, Umweltschutz und Korruptionsprävention).
3. Messung und Bewertung von Ergebnissen anhand definierter qualitativer und/oder quantitativer Indikatoren für die vier Themenfelder.

3.6.2 Anforderung durch Ratingdienstleister

Ratings haben ihren Ursprung im Finanzsektor zur Bewertung von Chancen und Risiken für Kapitalgeber bei bestimmten Kapitalanlagen. Zur Nachhaltigkeitsbewertung von Geschäftspartnern werden von verschiedenen Organisationen Nachhaltigkeitsratings angeboten. Die Bewertung durch Ratinganbieter erfolgt anhand von Kriterien, die durch diese selbst definiert wurden. Diese thematisieren beispielsweise Ethik, Unternehmensführung, Umweltschutz und Sozialverantwortung. Die Ratings werden teilweise auf digitalen Ratingplattformen angeboten. Der Nutzen von Ratingplattformen ergibt sich beispielsweise für Unternehmen, die bestehende oder potenzielle Geschäftspartner einfach und schnell im Hinblick auf Nachhaltigkeit bewerten wollen. Durch Nutzung eines externen Ratingdienstleister lässt sich der Aufwand für eigene Analysen und Audits durch Einkaufsabteilungen reduzieren. Dies ist insbesondere für große Unternehmen mit einer Vielzahl von Lieferanten und Geschäftspartnern interessant, welche zur Erfüllung eigener Nachhaltigkeitspflichten (z. B. Lieferkettengesetz, CSRD) auch ihre Lieferanten hinsichtlich Nachhaltigkeitsthemen bewerten und überwachen müssen. Zum Teil werden Unternehmen von ihren Kunden dazu aufgefordert, sich bei einer bestimmten Ratingplattform anzumelden und die Ergebnisse der Nachhaltigkeitsbewertung zur Verfügung zu stellen. Der Beweggrund für Lieferanten zur Teilnahme an einem Rating liegt dann darin, einen expliziten Kundenwunsch zu erfüllen, um Geschäftsbeziehungen zu erhalten. Eine Teilnahme kann auch mit dem Ziel erfolgen, das Nachhaltigkeitsimage des Unternehmens gegenüber der Öffentlichkeit und potenziellen Neukunden zu verbessern.

Der Aufwand für Ratings ergibt sich zum einen durch die Inanspruchnahme von kostenpflichtigen Dienstleistungen eines Ratinganbieters. Weitere indirekte Kosten fallen für die Erstellung, Sammlung, Bereitstellung sowie Pflege der vom Ratinganbieter geforderten Informationen und Dokumente an. Der Aufwand hierfür kann je nach Ausgangssituation und Unternehmen die direkten Kosten für den Ratingdienstleister übersteigen. Der Aufwand für ein externes Nachhaltigkeitsrating kann für Zulieferbetriebe weiter steigen, wenn diese Kunden mit unterschiedlichen Präferenzen für Ratinganbieter (z. B. CDP, Ecovadis, Sustainalytics, Sedex) haben. Sie müssen dann unter Umständen verschiedene Ratinganforderungen parallel bedienen. Mit Kunden sollte deshalb ein partnerschaftlicher Dialog zu geforderten Ratings geführt werden. Dies gilt insbesondere dann, wenn an ein Unternehmen kundenseitig verschiedene Ratingwünsche herangetragen werden.

Die Nutzung von Ratingplattformen ist mit Chancen aber auch mit Kosten und Risiken verbunden. Die Nutzung einer Ratingdienstleistung muss deshalb gut abgewogen werden. Ein im Vergleich zu anderen Wettbewerbern besseres Ratingergebnis kann Vorteile bringen. Ein schlechteres kann jedoch zu Verlust von Kunden und Aufträgen führen. Einmal in ein extern definiertes Rating eingetreten, müssen sich die Teilnehmer einem kontinuierlichen Wettbewerb stellen.

Alle großen europäischen Unternehmen müssen zukünftig durch die CSRD rechtliche Anforderungen an die Berichterstattung zur Nachhaltigkeit erfüllen. Die Nachhaltigkeitsberichterstattung wird damit rechtsverbindlich standardisiert. Es ist zu erwarten, dass dadurch die vielen freiwilligen, von nichtstaatlichen Initiativen definierten Berichtsstandards an Bedeutung verlieren werden. Die rechtsverbindlichen Nachhaltigkeitsberichte sollen in einem standardisierten, maschinenlesbaren Format (ESEF) auf einer für die Öffentlichkeit frei zugänglichen Datenplattform bereitgestellt werden. Damit entfällt der Datenvorteil von nichtstaatlichen Ratingplattformen, die über Nachhaltigkeitsdaten von den am Rating teilnehmenden Unternehmen verfügen und diese bisher exklusiv analysieren, auswerten und vermarkten konnten. Durch die CSRD ist somit auch mit einem Rückgang der Bedeutung von nichtstaatlichen, kostenpflichtigen Nachhaltigkeitsratings zu rechnen.

Alle Berichte und Ratings zur Nachhaltigkeit erfordern ein betriebliches Nachhaltigkeitsmanagement als Basis. Bevor Informationen und Dokumente zur Nachhaltigkeit an externe Stellen gegeben werden, sollte dies auch tatsächlich vorhanden sein. Eine externe Kommunikation und Herausgabe von Informationen und Dokumenten sollte immer auf einem realen Nachhaltigkeitsmanagement basieren. Ansonsten besteht ein Image- und Reputationsrisiko. Unternehmen müssen bedenken, dass die herausgegebenen Informationen, Daten und Dokumente von unterschiedlichen externen Akteuren analysiert, verglichen und ausgewertet werden können.

Literatur

BAFA – Bundesamt für Wirtschaft und Ausfuhrkontrolle (2023) Merkblatt für Energieaudits nach den gesetzlichen Bestimmungen der §§ 8 ff. EDL-G. Stand 19. Juni 2023. https://www.bafa.de/SharedDocs/Downloads/DE/Energie/ea_merkblatt.html. Zugegriffen: 22. Jan. 2024

BaFin – Bundesanstalt für Finanzdienstleistungsaufsicht (2020) Merkblatt zum Umgang mit Nachhaltigkeitsrisiken. Stand 13. Januar 2020. https://www.bafin.de/SharedDocs/Downloads/DE/Merkblatt/dl_mb_Nachhaltigkeitsrisiken. Zugegriffen: 22. Jan. 2024

CDP – Carbon Disclosure Project (2024) About us. https://www.cdp.net/en. Zugegriffen: 25. Jan. 2024

DIN – Deutsches Institut für Normung e. V. (2024) DIN – kurz erklärt. https://www.din.de/de/ueber-normen-und-standards/basiswissen. Zugegriffen: 23. Jan. 2024

DNK – Deutscher Nachhaltigkeitskodex (2024) Über den DNK. https://www.deutscher-nachhaltigkeitskodex.de/de/ueber-den-dnk/. Zugegriffen: 23. Jan. 2024

Eisele O, ifaa (Hrsg) (2024) Wesentlichkeitsanalyse. Leitfaden zur praktischen Durchführung in Unternehmen. https://www.arbeitswissenschaft.net/angebote-produkte/broschueren/ue-bro-wesentlichkeitsanalyse. Zugegriffen: 10. Apr. 2024

EU (2006) VERORDNUNG (EU) 1907/2006 DES EUROPÄISCHEN PARLAMENTS UND DES RATES vom 18. Dezember 2006 zur Registrierung, Bewertung, Zulassung und Beschränkung chemischer Stoffe (REACH)

EU (2011) RICHTLINIE (EU) 2011/65/EU DES EUROPÄISCHEN PARLAMENTS UND DES RATES vom 8. Juni 2011 zur Beschränkung der Verwendung bestimmter gefährlicher Stoffe in Elektro- und Elektronikgeräten

EU (2017) VERORDNUNG (EU) 2017/821 DES EUROPÄISCHEN PARLAMENTS UND DES RATES vom 17. Mai 2017 zur Festlegung von Pflichten zur Erfüllung der Sorgfaltspflichten in der Lieferkette für Unionseinführer von Zinn, Tantal, Wolfram, deren Erzen und Gold aus Konflikt- und Hochrisikogebieten

EU (2020) VERORDNUNG (EU) 2020/852 DES EUROPÄISCHEN PARLAMENTS UND DES RATES vom 18. Juni 2020 über die Einrichtung eines Rahmens zur Erleichterung nachhaltiger Investitionen und zur Änderung der Verordnung (EU) 2019/2088

EU (2021a) VERORDNUNG (EU) 2021/1119 DES EUROPÄISCHEN PARLAMENTS UND DES RATES vom 30. Juni 2021 zur Schaffung des Rahmens für die Verwirklichung der Klimaneutralität und zur Änderung der Verordnungen (EG) Nr. 401/2009 und (EU) 2018/1999 („Europäisches Klimagesetz")

EU (2021b) DELEGIERTE VERORDNUNG (EU) 2021/2139 DER KOMMISSION vom 4. Juni 2021 zur Ergänzung der Verordnung (EU) 2020/852 des Europäischen Parlaments und des Rates durch Festlegung der technischen Bewertungskriterien, anhand deren bestimmt wird, unter welchen Bedingungen davon auszugehen ist, dass eine Wirtschaftstätigkeit einen wesentlichen Beitrag zum Klimaschutz oder zur Anpassung an den Klimawandel leistet, und anhand deren bestimmt wird, ob diese Wirtschaftstätigkeit erhebliche Beeinträchtigungen eines der übrigen Umweltziele vermeidet

EU (2022) RICHTLINIE (EU) 2022/2464 DES EUROPÄISCHEN PARLAMENTS UND DES RATES vom 14. Dezember 2022 zur Änderung der Verordnung (EU) Nr. 537/2014 und der Richtlinien 2004/109/EG, 2006/43/EG und 2013/34/EU hinsichtlich der Nachhaltigkeitsberichterstattung von Unternehmen

EU (2023a) DELEGIERTE VERORDNUNG (EU) 2023/2772 DER KOMMISSION vom 31. Juli 2023 zur Ergänzung der Richtlinie 2013/34/EU des Europäischen Parlaments und des Rates durch Standards für die Nachhaltigkeitsberichterstattung

EU (2023b) VERORDNUNG (EU) 2023/956 DES EUROPÄISCHEN PARLAMENTS UND DES RATES vom 10. Mai 2023 zur Schaffung eines CO2-Grenzausgleichssystems

EU (2023c) DURCHFÜHRUNGSVERORDNUNG (EU) 2023/1773 DER KOMMISSION vom 17. August 2023 mit Vorschriften über die Anwendung der Verordnung (EU) 2023/956 des Europäischen Parlaments und des Rates in Bezug auf die im Übergangszeitraum geltenden Berichtspflichten für die Zwecke des CO2-Grenzausgleichssystems

EU (2023d) VERORDNUNG (EU) 2023/988 DES EUROPÄISCHEN PARLAMENTS UND DES RATES vom 10. Mai 2023 über die allgemeine Produktsicherheit, zur Änderung der Verordnung (EU) Nr. 1025/2012 des Europäischen Parlaments und des Rates und der Richtlinie (EU) 2020/1828 des Europäischen Parlaments und des Rates sowie zur Aufhebung der Richtlinie 2001/95/EG des Europäischen Parlaments und des Rates und der Richtlinie 87/357/EWG des Rates

EU (2023e) Vorschlag für eine RICHTLINIE DES EUROPÄISCHEN PARLAMENTS UND DES RATES über die Begründung ausdrücklicher Umweltaussagen und die diesbezügliche Kommunikation (Richtlinie über Umweltaussagen) vom 22. März 2023

EU (2023f) DELEGIERTE RICHTLINIE (EU) 2023/2775 DER KOMMISSION vom 17. Oktober 2023 zur Änderung der Richtlinie 2013/34/EU des Europäischen Parlaments und des Rates durch Anpassung der Größenkriterien für Kleinstunternehmen und für kleine, mittlere und große Unternehmen oder Gruppen

EU (2024) Richtlinienvorschlag Dokument ST 6145 2024 INIT. Proposal for a DIRECTIVE OF THE EUROPEAN PARLIAMENT AND OF THE COUNCIL on Corporate Sustainability Due Diligence and amending Directive (EU) 2019/1937 – Letter to the Chair of the JURI Committee of the European Parliament

GRI – Global Reporting Initiative (2024) About GRI. https://www.globalreporting.org/about-gri/. Zugegriffen: 23. Jan. 2024

IFRS – International Financial Reporting Standards (2024) ABOUT US. https://www.ifrs.org/. Zugegriffen: 23. Jan. 2024

ILO – International Labour Organization (2024) ILO-Kernarbeitsnormen. https://www.ilo.org/berlin/arbeits-und-standards/kernarbeitsnormen/lang--de/index.htm. Zugegriffen: 23. Jan. 2024

ISO – International Organization for Standardization (2024) About us. https://www.iso.org/about-us.html. Zugegriffen: 23. Jan. 2024

Maslow AH (1970) Motivation and Personality. 2. Aufl. Henper and Row Publisher, New York

SBTi – Science Based Targets initiative (2024) FAQS. https://sciencebasedtargets.org/faqs. Zugegriffen: 22. Jan. 2024

TCFD (2017) Recommendations of the Task Force on Climate-related Financial Disclosures. https://assets.bbhub.io/company/sites/60/2021/10/FINAL-2017-TCFD-Report.pdf. Zugegriffen: 22. Jan. 2024

UNGC – United Nations Global Compact (2024) About the UN Global Compact. https://unglobalcompact.org/about. Zugegriffen: 23. Jan. 2024

VDE – Verband der Elektrotechnik Elektronik und Informationstechnik e.V. (2024) Über Uns. https://www.vde.com/tic-de/ueber-uns. Zugegriffen: 22. Jan. 2024

WRI und WBCSD – World Resources Institute and World Business Council for Sustainable Development (Hrsg) (2004) The Greenhouse Gas Protocol. A Corporate Accounting and Reporting Standard. ISBN 1–56973–568–9

Aufgaben des Nachhaltigkeitsmanagements 4

Leitfaden für die Einführung und Umsetzung eines Nachhaltigkeitsmanagements

Olaf Eisele

4.1 Einführungsplan und Aufgabenzyklus

In Kap. 1 wurden die komplexe Ausgangssituation und Aufgabenstellung für Unternehmen sowie ein Lösungsansatz in Form eines Nachhaltigkeitsmanagementkonzepts beschrieben. Zur Lösung komplexer Problemstellungen oder Gestaltung sowie Verbesserung komplexer Systeme ist eine strukturierte Vorgehensweise hilfreich. Dazu wird das komplexe Gesamtvorhaben in überschaubare Aufgaben und Abschnitte unterteilt. Der Zusammenhang wird durch eine logische und zeitliche Reihenfolge abgebildet. Bei Projekten mit definiertem Anfang und Ende wird dies häufig in Projektplänen mit zeitlich definierten Projektphasen und Meilensteinen beschrieben. Wenn die Aufgaben nicht nur einmalig, sondern zeitlich wiederkehrend bearbeitet werden sollen, handelt es sich um einen Aufgabenzyklus. Ein Beispiel hierfür ist der sogenannte PDCA-Zyklus (Plan, Do Check, Act). Dieser wird in der betrieblichen Praxis und als Bestandteil von Managementsystemen häufig erwähnt.

Für die Einführung eines betrieblichen Nachhaltigkeitsmanagements und die damit verbundene kontinuierliche Verbesserung der Nachhaltigkeit lassen sich sechs Aufgaben unterscheiden:

Ergänzende Information Die elektronische Version dieses Kapitels enthält Zusatzmaterial, auf das über folgenden Link zugegriffen werden kann https://doi.org/10.1007/978-3-662-69573-9_4.

O. Eisele (✉)
FachbereichUnternehmensexzellenz, ifaa– Institut fürangewandteArbeitswissenschaft e.V., Düsseldorf, Deutschland
E-Mail: o.eisele@ifaa-mail.de

Nachhaltigkeitsmanagement – Handbuch für die Unternehmenspraxis, ifaa-Edition
https://doi.org/10.1007/978-3-662-69573-9_4

1. Initiierung,
2. Analyse,
3. Zielbildung,
4. Planung,
5. Umsetzung,
6. Controlling.

Sofern in einem Unternehmen noch kein Nachhaltigkeitsmanagement existiert, können die aufgeführten Aufgaben als Projektphasen interpretiert werden. Jede Aufgabe bzw. Projektphase hat einen bestimmten Zweck, Inhalte und ein Ergebnis. Ergebnisse können in Projektplänen als Meilenstein dargestellt werden. Durch die Zuordnung von Zuständigkeiten sowie Ressourcen, Dauer und Terminen entsteht ein Projektplan zur Implementierung eines Nachhaltigkeitsmanagements. Abb. 4.1 stellt die Vorgehensweise zur Einführung eines Nachhaltigkeitsmanagements als Übersicht dar. Darin sind Teilnehmer, Inhalt, Format, Dauer und Meilensteine der Projektphasen aufgeführt. Die abgebildete Übersicht kann in Unternehmen bedarfsgerecht angepasst und detailliert werden.

Nachhaltigkeitsmanagement ist kein einmaliges Projekt. Mit einem Projekt zur Einführung eines Nachhaltigkeitsmanagements sollen die Grundlagen für eine kontinuierliche Verbesserung der Nachhaltigkeit geschaffen werden. Das Controlling in der letzten Phase

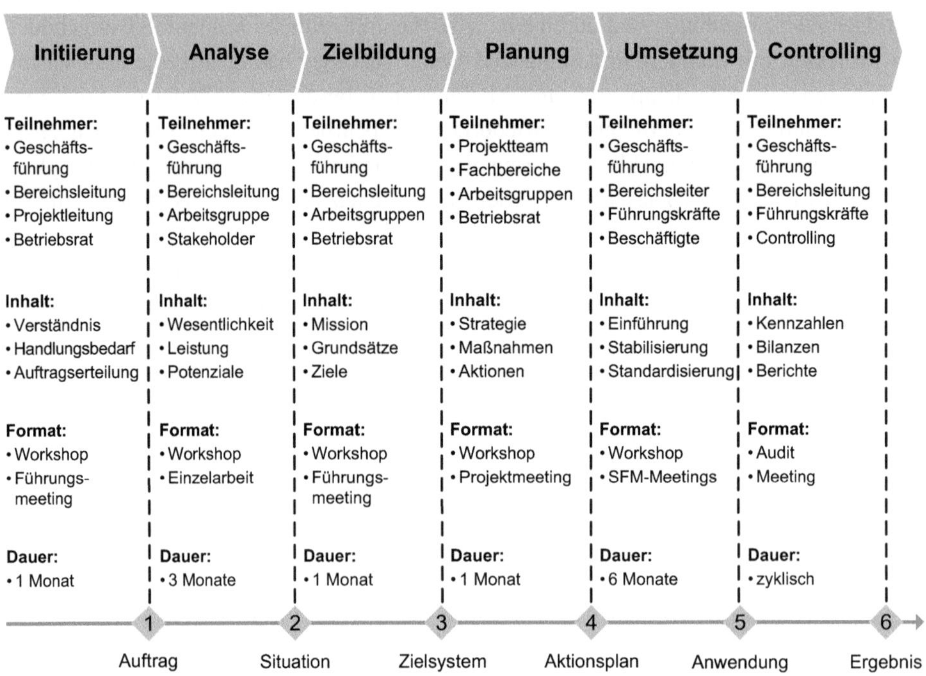

Abb. 4.1 Projektplan zur Einführung eines Nachhaltigkeitsmanagements

der Einführung bildet den Ausgangspunkt für einen wiederkehrenden Managementzyklus. Durch das Controlling sollen Abweichungen, Verbesserungspotenziale und weiterer Handlungsbedarf aufgezeigt werden. Dies führt wieder zur Initiierung eines erneuten Aufgabendurchlaufs, wodurch sich der Aufgabenzyklus schließt. Abb. 4.2 visualisiert die sechs Aufgaben als kontinuierlichen Managementzyklus.

4.2 Initiierung

Gegenstand der Initiierung ist das Anstoßen und Starten von Aktivitäten (Projekte oder Prozesse) zur Verbesserung. Voraussetzung dafür sind Informationen, das Erkennen von Handlungsbedarf und die Einsicht in die Notwendigkeit von Aktivitäten zur Verbesserung. Auslöser kann eine sich verändernde Umfeldsituation sein (z. B. technologischer Wandel). Ebenso können neue Anforderungen durch Gesetzgeber (z. B. CSRD), Kunden, Kapitalgeber, Beschäftigte oder sonstige Interessengruppen den Anlass für eine notwendige Veränderung darstellen.

Das Ergebnis der Initiierung ist ein Auftrag. Ein Auftrag ist eine schriftliche oder mündliche Aufforderung zur Ausführung einer bestimmten Arbeit (REFA 1991). Aufträge können verschiedene Arbeitsaufgaben beinhalten und sich in Umfang, Komplexität, Ressourcenbedarf sowie Anforderungen an die Ergebnisse unterscheiden. Ein Auftrag kann eine einzelne Verbesserungsaktivität an einem Arbeitsplatz (z. B. Betriebsmitteländerung

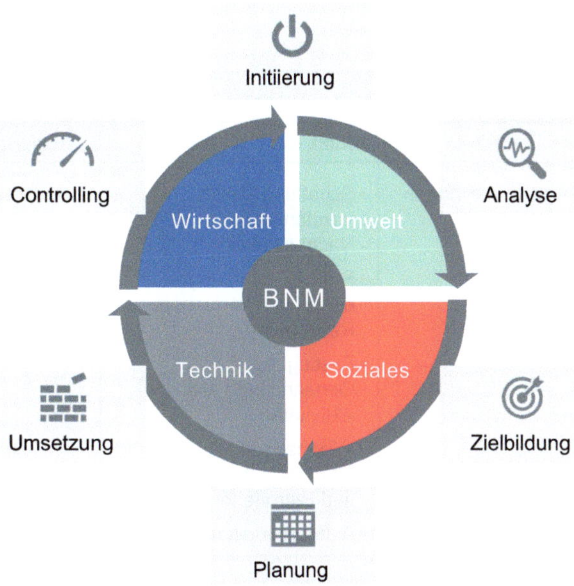

Abb. 4.2 Aufgaben des Nachhaltigkeitsmanagements als Managementzyklus

zur Reduzierung des Energieverbrauchs) oder ein unternehmensweites Organisationsprojekt (z. B. Einführung eines Nachhaltigkeitsmanagements) umfassen. Den Rahmen für alle Aufträge im Nachhaltigkeitskontext bilden das im Unternehmen herrschende Verständnis sowie die definierten Grundsätze und Ziele zur Nachhaltigkeit.

Die Abb. 4.3 stellt den Zweck, Inhalte und das Ergebnis der Initiierungsaufgabe im Rahmen eines Nachhaltigkeitsmanagements als Übersicht dar.

Die Initiierung von bereichsübergreifenden und umfangreichen Projekten mit Auswirkung auf das gesamte Unternehmen sollte durch die Geschäftsführung erfolgen. Ist die Geschäftsführung nicht von der Notwendigkeit überzeugt, so ist ein solches Projekt mit hoher Wahrscheinlichkeit zum Scheitern verurteilt. Das Management muss benötigte Ressourcen (Personal, Arbeitszeit) und Mittel (Geld, Arbeitsmittel) genehmigen und bereitstellen. Zudem sind vom Management in unsicheren Situationen Entscheidungen zu treffen. Das Management ist auch wichtig, um bei Rückschlägen oder Problemen die Motivation der betroffenen und beteiligten Akteure zu erhalten. Als organisatorische Plattform für die Initiierung sind Strategieworkshops, Geschäftsführungssitzungen, Informationsveranstaltungen, Planungsgespräche oder Kick-off-Meetings möglich.

Basis für die Einführung oder Verbesserung eines Nachhaltigkeitsmanagements im Betrieb ist ein klares Nachhaltigkeitsverständnis auf betrieblicher Ebene. In der Geschäftsführung und obersten Führungsebene sollte ein eindeutiges, gemeinsames und akzeptiertes Verständnis von Nachhaltigkeit existieren. Zudem muss dieser Kreis davon überzeugt sein, dass es nützlich und notwendig ist, Nachhaltigkeit im Unternehmen zu managen. Das Kap. 2 dieses Handbuchs gibt hierzu eine Hilfestellung. Zur Entwicklung

Aufgabe 1: Initiierung		
Zweck	**Inhalt**	**Ergebnis**
Veranlassung von Aktivitäten zur Einführung eines betrieblichen Nachhaltigkeitsmanagements und Verbesserung der Nachhaltigkeit.	• Schaffung klares Verständnis von Nachhaltigkeit • Prüfung Handlungsbedarf und verfügbare Ressourcen • Festlegung und Genehmigung von Aktivitäten • Information und Motivation der Beteiligten und Betroffenen • Auftragserteilung	✓ **Auftrag** • Einführung • Verbesserung

Abb. 4.3 Aufgabenbeschreibung Initiierung

oder Überprüfung eines gemeinsamen Nachhaltigkeitsverständnisses können folgende Leitfragen verwendet werden, auf die klare Antworten existieren sollten:

- Was verstehen wir unter Nachhaltigkeit?
- Was bedeutet Nachhaltigkeit auf betrieblicher Ebene?
- Warum wollen wir uns mit Nachhaltigkeit im Unternehmen beschäftigen?
- Welchen Zweck und Nutzen hat Nachhaltigkeit für das Unternehmen?

Voraussetzung für die erfolgreiche Einführung und Umsetzung eines Nachhaltigkeitsmanagements ist die Einsicht in die Notwendigkeit und ein Unternehmensleitbild mit einem klaren und eindeutigen Statement zu der Absicht des Unternehmens, nachhaltig zu handeln. Das Management eines Unternehmens sollte sich zunächst ein grobes Bild von der aktuellen Situation, Chancen und Risiken sowie dem Handlungsbedarf des Unternehmens im Hinblick auf Nachhaltigkeit machen. Dies bildet die Entscheidungsbasis für weitere Schritte. Diese können einzelne Verbesserungsmaßnahmen oder die Initiierung eines Organisationsprojekts zur Implementierung eines Nachhaltigkeitsmanagements sein. Ist die Entscheidung für die Einführung eines Nachhaltigkeitsmanagements getroffen worden, sind zunächst folgende Fragen zu klären:

- Welche externen Anforderungen (Gesetzgeber, Kapitalgeber, Öffentlichkeit) sollen bzw. müssen hinsichtlich Nachhaltigkeit berücksichtigt werden?
- Welche internen Anforderungen (Ziele Unternehmensleitung, Beschäftigte) werden an das Nachhaltigkeitsmanagement gestellt?
- Wie hoch werden die Notwendigkeit und die Bedeutung eines Nachhaltigkeitsmanagements für das Unternehmen bewertet?
- Welche Ressourcen (Mittel, Fähigkeiten) stehen im Unternehmen für die Umsetzung eines Nachhaltigkeitsmanagements zur Verfügung?

Für die Prüfung und Beantwortung der beschriebenen Fragestellungen sind Workshops hilfreich. Diese können als Strategieworkshop innerhalb des Geschäftsführungskreises mit oder ohne externe Unterstützung durchgeführt werden. Bei Bedarf können weitere ausgewählte Teilnehmer aus dem Unternehmen (z. B. Betriebsrat, Fachexperten) einbezogen werden. Als Hilfsmittel sind auch Checklisten zur Nachhaltigkeit einsetzbar (Eisele, ifaa 2024c). Diese können von verschiedenen Personen bearbeitet und in einem Workshop die Ergebnisse zusammengetragen oder innerhalb eines Workshops gemeinsam ausgefüllt werden. Bei letztgenannter Vorgehensweise ist für den Workshop ein größerer Zeitrahmen vorzusehen. Ein Workshopformat könnte beispielsweise aus zwei Workshoptagen von jeweils vier bis sechs Stunden Dauer bestehen. Am ersten Tag können die Fragestellungen diskutiert und durchgegangen werden. Am zweiten Tag werden die Ergebnisse noch einmal reflektiert, zusammengefasst und gemeinsam abgestimmt. Die Ergebnisse solcher Workshops sollten schriftlich dokumentiert werden. In ergänzenden Projektplanungsworkshops können die Strategie und die weitere Vorgehensweise in Form eines Projektplans weiter detailliert und verabschiedet werden.

4.3 Analyse

Zweck der Analyseaufgabe im Nachhaltigkeitskontext ist die Erfassung der Ausgangssituation bezogen auf betriebsspezifische Rahmenbedingungen, Merkmale, Anforderungen, wesentliche Themen, aktuelle Nachhaltigkeitsleistung sowie Potenziale zur Verbesserung der Nachhaltigkeit.

Analysen dienen dem Aufbau oder der Erweiterung von Wissen. Durch eine Analyse sollen Erkenntnisse gewonnen werden, welche zu richtigen Entscheidungen befähigen. In der Praxis lässt sich nicht selten beobachten, dass in Unternehmen Ziele, Strategien und Maßnahmen definiert und Projekte ohne ausreichende Analyse der tatsächlichen Ausgangssituation und betrieblichen Besonderheiten gestartet werden. Für den Erfolg von Strategien und Projekten ist dies jedoch wichtig.

Jedes Unternehmen unterscheidet sich von anderen. Ein Unternehmen ist durch eine Vielzahl von externen und internen Einflüssen, Eigenschaften und Merkmalen gekennzeichnet. Es ist geografisch, wirtschaftlich, gesellschaftlich, rechtlich und organisatorisch verortet. Die betriebsspezifischen Merkmalsausprägungen eines Unternehmens haben Auswirkungen auf Chancen und Risiken sowie Stärken und Schwächen des Unternehmens. Sie beeinflussen die Erfolgswahrscheinlichkeit von Zielen, Strategien, Projekten und Maßnahmen.

Die erfolgreiche Implementierung und Umsetzung eines Nachhaltigkeitsmanagements erfordern Kenntnisse und ein Bewusstsein über die betriebsspezifischen Merkmale, Anspruchsgruppen, Anforderungen, wesentlichen Themen sowie die Leistungssituation und Verbesserungspotenziale eines Unternehmens. Nur so können passende, realistische Ziele, Strategien, Projekte und Maßnahmen geplant und erfolgreich umgesetzt werden.

Für die Durchführung einer Analyse steht eine Vielzahl von Methoden mit unterschiedlichen Zielsetzungen und Schwerpunkten zur Verfügung. Im Nachhaltigkeitskontext hat die sogenannte Wesentlichkeitsanalyse eine zentrale Bedeutung. Sie wird in den gängigen Nachhaltigkeitsstandards und der EU-Richtlinie zur Nachhaltigkeitsberichterstattung (CSRD) explizit gefordert. Sie bildet die Grundlage für alle Aktivitäten zur Einführung und Umsetzung eines Nachhaltigkeitsmanagements in Unternehmen. Durch die Wesentlichkeitsanalyse werden die wesentlichen Themenfelder und Themen für ein betriebliches Nachhaltigkeitsmanagement definiert und in Form einer Wesentlichkeitsmatrix dokumentiert.

Aufbauend auf die Ergebnisse der Wesentlichkeitsanalyse ist die aktuelle Leistungssituation des Unternehmens zu ermitteln. Hierzu ist eine Leistungsanalyse in allen Nachhaltigkeitsdimensionen erforderlich. Das Ergebnis einer Leistungsanalyse sollte möglichst in Form von objektiv messbaren Leistungskennzahlen dargestellt werden. Diese müssen im Unternehmen definiert und akzeptiert werden. Bei der Leistungsanalyse werden die bisherige Entwicklung und der aktuelle Ist-Stand der Nachhaltigkeitsleistung erfasst. Darauf aufbauend können Verbesserungspotenziale ermittelt und realistische Ziele für die Zukunft definiert werden.

Vor der Definition von Zielen sollte ergänzend zur Leistungsanalyse eine Potenzialanalyse durchgeführt werden. Bei der Potenzialanalyse wird ermittelt, an welchen Stellen und in welcher Höhe die aktuellen Leistungskennzahlen verbessert werden können. Die ermittelten Potenziale sollen möglichst realistisch und objektiv nachvollziehbar sein. Dies fördert die Akzeptanz für die Definition und Vereinbarung von Zielen.

Wesentlichkeits-, Leistungs- und Potenzialanalyse ergeben ein vollständiges Bild der aktuellen Situation eines Unternehmens und seiner Bereiche. Sie können in einem Situationsbericht als Gesamtergebnis der Analyse zusammengefasst werden.

Die Abb. 4.4 fasst die Ausführungen zur Analyseaufgabe im Nachhaltigkeitsmanagement als Aufgabenbeschreibung zusammen.

4.3.1 Wesentlichkeitsanalyse

Zweck einer Wesentlichkeitsanalyse ist die systematische Erfassung, Bewertung und Priorisierung von Themen und Handlungsfeldern unter Berücksichtigung betriebsspezifischer Anforderungen. Sie wird in freiwilligen Standards (z. B. GRI) und regulatorischen Rahmenwerken (z. B. CSRD) zur Nachhaltigkeitsberichterstattung von Unternehmen gefordert (Kap. 3). Neben der Erfüllung externer Anforderungen hat eine Wesentlichkeitsanalyse weitere Nutzenpotenziale. Sie ist eine Methode, um die Vielfalt und Komplexität von Themen für Unternehmen durch Ordnung, Strukturierung und Priorisierung besser zu bewältigen. Dadurch lassen sich knappe Ressourcen effektiver und effizienter einsetzen und Kräfte im Unternehmen auf die richtigen und wichtigen Dinge fokussieren.

Wesentlichkeitsanalysen werden bereits seit langer Zeit im Rahmen der Finanzberichterstattung eingesetzt. Sie werden dort auch als Materialitätsanalyse (engl. materiality

Aufgabe 2: Analyse		
Zweck	**Inhalt**	**Ergebnis**
Analyse der Ausgangssituation bezogen auf betriebsspezifische Rahmenbedingungen, Merkmale, Anforderungen, Themen, Leistung und Potenziale zur Verbesserung der Nachhaltigkeit.	• Wesentlichkeitsanalyse • Leistungsanalyse • Potenzialanalyse	✓ **Situationsbericht** • Wesentlichkeitsmatrix • Leistungskennzahlen • Verbesserungspotenziale

Abb. 4.4 Aufgabenbeschreibung Analyse

analysis) bezeichnet. Zweck der Wesentlichkeitsanalyse im Finanzbereich ist die zielgerichtete Erfassung und Darstellung von wesentlichen Einflüssen auf das aktuelle und zukünftige Unternehmensergebnis im Jahresabschluss. Nichtfinanzielle Zusatzinformationen sollen zur besseren Einschätzung und Bewertung von Finanzkennzahlen im unternehmerischen Gesamtkontext beitragen.

Das Wesentlichkeitsprinzip wurde in Berichtsstandards zur Nachhaltigkeit übernommen. Die Global Reporting Initiative (GRI) macht beispielsweise folgende Aussage zur Auswahl von Themen für Nachhaltigkeitsberichte: „Relevante Themen, die möglicherweise eine Aufnahme in den Bericht verdienen, sind solche Themen, bei denen nach vernünftigem Ermessen davon ausgegangen werden kann, dass sie für eine Darstellung der ökonomischen, ökologischen und sozialen Auswirkungen einer Organisation von Bedeutung sind oder einen Einfluss auf die Entscheidungen von Stakeholdern ausüben" (GRI 2018).

Eine besondere Anforderung, die an eine Wesentlichkeitsanalyse im Nachhaltigkeitskontext gestellt wird, ist die sogenannte „doppelte Wesentlichkeit" (engl. double materiality). Damit wird zum Ausdruck gebracht, dass nicht nur die Chancen und Risiken von Themen auf den finanziellen Betriebserfolg (finanzielle Wesentlichkeit) betrachtet werden sollen. Zusätzlich sollen auch die Auswirkungen der Betriebstätigkeit auf das Umfeld (Menschen und Umwelt) berücksichtigt werden. Daraus folgt die Forderung einer zweidimensionalen Wesentlichkeitsanalyse (Abb. 4.5).

Für die Durchführung einer Wesentlichkeitsanalyse wurde am ifaa – Institut für angewandte Arbeitswissenschaft e. V. eine praxisorientierte Methode entwickelt. Der Ablauf dieser Methode ist in einem Leitfaden (Eisele und ifaa 2024a) detailliert beschrieben und wird durch eine zum Leitfaden passende Arbeitshilfe (Eisele und ifaa 2024b) in Form eines einfachen Excel-Tools ergänzt. Abb. 4.6 zeigt den Ablauf der am ifaa entwickelten Methode zur Wesentlichkeitsanalyse mit zehn Schritten und Meilensteinen.

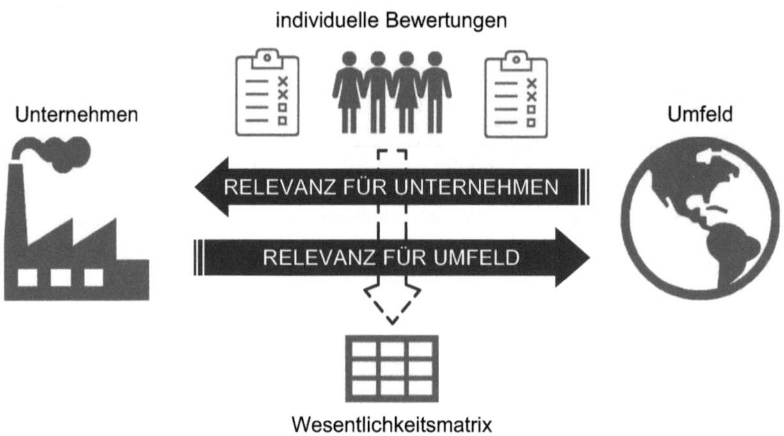

Abb. 4.5 Doppelte Wesentlichkeitsanalyse (Eisele und ifaa 2024a)

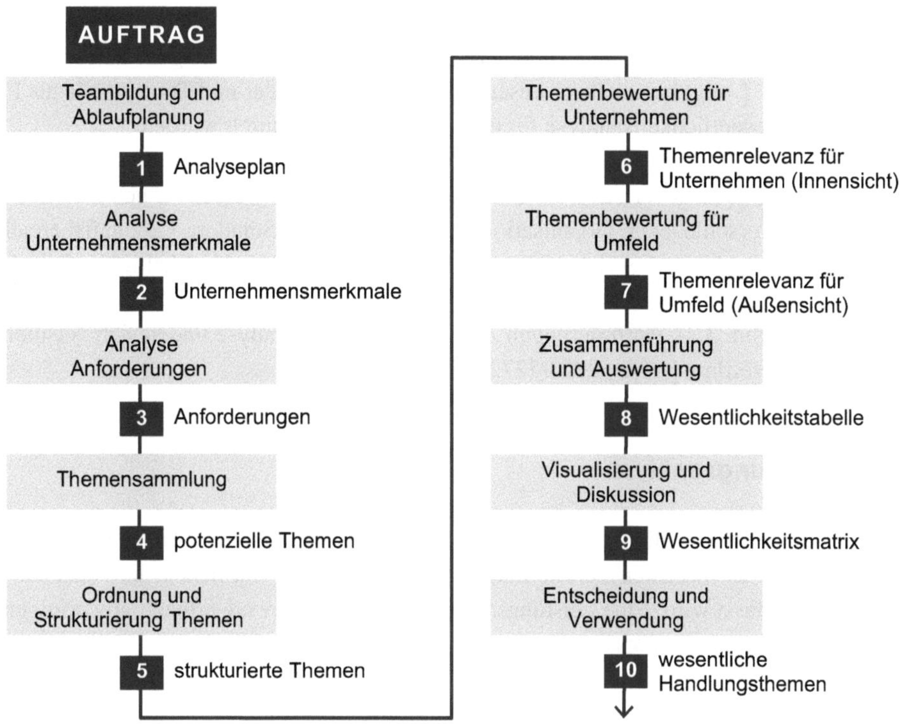

Abb. 4.6 Ablauf Wesentlichkeitsanalyse (Eisele und ifaa 2024a)

Die Wesentlichkeitsanalyse startet mit der Bildung eines Analyseteams. Dieses verschafft sich zunächst einen Überblick und ein gemeinsames Verständnis zu Unternehmensmerkmalen und betriebsspezifischen Besonderheiten. Das Ergebnis ist eine Beschreibung der Merkmale und der Anforderungen, die an das Unternehmen von unterschiedlichen Anspruchsgruppen gestellt werden. Vor diesem Hintergrund werden mögliche Themen im Nachhaltigkeitskontext gesammelt. Die gesammelten Themen werden dann geordnet und strukturiert. Die anschließende Bewertung der Themen erfolgt in zwei Stufen – einmal aus Sicht des Unternehmens (Innensicht) und einmal aus der Sicht des Umfelds (Außensicht). Aus der Innenperspektive werden die Chancen und Risiken von Themen für den finanziellen Betriebserfolg bewertet. Diese ergeben sich aus der Wahrscheinlichkeit und dem Ausmaß von Gewinn (Erfolg) oder Verlust (Schaden) durch die betrachteten Themen. Dazu ergänzend wird aus der Außenperspektive die Auswirkung des Unternehmens in den Themen auf das Umfeld (Menschen und Umwelt) betrachtet. Die Bewertung hängt hier von der Wahrscheinlichkeit und dem Schweregrad der Auswirkungen ab. Der Schweregrad ist abhängig von dem Ausmaß, dem Umfang und der Unabänderlichkeit der Auswirkung. Die Bewertungsergebnisse werden in einer Tabelle zusammengeführt und können mithilfe einer Wesentlichkeitsmatrix visualisiert werden. Nach Prüfung und Freigabe können die Ergebnisse der Wesentlichkeitsanalyse für alle weiteren Aufgaben und Aktivitäten im Nachhaltigkeitsmanagement verwendet werden. Abb. 4.7 zeigt beispielhaft wesentliche Handlungsfelder und Themen, die als Ergebnis einer Wesentlichkeitsanalyse für ein Unternehmen ermittelt wurden.

Die dargestellte Methode der Wesentlichkeitsanalyse kann mit unterschiedlichem Detaillierungsgrad in jeder Art von Unternehmen eingesetzt werden. Eine Anwendung ist zudem auf verschiedenen Organisationsebenen (Konzern, Standort, Geschäftsbereich) möglich. Unternehmen, welche den EU-Vorschriften zur Nachhaltigkeitsberichterstattung (CSRD) unterliegen, müssen die besonderen regulatorischen Vorgaben der EU beachten (Abschn. 3.2). Anforderungen zur Wesentlichkeitsanalyse finden sich beispielsweise in der Verordnung (EU) 2023/2272 (EU 2023).

4.3.2 Leistungsanalyse

Für die mit der Wesentlichkeitsanalyse identifizierten wesentlichen Themenfelder und Themen gilt es im nächsten Schritt Indikatoren festzulegen, mit denen die Nachhaltigkeitsleistung erfasst wird. Eine Leistungsanalyse kann qualitativ oder quantitativ erfolgen.

Eine qualitative Leistungsanalyse

- basiert auf subjektiven Einschätzungen von Menschen,
- erfolgt häufig durch Abschätzung einer Rangfolge (z. B. gering, mittel, hoch),
- kann ohne Datenbasis mit geringem Aufwand durchgeführt werden,
- liefert schnell Ergebnisse,
- ist nicht zwingend reproduzierbar,
- wird häufig in Audits, Ratings und Umfragen eingesetzt,
- kann durch eine quantitative Analyse ergänzt, erweitert und verifiziert werden.

Eine quantitative Leistungsanalyse

- basiert auf objektiv messbaren Fakten (Kennzahlen),
- erfordert eine genaue Definition von Messgröße, Quelle und Bezug,
- erfolgt durch Erfassung von Daten (Menge, Zeit, Wert),
- setzt Methoden und Werkzeuge zur Datenermittlung voraus,
- ist mit Datenermittlungsaufwand verbunden,
- liefert genaue und reproduzierbare Ergebnisse,
- wird für Planung, Steuerung und Kontrolle eingesetzt,
- kann digitalisiert und automatisiert werden.

Im besten Fall lassen sich Kennzahlen zur objektiven Leistungsmessung definieren und automatisch als Betriebsdaten erfassen. Die Nachhaltigkeitsleistung eines Unternehmens wird durch die Gesamtheit der definierten Leistungsindikatoren und Nachhaltigkeitskennzahlen beschrieben. Sie ergeben eine betriebsspezifische Kombination von wirtschaftlichen,

Wesentliche Handlungsfelder/-themen					
Unternehmen: Beispielunternehmen			Erstellt durch: Projektteam WA		
Datum: 02.02.2024			Genehmigt durch: Geschäftsführung		
Ziel-dimension		Wesentliche Handlungsfelder Nachhaltigkeit		Wesentliche Handlungsthemen	
1	Wirtschaft	1.1	Betriebsstörungen und Krisen	1.1.1	Klimawandel und Umweltereignisse
				1.1.2	Wirtschafts- und Handelskrisen
				1.1.3	Ausfall von Technik (Anlagen, Energieversorgung, IT)
		1.2	Wirtschaftliche Unabhängigkeit	1.2.1	Liquidität und Finanzierung
				1.2.2	Kundenabhängigkeit
				1.2.3	Lieferantenabhängigkeit
		1.3	Kundenzufriedenheit	1.3.1	Qualität
				1.3.2	Preis
				1.3.3	Lieferzeit
		1.4	Führung & Organisation	1.4.1	Compliance & Verantwortung
				1.4.2	Risiko-/Kontinuitätsmanagement
				1.4.3	Managementsysteme
		1.5	Wettbewerbsfähigkeit	1.5.1	Produktivität
				1.5.2	Kosteneffizienz
2	Umwelt	2.1	Klimawandel	2.1.1	Klimaschutz (THG-Reduktion)
				2.1.2	Naturereignisse
		2.2	Umweltverschmutzung	2.2.1	Gefahrstoffe
				2.2.2	Abfälle
				2.2.3	Emissionen
		2.3	Wasser-/Meeresschutz	2.3.1	Wasserverbrauch (Menge, Effizienz)
				2.3.2	Wasseraufbereitung (Kreisläufe)
		2.4	Biodiversität und Ökosysteme	2.4.1	Flächenschutz
				2.4.2	Landschaftsschutz
		2.5	Ressourcenschutz	2.5.1	Ressourcenverbrauch (Menge, Effizienz)
				2.5.2	Ressourcenaufbereitung (Kreislaufwirtschaft)
3	Soziales	3.1	Sozialer Wandel	3.1.1	Demographie und Fachkräftemanagel
				3.1.2	Mobilität (wohnen, arbeiten)
		3.2	Verantwortung für Beschäftigte	3.2.1	Arbeits- und Gesundheitsschutz
				3.2.2	Aus- und Weiterbildung
				3.2.3	Leistungsgerechte Entlohnung
		3.3	Verantwortung für Lieferkette	3.3.1	Einhaltung Umwelt, Arbeits- und Gesundheitsschutz
				3.3.2	Faire Arbeitsbedingungen (ILO-Arbeitsnormen)
				3.3.3	Beachtung regionaler Gesetze, Regeln, Bräuche
		3.4	Gesellschaftliche Verantwortung	3.4.1	Regionale Verbundenheit
				3.4.2	Compliance (Einhaltung Gesetze/Regeln)
		3.5	Produkt und Kundenverantwortung	3.5.1	Produktsicherheit
				3.5.2	Traceability
				3.5.3	Kundenservice/-betreuung
4	Technik	4.1	Technischer Wandel	4.1.1	Elektrifizierung
				4.1.2	Digitalisierung und Künstliche Intelligenz
		4.2	Technische Leistung	4.2.1	Zuverlässigkeit
				4.2.2	Funktionalität
				4.2.3	Qualität
		4.3	Technisches Know-how	4.3.1	Produktkompetenz
				4.3.2	Prozesskompetenz
				4.3.4	Wissensmanagement
		4.5	Technischer Vorsprung	4.5.1	Produktinnovation

Abb. 4.7 Beispiel für wesentliche Handlungsfelder und Themen (Eisele und ifaa 2024a)

umweltbezogenen, sozialen und technischen Leistungsdaten. Die Leistungsdaten charakterisieren die betriebliche Leistungserstellung, bei der unterschiedliche Ressourcen eingesetzt und durch eine bestimmte Art und Weise in ein Leistungsergebnis transformiert werden (Abb. 4.8).

Zur Analyse und Beschreibung der Nachhaltigkeitsleistung können Kennzahlen für unterschiedliche Leistungsaspekte (Wirtschaft, Umwelt, Soziales, Technik) auf verschiedenen Organisationsebenen (Konzern, Standort, Bereich, Abteilung, Arbeitsplatz) ermittelt werden. Abb. 4.9 zeigt ausgewählte Beispiele für Kennzahlen in den vier Nachhaltigkeitsdimensionen.

Beispiele für Leistungsindikatoren und Kennzahlen zur Nachhaltigkeit sind in der EU-Verordnung zur Definition von Standards für die Nachhaltigkeitsberichterstattung (EU 2023) sowie in den Publikationen zu den Standards der Global Reporting Initiative aufgeführt (GRI 2024).

4.3.3 Potenzialanalyse

Eine Potenzialanalyse kann mit strategischer oder operativer Ausrichtung durchgeführt werden.

Bei einer strategischen Potenzialanalyse werden die langfristigen Entwicklungsmöglichkeiten eines Unternehmens unter Berücksichtigung von Zukunftstrends betrachtet. Eine Methode hierzu ist die SWOT-Analyse. Sie dient der Positions- und Potenzialbestimmung von

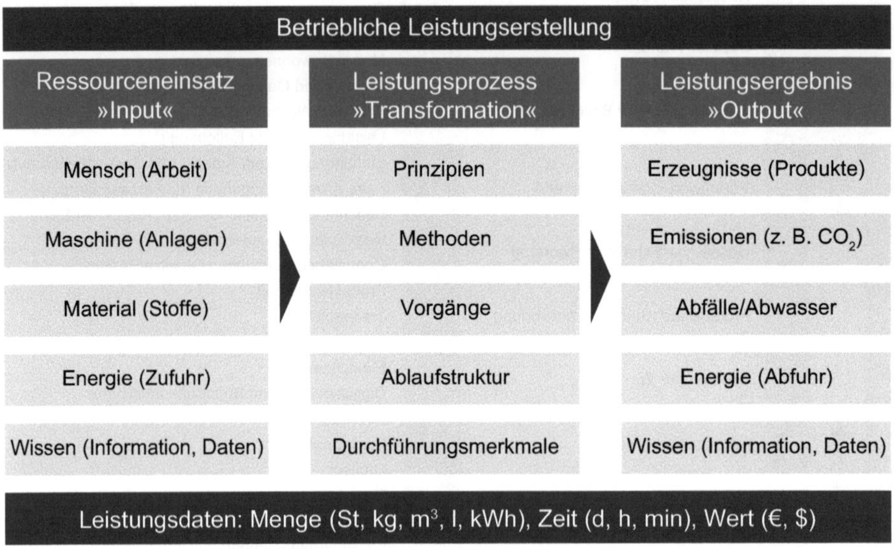

Abb. 4.8 Betriebliche Leistungserstellung und -daten

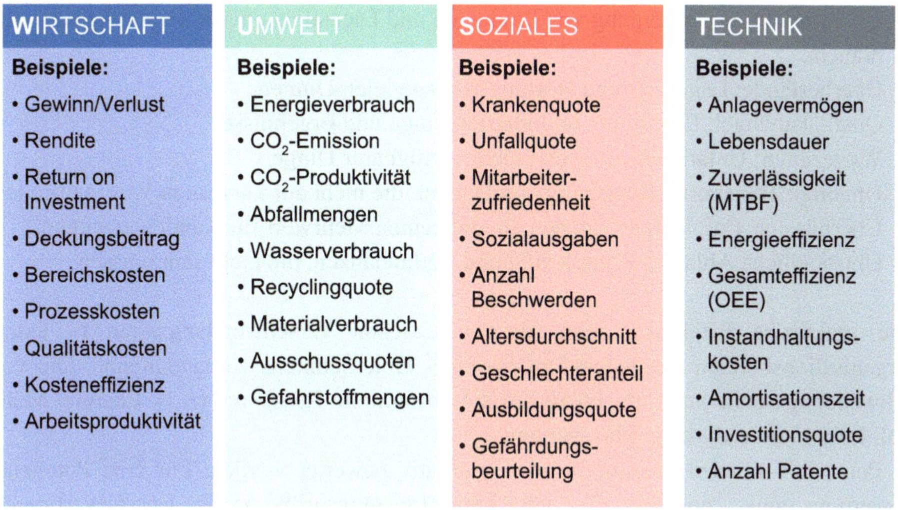

WIRTSCHAFT
Beispiele:
• Gewinn/Verlust
• Rendite
• Return on Investment
• Deckungsbeitrag
• Bereichskosten
• Prozesskosten
• Qualitätskosten
• Kosteneffizienz
• Arbeitsproduktivität
UMWELT
Beispiele:
• Energieverbrauch
• CO_2-Emission
• CO_2-Produktivität
• Abfallmengen
• Wasserverbrauch
• Recyclingquote
• Materialverbrauch
• Ausschussquoten
• Gefahrstoffmengen
SOZIALES
Beispiele:
• Krankenquote
• Unfallquote
• Mitarbeiter-zufriedenheit
• Sozialausgaben
• Anzahl Beschwerden
• Altersdurchschnitt
• Geschlechteranteil
• Ausbildungsquote
• Gefährdungs-beurteilung
TECHNIK
Beispiele:
• Anlagevermögen
• Lebensdauer
• Zuverlässigkeit (MTBF)
• Energieeffizienz
• Gesamteffizienz (OEE)
• Instandhaltungs-kosten
• Amortisationszeit
• Investitionsquote
• Anzahl Patente

Abb. 4.9 Beispiele für Nachhaltigkeitskennzahlen

Unternehmen. Die Abkürzung SWOT (Strength, Weakness, Opportunities, Threats) steht für Stärken, Schwächen, Chancen und Risiken. Als Format für eine SWOT-Analyse bietet sich ein Strategieworkshop mit Teilnehmern aus unterschiedlichen Unternehmensbereichen an. Diese sammeln, diskutieren und priorisieren Zukunftstrends und deren Auswirkungen (Chancen, Risiken) auf das Unternehmen. Dies wird durch eine Selbstreflexion von Stärken und Schwächen des eigenen Unternehmens ergänzt. Ergebnis der SWOT-Analyse ist eine Matrix mit einer kurzen Beschreibung der wichtigsten (z. B. Top 5) Chancen, Risiken, Stärken und Schwächen des Unternehmens in vier Feldern (Quadranten).

Für eine SWOT-Analyse ist ein Wettbewerbsvergleich hilfreich. Dazu werden Leistungskriterien (z. B. Qualität, Preis, Lieferzeit, Standort, Innovation, Marke) definiert und für das eigene Unternehmen sowie einen Wettbewerber (z. B. Branchenführer) bewertet (REFA 2015). Die Potenzialanalyse besteht dann in der Gegenüberstellung des eigenen Unternehmensprofils mit dem Wettbewerberprofil. Die Abstände (Gaps) zwischen den Bewertungen geben Hinweise auf relative Stärken (Vorsprung) und Schwächen (Potenziale).

Gegenstand von einer operativen Potenzialanalyse ist die Identifizierung und Bewertung von kurz- und mittelfristigen Verbesserungsmöglichkeiten. Ziele sind das Erkennen und Aufdecken von Verschwendungen. Im Lean Management wird hierzu vor allem die Suche nach sieben Verschwendungen (7 V) eingesetzt. Verschwendung ist in dieser Methode alles, was für Kunden keinen Wert darstellt und wofür sie keinen Preisaufschlag zahlen möchten. Wenn solche Dinge eliminiert oder reduziert werden können, reduzieren sich Kosten und Preis eines Produkts oder einer Dienstleistung ohne das sich der damit verbundene Nutzwert für Kunden verringert. Solche nichtwertschöpfenden Dinge sind gemäß der 7 V-Methode:

1. Überproduktion: Erzeugung von Produkten und Dienstleistungen, die der Kunde nicht braucht.
2. Überbestände: Lagerung und Hortung von zu vielen Dingen.
3. Qualitätsmängel: Erzeugung fehlerhafter Dinge und Ergebnisse.
4. Wartezeiten: Untätigkeit aufgrund nicht verfügbarer Dinge.
5. Unnötige Transporte: Bewegung von Dingen, die nicht auf kürzestem Weg stattfindet.
6. Überflüssige Tätigkeiten: Tätigkeiten, die keinen Mehrwert für Kunden erzeugen.
7. Umständliche Abläufe: Komplexität und Redundanzen, die nicht sein müssen.

Die praktische Erfahrung zeigt, dass die sieben Verschwendungsarten in jedem Organisationsbereich und jedem Prozess eines Unternehmens vorhanden sind. Die Verschwendungssuche kann mit Fokus auf eine bestimmte Ressource (z. B. Energie, Material, Information) durchgeführt werden.

Potenziale können quantitativ oder qualitativ bewertet werden. Für eine Potenzialbewertung muss zunächst die betrachtete Leistungsgröße (z. B. Energieverbrauch, Materialverbrauch, Kosten, Produktivität) definiert werden. Wenn möglich, sollten Potenziale quantifiziert werden. Dies kann mithilfe von Mengen (Stück, Liter, Kilogramm, Kilowattstunde etc.), Zeiten (Tage, Stunden, Minuten) oder monetären Werten (Euro, Dollar) geschehen. Neben der Höhe spielt für die Potenzialbewertung auch die Eintrittswahrscheinlichkeit eine Rolle. Hohe Ressourceneinsparungen mit sehr geringer Realisierungswahrscheinlichkeit sind unter Umständen mit einem geringeren Potenzialwert zu bewerten als eine mittlere Einsparung mit sehr hoher Wahrscheinlichkeit der Realisierung.

Bei einer qualitativen Bewertung wird das Potenzial in Bezug auf einen definierten Leistungsindikator dagegen subjektiv eingeschätzt. Dies kann beispielsweise in Stufen von gering, mittel oder hoch erfolgen. Um die Nachvollziehbarkeit und Vertrauenswürdigkeit einer qualitativen Potenzialbewertung zu verbessern, können differenzierte Leistungsindikatoren und Bewertungskriterien für eine Potenzialbewertung festgelegt werden. Eine Potenzialbewertung kann dann mithilfe eines Bewertungsbogens als Potenzialcheck in einer standardisierten Form durchgeführt und nachvollziehbar dokumentiert werden (Jeske et al. 2021).

In einem Unternehmen existieren in der Regel viele Verbesserungspotenziale in unterschiedlichen Bereichen mit unterschiedlicher Höhe. Um eine Übersicht über diese zu bekommen, können Tabellen oder visuelle Potenziallandkarten erstellt werden. Diese geben Auskunft über ermittelte Potenziale und deren Zuordnung zu Organisationseinheiten oder Prozessen eines Unternehmens.

Ein gutes und einfaches Werkzeug, um Potenziale verschiedener Bereiche relativ zueinander in eine Rangfolge zu bringen und Prioritäten festzulegen, ist die ABC-Methode (REFA 2015). Sie basiert auf dem Pareto-Prinzip und wird deshalb auch als Pareto-Methode oder Pareto-Analyse bezeichnet. Das Pareto-Prinzip basiert auf der 80:20-Regel, die sich in der Praxis immer wieder beobachten lässt. Diese besagt vereinfacht auf Potenziale übertragen, dass 80 % des Gesamtpotenzials mit 20 % des gesamten Verbesserungsaufwands gehoben werden können. Die verbleibenden 20 % der Potenziale erfordern zur Hebung dagegen mit 80 % einen wesentlich höheren Aufwand im Verhältnis zum Nutzen.

4.4 Zielbildung

Zweck der Zielbildung ist die Entwicklung eines Zielsystems zur Verbesserung der Nachhaltigkeit und Detaillierung der Ziele auf Unternehmens-, Bereichs- und Mitarbeiterebene. Dazu müssen Ziele formuliert, Zielgrößen definiert und Zielwerte detailliert werden. Ergebnis ist ein ganzheitliches Nachhaltigkeitszielsystem. Ein Zielsystem zur Verbesserung der Nachhaltigkeit erfordert eine ausgewogene Kombination von Zielen aller Nachhaltigkeitsdimensionen. Abb. 4.10 zeigt die beschriebene Aufgabenstellung als Übersicht.

Die Entwicklung eines Zielsystems setzt Kenntnisse über die Ausgangssituation sowie eine klare Vorstellung von einer anzustrebenden Situation in der Zukunft voraus. Nach dem betrachteten Zeithorizont können kurz-, mittel- und langfristige Ziele unterschieden werden. Bei einem sehr ambitionierten und weit in der Zukunft liegenden Ziel spricht man auch von einer Vision.

Ein wesentliches Merkmal von Nachhaltigkeit ist die langfristige Perspektive des Denkens und Handelns. Ein Nachhaltigkeitsmanagement beinhaltet somit die Definition und Verfolgung von langfristigen Zielen eines Unternehmens. Mit zunehmendem Zeithorizont steigt jedoch die Prognoseunsicherheit. Trotzdem benötigt ein Unternehmen für alle Beteiligten eine langfristige Orientierung und Leitplanken, um Aktivitäten und Kräfte erfolgreich auf gemeinsame Ziele zu bündeln. Dies lässt sich durch die Formulierung einer langfristig gültigen Mission mit allgemein formulierten Zielen und Grundsätze des Denkens und Handelns erreichen. Ein solches Zielbild bzw. Leitbild, definiert die Leitplanken innerhalb derer sich Entscheidungen und Aktivitäten im Unternehmen bewegen

Aufgabe 3: Zielbildung		
Zweck	**Inhalt**	**Ergebnis**
Entwicklung eines Zielsystems zur Verbesserung der Nachhaltigkeit und Detaillierung der Ziele auf Unternehmens-, Bereichs- und Mitarbeiterebene.	• Formulierung Ziele • Definition Zielgrößen • Vereinbarung Zielwerte	✓**Zielsystem** • Wirtschaftsziele • Umweltziele • Sozialziele • Technikziele

Abb. 4.10 Aufgabenbeschreibung Zielbildung

können. Die Entwicklung, Formulierung und Verabschiedung eines Zielbilds kann in Form von Zielbildworkshops erfolgen (van Hall et al. 2022). An den Zielbildworkshops sollten betriebliche Akteure aus unterschiedlichen Funktionsbereichen teilnehmen, um eine umfassendere Sichtweise und breitere Akzeptanz der Ergebnisse zu erzeugen.

Als einfache Arbeitshilfe zur Zielbildentwicklung kann eine Zielbildungsmatrix verwendet werden, wie sie in Abb. 4.11 dargestellt ist. Darin sind die vier Zieldimensionen Wirtschaft, Umwelt, Soziales und Technik dargestellt. Für jede Zieldimension sind die Ist-Situation auf einer fünfstufigen Skala zu bewerten sowie der angestrebte Soll-Zustand mit Termin festzulegen. Die Zieldimensionen können bei Bedarf durch Unterzeilen weiter detailliert werden. In den Unterzeilen können beispielsweise die in der Wesentlichkeitsanalyse identifizierten Themen mit den dazu definierten Leistungsindikatoren aufgeführt werden. Die einzelnen Niveaustufen lassen sich ebenfalls bei Bedarf anpassen und beispielsweise durch quantifizierte Zielwerte detaillieren.

Ein Zielbild enthält langfristig gültige Aussagen zu dem Zweck und den Zielen des Unternehmens sowie „selbstverordnete" Prinzipien und Grundsätze in den Dimensionen Wirtschaft, Umwelt, Soziales und Technik. Damit das Zielbild seinen Zweck erfüllt, muss es von den betrieblichen Akteuren akzeptiert werden. Für die Akzeptanz muss es

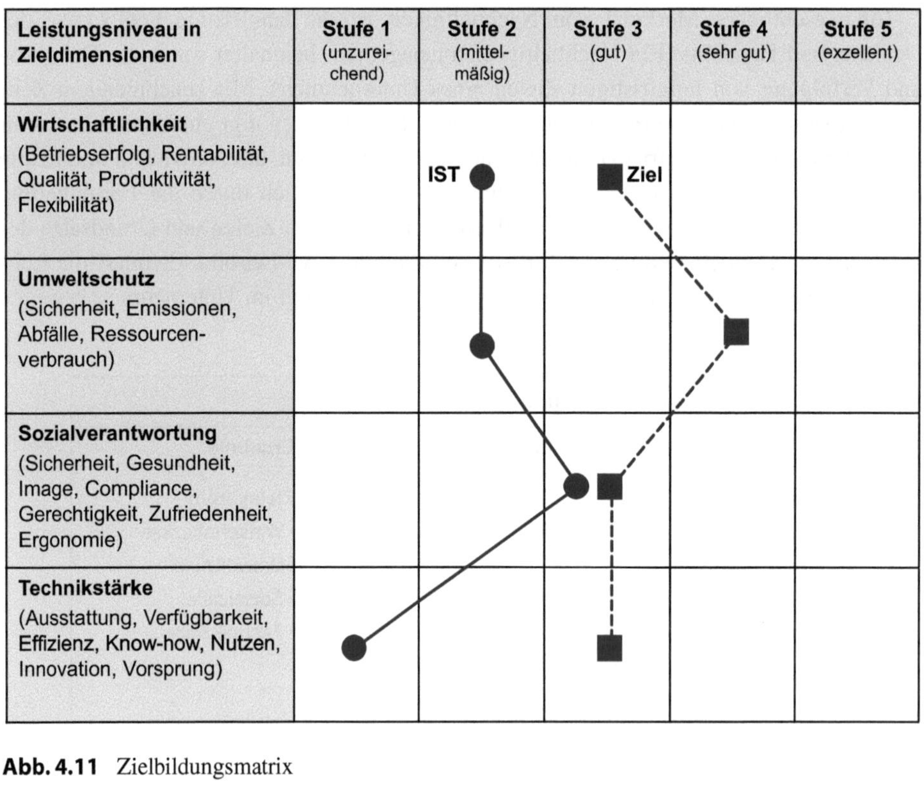

Leistungsniveau in Zieldimensionen
Stufe 1 (unzureichend)
Stufe 2 (mittelmäßig)
Stufe 3 (gut)
Stufe 4 (sehr gut)
Stufe 5 (exzellent)
Wirtschaftlichkeit (Betriebserfolg, Rentabilität, Qualität, Produktivität, Flexibilität)
IST
Ziel
Umweltschutz (Sicherheit, Emissionen, Abfälle, Ressourcenverbrauch)
Sozialverantwortung (Sicherheit, Gesundheit, Image, Compliance, Gerechtigkeit, Zufriedenheit, Ergonomie)
Technikstärke (Ausstattung, Verfügbarkeit, Effizienz, Know-how, Nutzen, Innovation, Vorsprung)

Abb. 4.11 Zielbildungsmatrix

verständlich formuliert, notwendig, beeinflussbar und umsetzbar sein. Um dies sicherzustellen, erfordert die Entwicklung eines Zielbilds einen Diskussions- und Abstimmungsprozess. Die Entwicklung, Formulierung und Verabschiedung von Mission und Grundsätzen kann in Form von Zielbildworkshops erfolgen. Neben der Geschäftsführung sollten daran auch weitere, ausgewählte Akteure (Führungskräfte, Betriebsrat, Geschäftsführung) teilnehmen, um eine umfassendere Sichtweise und breitere Akzeptanz der Ergebnisse zu erzeugen.

Zur Operationalisierung des Zielbilds müssen die allgemein formulierten Ziele und Grundsätze durch Zielgrößen detailliert und mit Zielwerten sowie Zielterminen konkretisiert werden. Dies geschieht zunächst auf Unternehmensebene. Die übergeordneten Ziele sollten im Rahmen von mittel- und kurzfristigen Zielvereinbarungen, die in die Unternehmensplanung und -steuerung eingebettet sind, weiter detailliert und operationalisiert werden. Für jeden Beschäftigten eines Unternehmens sollten Ziele und Kennzahlen existieren, die einen direkten Bezug zu dessen täglicher Arbeit haben. Hierzu ist es erforderlich übergeordnete, allgemeine Ziele eines Unternehmens auf Bereiche, Abteilungen, Gruppen und letztendlich auf einzelne Beschäftigte herunterzubrechen. Dadurch entsteht eine Zielkaskade, wie sie in Abb. 4.12 dargestellt ist.

Von der Unternehmensführung ist darauf zu achten, dass Ziele und Kennzahlen vertikal und horizontal konsistent und aufeinander abgestimmt sind (Eisele und Conrad 2022a). Ansonsten besteht die Gefahr, dass gegenläufige Ziele im Unternehmen verfolgt werden und Bereichsoptimierungen unter Umständen das Gesamtergebnis für das Unternehmen negativ beeinflussen. Als praktisches Hilfsmittel zur Sicherstellung einer horizontalen und vertikalen Abstimmung und Konsistenz von Zielen und Maßnahmen in Unternehmen kann beispielsweise eine Hoshin-Kanri-Matrix eingesetzt werden.

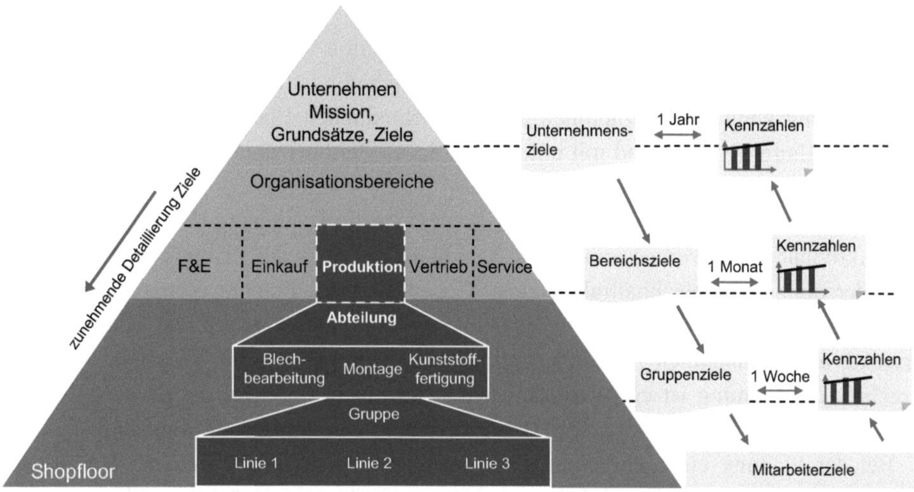

Abb. 4.12 Zielkaskade im Unternehmen

Zielvereinbarung

Bereich: ______ Zeitraum: ______

Quantitative Ziele (Kennzahlen)

Dimension	Kennzahl	Ist	Soll
Umwelt			
Wirtschaft			
Soziales			
Technik			

Qualitative Ziele (Aufgaben/Maßnahmen)

Kurzbeschreibung Aufgabe	Termin
1.	
2.	
3.	
4.	
5.	

Unterschrift Führungskraft *Unterschrift Mitarbeiter/-in*

Abb. 4.13 Beispiel für Aufbau individuelle Zielvereinbarung (Eisele und ifaa 2021)

Den höchsten Detaillierungsgrad haben die individuellen Mitarbeiterziele. Auch hier besteht die Möglichkeit alle Dimensionen der Nachhaltigkeit ausgewogen zu berücksichtigen und damit konsistent in der vertikalen Zielauflösung zu sein. Abb. 4.13 zeigt beispielhaft den Aufbau einer individuellen Zielvereinbarung, die gleichrangig wirtschaftliche, umweltbezogene, soziale und technische Ziele enthält (Eisele und ifaa 2021).

4.5 Planung

Nach der Analyse der Ausgangssituation sowie Definition von Mission, Grundsätzen und Zielen gilt es, Strategien und Maßnahmen zur Erreichung der definierten Ziele zu planen. Eine Planung kann in Unternehmen auf unterschiedlichen Ebenen (Unternehmen, Bereich, Abteilung, Gruppe) und mit unterschiedlichen Zeithorizonten (lang-, mittel-, kurzfristig) stattfinden (Eisele und Conrad 2022a).

Zweck der Planung im Nachhaltigkeitskontext ist die Festlegung der Vorgehensweise und Aktivitäten zur Verbesserung der Nachhaltigkeit und der erfolgreichen Realisierung der definierten Nachhaltigkeitsziele. Gegenstand der Planung können eine unternehmensweite Strategie, ein zu implementierendes Managementsystem oder einzelne Projekte und Maßnahmen zur Sicherstellung und Verbesserung der Nachhaltigkeit sein. Ergebnis der Planung ist ein Aktionsplan mit Terminen, durchzuführenden Aktivitäten und Zuständigkeiten. Abb. 4.14 zeigt die Aufgabenbeschreibung der Planung.

Bei der Planung einer übergeordneten Nachhaltigkeitsstrategie und der Einführung eines betrieblichen Nachhaltigkeitsmanagements geht es zunächst noch nicht um operative Einzelmaßnahmen, sondern um die Schaffung von Strukturen in Form eines

Aufgabe 4: Planung		
Zweck	**Inhalt**	**Ergebnis**
Planung der Vorgehensweise und Aktivitäten zur Verbesserung der Nachhaltigkeit.	• Strategieplanung • Systemplanung • Projektplanung • Maßnahmenplanung	✓**Aktionsplan** • Strategie • System • Projekte • Maßnahmen

Abb. 4.14 Aufgabenbeschreibung Planung

Ordnungs- und Gestaltungsrahmens. Dieser soll sicherstellen, dass in allen Bereichen und Abteilungen des Unternehmens gemeinsam an der Erreichung der übergeordneten Nachhaltigkeitsziele gearbeitet wird. Im Idealfall führt ein eingeführtes organisatorisches System zu einer kontinuierlichen und eigenständigen Verbesserung der Nachhaltigkeit in der gesamten Organisation. In der Praxis werden hierzu normierte oder individuelle Managementsysteme implementiert (Kap. 6). Durch ein Managementsystem werden die Prinzipien, Grundsätze, Ziele, Aufbauorganisation, Zuständigkeiten, Regeln, Standards, Verantwortung und Prozessabläufe sowie die in der Organisation und den Prozessen anzuwendenden Methoden und Werkzeuge geplant und gestaltet.

Eine universelle Hilfe und praktische Anleitung zur soziotechnischen Systemplanung bietet die REFA-Planungssystematik (REFA 1991). Sie stellt eine Planungsmethode mit sechs Planungsstufen dar und ist in ein systematisches Vorgehen zur Arbeitsgestaltung eingebettet. Die Arbeitsgestaltung schafft die Bedingungen für ein optimales Zusammenwirken von Menschen, Technik, Information und Organisation zur Erfüllung der Aufgaben von Betriebs- und Arbeitssystemen. Die Kriterien sowie Empfehlungen für eine nachhaltige Gestaltung von Organisation, Prozessen, Produkten und technischen Einrichtungen (Anlagen, Gebäude), die bei der Planung zu berücksichtigen sind, werden in Kap. 5 dieses Handbuchs dargestellt.

Zur Sicherstellung einer kontinuierlichen Verbesserung der Nachhaltigkeit und der Realisierung der Nachhaltigkeitsziele ist eine darauf abgestimmte Betriebs- und Arbeitsorganisation erforderlich. Von zentraler Bedeutung für den Unternehmenserfolg und die Erreichung der Nachhaltigkeitsziele sind die Planung und Gestaltung der Aufbau- und Ablauforganisation. Dies beinhaltet die Planung und Festlegung der Prozessstruktur (Prozesslandschaft) sowie von deren Inhalten und Aufgaben. Für jeden Management-, Kern-, Unterstützungsprozess sind Standards, Methoden und Werkzeuge zu definieren. Zur detaillierten Planung einzelner Prozesse bietet sich eine Ablaufbeschreibung mit einzelnen Aufgaben bzw. Tätigkeiten an. Diesen werden zuständige Stellen mit der Art der Verantwortung (Entscheidung, Durchführung, Mitwirkung) zugeordnet.

Die Planung und Gestaltung einer nachhaltigen Betriebs- und Arbeitsorganisation und die Implementierung eines Nachhaltigkeitsmanagements lässt sich durch die Erstellung eines Managementhandbuchs unterstützen. Dies hilft bei einer strukturierten Vorgehensweise und liefert als Ergebnis direkt eine vollständige, nachvollziehbare Ergebnisdokumentation. Ein solches Handbuch kann für die interne und externe Kommunikation sowie als Nachweis für die Erfüllung rechtlicher, normativer und kundenbezogener Anforderungen genutzt werden. Falls im Unternehmen bereits Managementhandbücher existieren, sollten diese im Sinne eines ganzheitlichen Managementsystems durch ein neues Managementhandbuch Nachhaltigkeit ersetzt und wichtige Inhalte bisheriger Handbücher in dieses integriert werden.

Für die Erstellung eines Managementhandbuchs sollten anhand der im Unternehmen definierten Prozesslandschaft zunächst Prozessverantwortliche definiert werden, die für ihren Prozess eine Prozessbeschreibung erstellen. Diese sind von einem übergeordneten Koordinator (beispielsweise Nachhaltigkeitsbeauftragter) zusammenzuführen und für eine Vorstellung, Abstimmung und Freigabe im Management aufzubereiten. Hierfür sollten mindestens ein Planungsworkshop für jeden definierten Prozess sowie zwei bis drei Managementworkshops zur Vorstellung, Diskussion, Bewertung sowie Freigabe der Ergebnisse eingeplant werden.

Nachdem die betriebsspezifische Nachhaltigkeitsstrategie festgelegt und der organisatorische Rahmen für ein betriebliches Nachhaltigkeitsmanagement geschaffen wurde, verlagert sich die Planungsaufgabe auf die operative Ebene. Gegenstand der Planung sind dann nicht mehr die Strategien und das Managementsystem, sondern konkrete Projekte und Maßnahmen zur praktischen Verbesserung der Nachhaltigkeit. Für die Planung umfangreicher, komplexer Vorhaben können die in Unternehmen bereits eingesetzten Methoden und Werkzeuge des Projektmanagements eingesetzt werden. Ein Beispiel für ein Projektmanagement zur Planung und Einführung einer KI-Anwendung unter Berücksichtigung der vier Nachhaltigkeitsdimensionen ist in der Veröffentlichung „Künstliche Intelligenz (KI) und Arbeit“ dargestellt (Eisele et al. 2023a). Die Beschreibung der Projektinhalte sowie Methoden und Werkzeuge zum Projektmanagement werden durch praktische „Arbeitshilfen zum KI-Projektmanagement“ ergänzt (Eisele und ifaa 2023a). Die für ein KI-Projekt dargestellten Methoden und Hilfsmittel zum Projektmanagement können angepasst auch auf andere soziotechnische Projekte mit Nachhaltigkeitszielen übertragen werden.

Ob ein Projektmanagement erforderlich ist und welche Methoden und Werkzeuge sinnvoll sind, hängt von der Art, Komplexität und dem Umfang des Vorhabens ab. In der Praxis reichen für die meisten Verbesserungsvorhaben in Unternehmen einfache Maßnahmenpläne zur Planung vollkommen aus. Der Planungsaufwand sollte nicht höher als der Nutzen der Verbesserung sein.

Wenn viele Ideen und Vorschläge zur Verbesserung der Nachhaltigkeit vorliegen und die Ressourcen begrenzt sind, besteht eine Planungsaufgabe darin, die Ideen zu priorisieren und eine Reihenfolge für die Umsetzung festzulegen. Dies erfordert eine möglichst einfache und schnelle Bewertung der Ideen und Vorschläge. Um diese Anforderungen zu

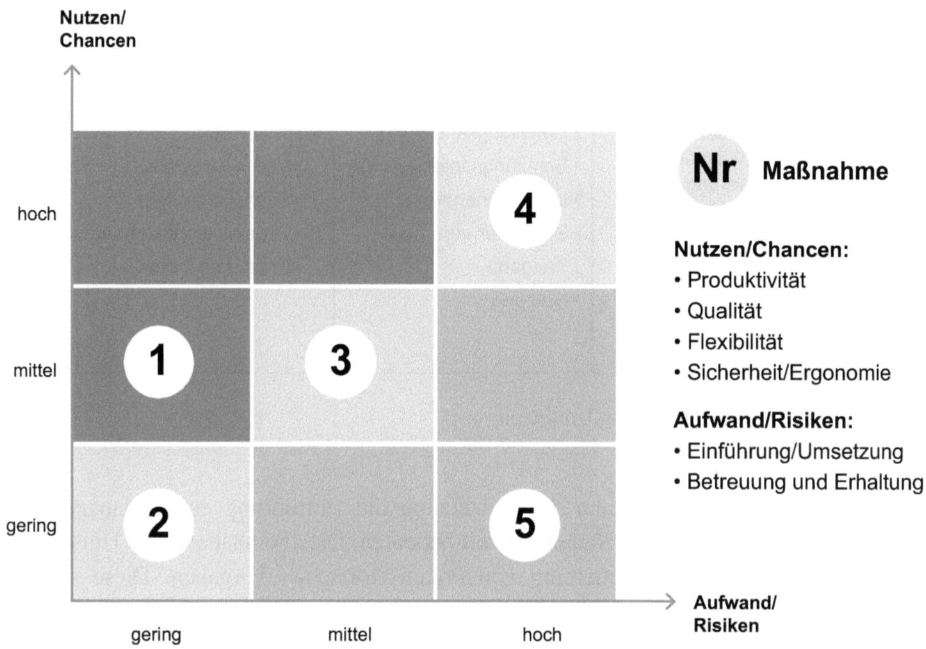

Abb. 4.15 Bewertungsmatrix für Maßnahmen (Jeske et al. 2021)

erfüllen, können in Unternehmen standardisierte Bewertungskriterien und Entscheidungsregeln festgelegt werden. Dies erleichtert die Arbeit für den Planer und erhöht die Akzeptanz durch die Ideengeber. Abb. 4.15 zeigt ein Beispiel für eine einfache Bewertungsmatrix mit integrierter Entscheidungsregel anhand der Matrixposition. Die Kriterien und Stufen der Bewertung sowie die Struktur der Matrix können individuell angepasst werden.

Für eine hohe Qualität und Effizienz der Planung sollten von den Maßnahmen betroffene Akteure in die Planung eingebunden werden. Dies erhöht die Akzeptanz und damit die Erfolgswahrscheinlichkeit sowie Effizienz der Umsetzung. Der Nutzen zeigt sich beispielsweise in geringeren Widerständen sowie weniger Rückfragen und Diskussionen zu den getroffenen Entscheidungen und erstellten Plänen.

4.6 Umsetzung

Mit der Umsetzung erfolgt der Übergang von der Theorie in die Praxis. Zweck der Umsetzung im Nachhaltigkeitsmanagement ist die Realisierung einer Nachhaltigkeitsverbesserung. Die Umsetzung umfasst die Neuerstellung oder Änderung, Etablierung, Stabilisierung, Freigabe und Nutzung von neuen Standards einschließlich der dafür erforderlichen Schulungen und Unterweisungen. Ergebnisse sind neue Verhaltens-, Organisations- und Technikstandards (Abb. 4.16).

Aufgabe 5: Umsetzung		
Zweck	**Inhalt**	**Ergebnis**
Realisierung der geplanten Aktivitäten zur Verbesserung der Nachhaltigkeit.	• Erstellung/Änderung • Schulung/Unterweisung • Inbetriebnahme • Stabilisierung • Freigabe • Nutzung	✓ **Anwendung** • Verhaltensstandard • Technikstandard • Organisationsstandard • Prozessstandard

Abb. 4.16 Aufgabenbeschreibung Umsetzung

Auf strategischer Ebene kann die Umsetzung die Einführung eines Managementsystems zur Verbesserung der Nachhaltigkeit bedeuten. Dies beinhaltet unter Umständen eine Erneuerung oder Überarbeitung von organisatorischen Vorgaben. Diese werden durch Managementhandbücher, Organisations- und Prozessrichtlinien sowie Verfahrens- und Arbeitsanweisungen festgelegt. Das Managementsystem bildet den Rahmen für die eigentliche operative Umsetzung von Maßnahmen zur Nachhaltigkeitsverbesserung. Es soll einen kontinuierlichen Nachhaltigkeitsverbesserungsprozess im Unternehmen sicherstellen.

Die operative Umsetzung von Nachhaltigkeitsverbesserungen findet vor Ort an den Arbeitsplätzen statt. Die Anwendung neuer Standards kann mit Veränderungen von Verhalten, technischer Ausstattung und Geräten oder organisatorischen Zuständigkeiten und Abläufen verbunden sein. Für Betroffene bedeutet dies eine Veränderung der Arbeitswelt, an die sie sich gewöhnt haben. Hierdurch können sich Widerstände ergeben. Diese können noch verstärkt werden, wenn eine Veränderung als Kritik an bisherigen Verhaltens- und Arbeitsweisen empfunden wird und nicht auf den Wunsch der Betroffenen zurückgeht. Solche Widerstände lassen sich durch frühzeitige Information und Kommunikation sowie Beteiligung und Unterstützung der Betroffenen reduzieren. Hierzu sollten unter anderem folgende Themen mit den Betroffenen besprochen werden:

- Nachteile und Probleme des Ist-Zustands sowie angestrebte Verbesserungen,
- Erklärung der geplanten Veränderungen und Maßnahmen zur Problemlösung,
- Vorteile, mögliche Nachteile und Hintergründe der Maßnahmen,
- Ängste, Einwände oder alternative Vorschläge durch die Betroffenen,
- Wünsche bezüglich Unterstützung und Schulungsmaßnahmen.

Die Nutzung eines neuen Standards beginnt, wenn er eingeführt und die Funktionsfähigkeit sowie Sicherheit nachgewiesen wurde. Die Übergabe in den Tagesbetrieb bedeutet jedoch noch nicht direkt den Abschluss der Umsetzungsmaßnahme. Bei der Anwendung von neuen Standards (Produkte, Arbeitsabläufe, Betriebsmittel, Werkzeuge) ist aus Erfahrung mit Anfangsproblemen zu rechnen. Diese werden meist erst im Praxisbetrieb erkannt. Nach einem Praxisbetrieb von einigen Tagen oder Wochen sollten sich alle Betroffenen und Beteiligten deshalb zusammensetzen, um praktische Erfahrungen, Probleme und notwendige Anpassungen oder Veränderungen zu besprechen. Bei einer solchen Überprüfung oder Endabnahme sind unter anderem folgende Fragen zu beantworten:

- Wird die neue Lösung wie geplant praktiziert?
- Wurden die geplanten Ergebnisse realisiert?
- Wo liegen Probleme bei der Anwendung und welche Ursachen haben diese?
- Welche Anpassungen sind vorzunehmen, um die Lösung weiter zu verbessern?
- Wie wird der Nutzen der Maßnahme beurteilt?

Sofern noch Probleme bei der Anwendung des neuen Standards existieren, sollten die Betroffenen bei der Anwendung weiter unterstützt werden. Störungen sind zu beheben und der Erfolg von Anpassungs- und Optimierungsmaßnahmen erneut zu überprüfen. Ein neu eingeführter Standard ist zudem nicht für immer gesetzt, sondern nur so lange gültig, bis es einen besseren gibt. Dies ist eine Grundregel des Kaizen-Prinzips zur kontinuierlichen Verbesserung. Eine Verbesserungsmaßnahme ist danach nie endgültig abgeschlossen, sondern nur der Ausgangspunkt für die nächste Verbesserung.

Um ein möglichst hohes Leistungsniveau des Unternehmens zu erreichen, reichen einzelne durch die Geschäftsführung oder Managementbeauftragte geplante und von oben (top-down) vorgegebene Verbesserungsprojekte nicht aus. Solche Projekte müssen vielmehr durch viele kleine, kontinuierliche Verbesserungen in allen Bereichen ergänzt werden. Dies entspricht der im Toyota-Produktionssystem erfolgreich umgesetzten Kaizen-Strategie. Hierzu sind Ideen und Verbesserungsvorschläge durch die Beschäftigten erforderlich, die dezentral auf Bereichs- und Arbeitsplatzebene im Tagesgeschäft eigenständig umgesetzt werden. Ein betriebliches Nachhaltigkeitsmanagement muss dafür die organisatorischen Rahmenbedingungen, Regeln und Voraussetzungen schaffen. Ein hilfreiches Organisationsinstrument, das eine kontinuierliche Verbesserung vor Ort im Tagesgeschäft unterstützt, ist das Shopfloor-Management (Conrad et al. 2019). Die Methode und Werkzeuge des Shopfloor-Managements können auch für die systematische Nachhaltigkeitsverbesserung und ein Nachhaltigkeitsmanagement eingesetzt werden (Eisele und Conrad 2022b). Sofern ein Shopfloor-Management noch nicht im Unternehmen etabliert ist, kann die Einführung als strategische Maßnahme und Bestandteil des Nachhaltigkeitsmanagements in Betracht gezogen werden.

Maßnahmen zur Verbesserung der Nachhaltigkeit können grundsätzlich in allen Bereichen im Unternehmen und an allen Stellen der Wertschöpfungskette ansetzen. Durch Einbeziehung aller Mitarbeiter in die Ideenfindung lassen sich in der Regel viele Verbesserungsmöglichkeiten identifizieren. Zur Nachhaltigkeitsverbesserung unter ökonomischen, ökologischen und sozialen Gesichtspunkten existieren drei idealtypische Ansätze, die in folgender Reihenfolge zu prüfen sind (3R-Methode):

1. **R**essourcenreduzierung: Eliminierung nichtwertschöpfender Vorgänge und Aktivitäten, welche einen unnötigen Verbrauch von Ressourcen verursachen.
2. **R**essourcentausch: Ersatz von kritischen Ressourcen mit negativen Nachhaltigkeitseigenschaften durch unkritische Alternativen.
3. **R**eengineering: Komplette Neugestaltung von Produkten und Prozessen unter Einsatz neuer Verfahren und Technologien.

Der erste Ansatz zielt darauf ab, Verschwendungen bei dem Einsatz von Ressourcen zu reduzieren. Eine Ressourcenverschwendung findet immer dann statt, wenn hierdurch kein zusätzlicher Wert für die Kunden (intern oder extern) erzielt wird. Einige Beispiele für solche Verschwendungen sind:

- Erzeugung nicht benötigter Dinge (Produkte, Information)
- Erzeugung fehlerhafter Dinge (Produkt, Information),
- Behebung fehlerhafter Dinge (Mehr- und Nacharbeit),
- Abfälle (Restmüll, Sondermüll, Verpackungsmüll, Ausschuss),
- Medienverluste durch Undichtigkeiten (Druckluft, Wasser, Betriebsstoffe),
- Wirkungsgradverluste elektrischer Anlagen (Widerstände, Blindleistung, Reibung),
- Durchführung unnötige Transporte (Umwege, Leerfahrten, Falschfahrten),
- Ersatz von Dingen ohne Notwendigkeit (Arbeits-, Betriebsmittel),
- Übererfüllung von Anforderungen (Produkte, Prozesse, Anlagen, Gebäude).

Bei dem zweiten Ansatz werden aktuell eingesetzte Ressourcen durch andere ersetzt, die sich durch geringere Kosten sowie geringere Schädlichkeit für Menschen und Umwelt bei gleichem oder verbessertem Nutzen auszeichnen. Beispiele hierfür sind:

- Ersatz von Material aus fossilen durch Material aus regenerativen Rohstoffen,
- Ersatz energieintensiver Maschinen durch energiesparendere,
- Ersatz einer Wärmeerzeugungsanlage auf Basis fossiler Brennstoffe (z. B. Ölheizung) durch eine ökostrombasierte (z. B. Wärmepumpe).

Der dritte Ansatz ist mit Investitionen und weitreichenden Veränderungen verbunden. Bei diesem werden neue Technologien, Verfahren oder Abläufe für Produkte, Prozesse oder Dienstleistungen eingeführt. Die Veränderungen sollen zur sprunghaften Verbesserung von Wirtschaftlichkeit, Umweltfreundlichkeit, Ergonomie und Funktionalität führen. Beispiele hierfür sind:

- Umstellung des Herstellverfahrens für ein Produkt auf 3D-Drucktechnik statt herkömmlicher Metallverarbeitung,
- Einführung eines neuen Antriebskonzepts für Anlagen oder Fahrzeuge,
- Einführung einer KI-basierten Auftragsabwicklung.

Grundsätzlich ist jeder Ansatz und jede Maßnahme zielführend, die zu einer verbesserten Ressourceneffizienz bzw. Ressourcenproduktivität führt. Wichtig ist, dass der Nutzen der Maßnahmen den Aufwand überwiegt oder diese Größen in einem akzeptierten Verhältnis stehen.

In der Praxis lässt sich häufig beobachten, dass technische Innovationen zur Verbesserung der Nachhaltigkeit im Vordergrund stehen. Obwohl dieser Ansatz einen sehr hohen Reiz hat, sollte nicht nur auf ihn gesetzt werden. Innovationen mit großen Verbesserungen werden in der Praxis nur selten schnell und flächendeckend umgesetzt und sind häufig mit hohem Initialaufwand (Zeit, Investition) verbunden. Die Erfahrungen des Toyota-Produktionssystems haben gezeigt, dass der Ansatz einer kontinuierlichen Reduzierung von Verschwendungen mit vielen kleinen Maßnahmen ebenfalls große Erfolge generieren kann. Unternehmen sollten stets alle drei Ansätze zur Verbesserung der Nachhaltigkeit in Betracht ziehen und somit alle Chancen suchen und nutzen.

Zur Unterstützung der Umsetzungsphase können insbesondere am Anfang gezielte Workshops in Pilotbereichen durchgeführt werden. Durch Schaffung von sogenannten „Leuchttürmen" können praktische Anschauungsbeispiele für andere Bereiche und Beschäftigte erzeugt werden. Diese fördern die Akzeptanz, Ideen und Motivation im Unternehmen. Durch interne Wettbewerbe oder Prämien für gute Ideen und Verbesserungen lässt sich die Umsetzung ebenso unterstützen.

4.7 Controlling

Zur Sicherstellung einer positiven Nachhaltigkeitsentwicklung ist eine Kontrolle der Zielerreichung und Wirksamkeit geplanter und umgesetzter Verbesserungsmaßnahmen erforderlich. Dies ist eine Controllingaufgabe. Zweck des Controllings im Nachhaltigkeitskontext ist die Überwachung der Nachhaltigkeitsentwicklung und Schaffung einer Informations- und Entscheidungsbasis für das Nachhaltigkeitsmanagement (Abb. 4.17). Hierzu sind zunächst die Instrumente auszuwählen, die für das Controlling zum Einsatz kommen sollen. Zur Erfüllung der Controllingaufgabe müssen nachhaltigkeitsrelevante Daten ermittelt, geprüft, analysiert, bewertet und zielgruppengerecht bereitgestellt werden. Ein Bestandteil der Controllingaufgabe ist zudem die Erstellung von anforderungsgerechten Nachhaltigkeitsberichten für eine interne oder externe Verwendung.

4.7.1 Controllinginstrumente

Für die Controllingaufgabe stehen verschiedene Instrumente zur Auswahl (Abb. 4.18). Infrage kommen Managementboards, Audits, Ratings, Bilanzen sowie Nachhaltigkeitsberichte. Diese können einzeln oder in Kombination eingesetzt werden. Die Datenbasis ist für alle Instrumente gleich und wird durch die definierten Kosten- und Leistungsdaten

Aufgabe 6: Controlling		
Zweck	**Inhalt**	**Ergebnis**
Überwachung der Nachhaltigkeitsentwicklung und Schaffung Informations- und Entscheidungsbasis für das Nachhaltigkeitsmanagement.	• Auswahl Instrumente • Datenermittlung • Datenprüfung • Datenanalyse • Datenbewertung • Datenbereitstellung • Berichterstattung	✓**Controlling-Berichte** • Managementboards • Audit-, Ratingberichte • Bilanzen • Nachhaltigkeitsberichte

Abb. 4.17 Aufgabenbeschreibung Controlling

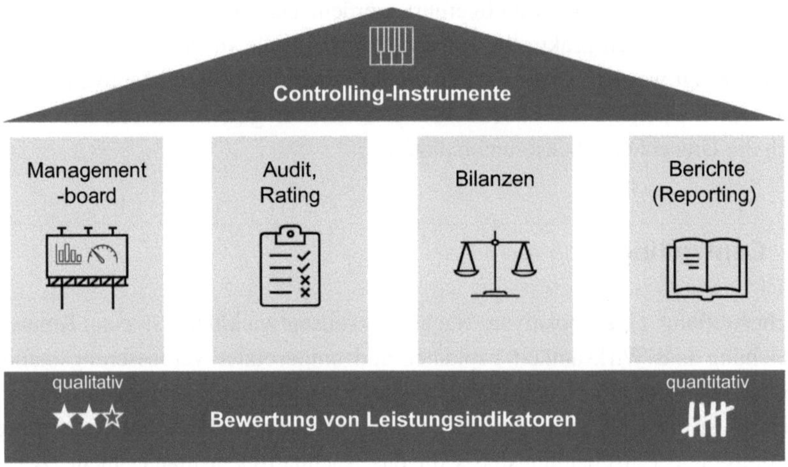

Abb. 4.18 Controllingsinstrumente

gebildet. Aufgrund der Mehrdimensionalität von Nachhaltigkeit kann diese nicht durch eine einzelne Kennzahl ausgedrückt werden. Vielmehr ist ein System von Indikatoren erforderlich, welche qualitativ oder quantitativ die Nachhaltigkeitsleistung beschreiben. Sie sollten dann auch Bestandteil der betrieblichen Kosten- und Leistungsrechnung sein, welche eine traditionelle Kernaufgabe des Controllings ist.

4.7.2 Datenermittlung

Für die Datenermittlung ist zunächst zu klären, welche Daten ermittelt werden sollen. Dazu müssen aus der Vielzahl verfügbarer Leistungsindikatoren und Kennzahlen geeignete ausgewählt werden. Entscheidungsgrundlage hierfür bilden die Ergebnisse der Wesentlichkeitsanalyse (Kap. 4.3.1). Die Erfassung der festgelegten Leistungsdaten kann quantitativ (Zählen, Messen, Wiegen, Berechnen) oder qualitativ (Schätzen, Vergleichen) erfolgen.

Für die Datenermittlung kommen verschiedene Verfahren infrage. In Anlehnung an REFA können dies beispielsweise sein:

1. Auswertung: Dokumentenstudium, Auslesen von Daten,
2. Aufnahme: Ablesen, Beobachten, Aufschreiben, Aufzeichnen,
3. Zusammensetzen: Planwerte, Systeme vorbestimmter Werte,
4. Berechnen: Formeln, Nomogramme, Simulation,
5. Schätzen: Vergleichen und Schätzen, Schätzen mit Klassen.

Für ein Nachhaltigkeitscontrolling müssen Daten für verschiedene Kennzahlen in unterschiedlichen Nachhaltigkeitsdimensionen erfasst werden. Dadurch ist eine Anwendung verschiedener Datenermittlungsverfahren notwendig. Die Controllingaufgabe erfordert somit Kenntnisse über verschiedene Datenermittlungsverfahren. Das gewählte Datenermittlungsverfahren hat Auswirkung auf den Aufwand für die Datenermittlung und die Güte der ermittelten Daten. Anforderung an die Datenqualität und Kosten können auf der anderen Seite Einfluss auf die Auswahl eines geeigneten Datenermittlungsverfahrens haben. Eine Kohlendioxidemission kann beispielsweise mit aufwendigen technischen Einrichtungen gemessen werden. Sie lässt sich jedoch auch mithilfe von Aktivitätsdaten und Umrechnungsfaktoren berechnen. Wenn Aktivitätsdaten oder Umrechnungsfaktoren nicht vorliegen, kann die Emission auch geschätzt werden.

Daten haben immer einen räumlichen und zeitlichen Bezug. Zur Prüfung und Bewertung der Daten müssen das verwendete Datenermittlungsverfahren, die Datenquelle sowie der Raum- und Zeitbezug bekannt sein. Einzelne Datenpunkte erlauben noch keine Interpretation und Bewertung. Erst durch mehrere Datenpunkte und einen zeitlichen oder räumlichen Vergleich können Erkenntnisse gewonnen und Schlussfolgerungen gezogen werden. Durch Methoden der Statistik können dann Aussagen mit definierter Vertrauenswürdigkeit gemacht werden.

Um den Aufwand der Datenermittlung bei einer großen Menge von Daten zu reduzieren, bieten sich digitale Technologien und Werkzeuge an. Ob diese sinnvoll und wirtschaftlich sind, muss im Einzelfall geprüft werden. Die Schwierigkeit liegt in der Regel nicht in der Verfügbarkeit von Hard- und Software zur Erfassung und Verarbeitung der Daten, sondern in der fehlenden Verfügbarkeit und Qualität der Inputdaten sowie der Beschaffungs- und Unterhaltungskosten solcher Systeme. Für eine effektive und effiziente Datenermittlung sollte immer folgendes Prinzip eines LEAN Information Managements (Eisele und ifaa 2020b) beachtet werden: Nicht so viel wie möglich, sondern nur so viel wie nötig!

4.7.3 Managementboard

Ein Managementboard ist ein Instrument zur Überwachung, Planung und Steuerung eines Organisationsbereiches unter Berücksichtigung verschiedener Ziele und Kennzahlen. Es eignet sich deshalb besonders gut für die mehrdimensionale Aufgabenstellung im Nachhaltigkeitscontrolling. Das Managementboard stellt eine Wand, Tafel oder einen digitalen Monitor dar, auf dem die Daten und Kennzahlen möglichst übersichtlich visualisiert sind. Ziel ist es, die wichtigsten Informationen über die aktuelle Situation und Soll-Ist-Abweichungen auf einen Blick schnell erfassen zu können. Die Erfassung und Darstellung von Kennzahlen und Daten kann im einfachsten Fall manuell mit Stiften oder Magneten auf vorgefertigten Aushängen durchgeführt werden. Das Managementboard soll die Möglichkeit zur gleichzeitigen Betrachtung der Informationen durch mehrere Personen ermöglichen. Dadurch werden eine gemeinsame Kommunikationsbasis und ein zielgerichtetes Arbeiten im Team an Problemstellungen und Verbesserungen ermöglicht. Managementboards sind in allen Bereichen und auf allen Ebenen eines Unternehmens einsetzbar.

Bekannt und verbreitet sind Managementboards vor allem in der Produktion. Sie stellen dort ein zentrales Element des Shopfloor-Managements dar (Conrad et al. 2019). Das SFM-Board bildet den Mittelpunkt und das zentrale Arbeitsmittel des Shopfloor-Managements. Es dient zur Erkennung von Problemen und Handlungsbedarfen sowie zur Priorisierung und Lenkung aller Aktivitäten im Arbeitsumfeld. Zur Nutzung eines bereits vorhandenen SFM-Boards für ein Controlling und Management von Nachhaltigkeit ist lediglich eine inhaltliche Anpassung des SFM-Boards erforderlich (Eisele und Conrad 2022b). Die auf dem SSFM-Board (Sustainability Shopfloor Management) behandelten Themen und dargestellten Kennzahlen müssen einen Bezug zu den wesentlichen Themen und Zielen zur Nachhaltigkeit des Unternehmens haben. Verständnis, Ziele und Strategie von Nachhaltigkeit im Unternehmen sollten sich auch in dem Aufbau und Inhalt der SSFM-Boards widerspiegeln. Zur Konformität mit dem Grundverständnis von Nachhaltigkeit ist eine gleichwertige Betrachtung von wirtschaftlichen, umweltbezogenen, sozialen sowie technischen Aspekten anzustreben. Abb. 4.19 zeigt beispielhaft, wie ein SSFM-Board zur Nutzung für ein Controlling und Management von Nachhaltigkeit aussehen kann.

Ein auf Nachhaltigkeit ausgerichtetes Managementboard kann anhand von Zahlen, Daten und Fakten, deren Darstellung und regelmäßiger Kommunikation zur Sensibilisierung der Belegschaft hinsichtlich Wirtschaftlichkeit, Sozialverantwortung, Umweltschutz und dem nachhaltigen Einsatz von Technik beitragen. Es kann als effektives und effizientes Organisationsinstrument zur Umsetzung eines Nachhaltigkeitscontrollings bzw. Nachhaltigkeitsmanagements im operativen Tagesgeschäft auf allen Ebenen und in allen Bereichen einer Organisation eingesetzt werden.

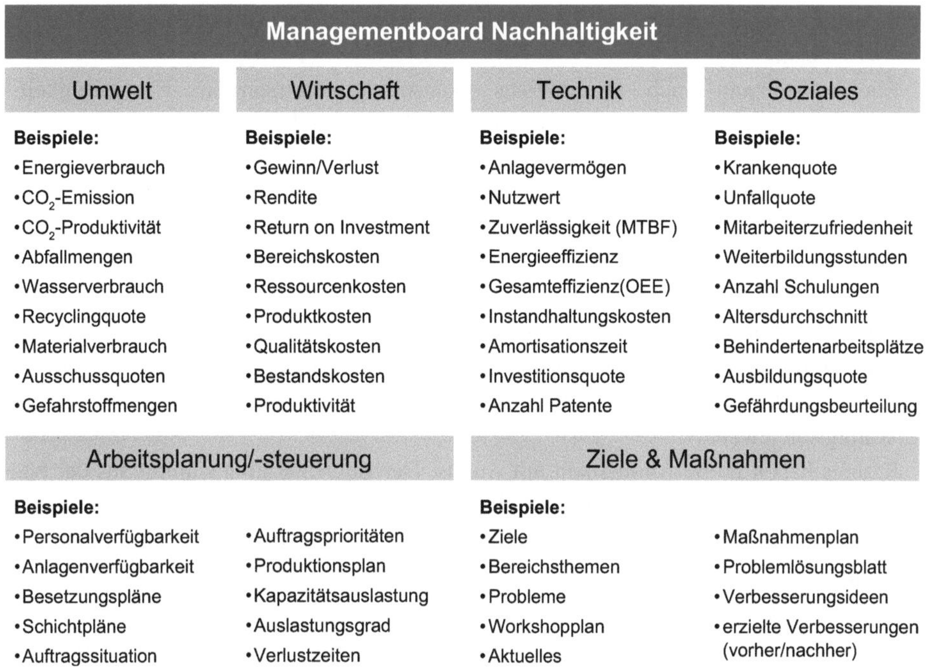

Managementboard Nachhaltigkeit
Umwelt
Wirtschaft
Technik
Soziales
Beispiele:
• Energieverbrauch
• CO_2-Emission
• CO_2-Produktivität
• Abfallmengen
• Wasserverbrauch
• Recyclingquote
• Materialverbrauch
• Ausschussquoten
• Gefahrstoffmengen
Beispiele:
• Gewinn/Verlust
• Rendite
• Return on Investment
• Bereichskosten
• Ressourcenkosten
• Produktkosten
• Qualitätskosten
• Bestandskosten
• Produktivität
Beispiele:
• Anlagevermögen
• Nutzwert
• Zuverlässigkeit (MTBF)
• Energieeffizienz
• Gesamteffizienz(OEE)
• Instandhaltungskosten
• Amortisationszeit
• Investitionsquote
• Anzahl Patente
Beispiele:
• Krankenquote
• Unfallquote
• Mitarbeiterzufriedenheit
• Weiterbildungsstunden
• Anzahl Schulungen
• Altersdurchschnitt
• Behindertenarbeitsplätze
• Ausbildungsquote
• Gefährdungsbeurteilung
Arbeitsplanung/-steuerung
Beispiele:
• Personalverfügbarkeit
• Anlagenverfügbarkeit
• Besetzungspläne
• Schichtpläne
• Auftragssituation
• Auftragsprioritäten
• Produktionsplan
• Kapazitätsauslastung
• Auslastungsgrad
• Verlustzeiten
Ziele & Maßnahmen
Beispiele:
• Ziele
• Bereichsthemen
• Probleme
• Workshopplan
• Aktuelles
• Maßnahmenplan
• Problemlösungsblatt
• Verbesserungsideen
• erzielte Verbesserungen (vorher/nachher)

Abb. 4.19 SSFM-Board als Instrument des Nachhaltigkeitscontrollings (Eisele und Conrad 2022b)

4.7.4 Audits und Rating

Ein Audit bezeichnet eine zeitpunktbezogene Aufnahme und Bewertung eines Untersuchungsobjekts (System, Management, Organisation, Projekt, Prozess, Ergebnis, Maschine, Lieferant, Compliance etc.) nach festgelegten Untersuchungsmerkmalen und Bewertungskriterien. Mit Audits sollen die Konformität der aktuellen Situation mit bestehenden Anforderungen überprüft, Abweichungen transparent gemacht und Handlungsbedarf sowie Verbesserungspotenziale aufgezeigt werden. Durch Vergleich von Bewertungsergebnissen im Zeitablauf kann auch die zeitliche Leistungsentwicklung beschrieben werden. Nach der Organisationszugehörigkeit des Auditors werden interne und externe Audits unterschieden.

Audits werden vor allem als Controllinginstrument von zertifizierten ISO-Managementsystemen mit unterschiedlichen Teilzielen (Qualität, Umwelt, Energie, Risiko, Arbeits- und Gesundheitsschutz etc.) eingesetzt. Das Audit muss für eine Zertifizierung von zugelassenen, externen Auditoren durchgeführt werden. In Lean-Produktionssystemen sind Audits zur Überwachung und Fortschrittsmessung von Ordnung und Sauberkeit verbreitet. In Anlehnung an die 5 S-Methode werden solche Audits häufig auch als 5 S-Audits bezeichnet.

Ein Audit kann auch als internes Controllinginstrument im Nachhaltigkeitsmanagement eingesetzt werden, um die aktuelle Nachhaltigkeitsleistung und deren Entwicklung zu überwachen. Hierzu müssen Checklisten mit Bewertungskriterien und Bewertungsstufen erstellt werden. Ein einfacher Auditbogen zur Nachhaltigkeitsbewertung ist als Beispiel in der Arbeitshilfe zum Nachhaltigkeitsmanagement enthalten (Eisele und ifaa 2021).

Das Ergebnis von Audits kann in Form von einem Buchstabenranking, einer erreichten Punktzahl oder einem prozentualen Erfüllungsgrad ausgewiesen werden. Das Auditergebnis kann als Indikator für die Nachhaltigkeitsleistung für einen Organisationsbereich oder Prozess im Controlling genutzt werden. Diese Vorgehensweise wird auch bei Ratings angewendet.

Ratings haben große Ähnlichkeit mit Audits. Der Begriff Rating stammt aus der englischen Sprache und bedeutet übersetzt „Bewerten" oder „(Ab)schätzen". Das Substantiv „rate" steht für „Verhältniszahl" oder „Quote". Ein Rating bezeichnet eine Leistungseinstufung mit Zahlen, Buchstaben oder Prozentwerten von einem Bewertungsobjekt (z. B. Unternehmen, Staat, Aktie) nach festgelegten Bewertungskriterien durch eine Ratingstelle (z. B. Ratingagentur). Als Rating wird sowohl das Verfahren zur Ermittlung der Ratingstufe als auch dessen Ergebnis bezeichnet. Die möglichen Ratingnoten oder Ratingstufen werden als „Ratingskala" bezeichnet.

Ratings werden teilweise als kostenpflichtige Dienstleistung zur externen Analyse und Bewertung der Nachhaltigkeit angeboten. Die Ergebnisse eines Ratings werden in Form eines Ergebnisberichts zur Verfügung gestellt. Den teilnehmenden Unternehmen soll das Ratingergebnis zum Nachweis der Nachhaltigkeitsleistung gegenüber externen Anspruchsgruppen (insbesondere Kunden oder Kapitalgebern) dienen. Ratingergebnisse ermöglichen eine einfache und vergleichende Lieferantenbewertung im Hinblick auf Nachhaltigkeitsaspekte. Die Dienstleistung von Ratinganbietern basiert auf der Sammlung, Analyse, Bewertung und Bereitstellung von Nachhaltigkeitsinformationen. Ein kostenpflichtiges Dienstleistungsangebot kann darin bestehen, eine Plattform zum Austausch dieser Bewertungen zwischen Kunden und Lieferanten im B2B-Geschäft bereitzustellen.

Abhängig vom Ratinganbieter werden unterschiedliche Verfahren, Methoden und Kriterien eingesetzt. Zur Nutzung eines Ratingdienstleisters müssen sich Unternehmen über diese informieren und die Anforderungen für das Rating erfüllen. Exemplarisch wird im Folgenden das Rating von dem Anbieter Ecovadis beschrieben (Ecovadis 2024).

Das Ratingergebnis wird von Ecovadis in Form einer Scorecard mit Punktezahlen von Null bis Hundert (0–100) sowie Medaillen (Bronze, Silber und Gold) ausgewiesen. Das Rating basiert auf 21 Kriterien, die in vier Themenfelder gegliedert sind (Abb. 4.20).

Das Rating konzentriert sich auf drei gewichtete Bereiche mit sieben Leistungsindikatoren, die in einer Matrix für die vier definierten Themenfelder der Nachhaltigkeit bewertet werden.

Umwelt	Arbeit und Menschenrechte	Ethik	Nachhaltige Beschaffung
ARBEITSABLÄUFE • Energieverbrauch, Treibhausgase • Wasser, Biodiversität • Umweltverschmutzung • Rohstoffe, Chemikalien, Abfall	**PERSONALWESEN** • Mitarbeitergesundheit, Mitarbeitersicherheit • Arbeitsbedingungen • Sozialer Dialog • Karrieremanagement, Training	• Korruption • Wettbewerbswidrige Praktiken • Verantwortungs-volles Informations-management	• Umweltpraktiken von Lieferanten • Sozialpraktiken von Lieferanten
PRODUKTE • Produktverwendung • Produktlebenssende • Kundengesundheit, Kundensicherheit • Umweltdienstleistungen, Interessenvertretung	**MENSCHENRECHTE** • Kinder-, Zwangsarbeit, Menschenhandel • Diversität, Diskrimi-nierung, Belästigung • Menschenrechte externer Stakeholder		

Abb. 4.20 Themenfelder und Kriterien für Rating in Anlehnung an Ecovadis (Ecovadis 2024)

1. Bereich 1 – Richtlinien (Gewichtung: 25 %):
   - Richtlinien: Grundsatzerklärungen, Richtlinien, Ziele, Vorgaben, Führung,
   - Unterstützungen: Unterstützungen externer CSR-Initiativen.
2. Bereich 2 – Aktionen (Gewichtung: 40 %):
   - Maßnahmen: Durchgeführte Maßnahmen und Aktionen,
   - Zertifizierungen: Zertifikate und Labels (z. B. ISO 14001),
   - Umfang: Ausmaß der Umsetzung der Maßnahmen und Aktionen.
3. Bereich 3 – Ergebnisse (Gewichtung: 35 %):
   - Berichterstattung: Berichterstattung über Key Performance Indicators (KPI),
   - 360-News: Verurteilungen, Kontroversen, Auszeichnungen.

Analysierte Unternehmen erhalten eine Scorecard, die ihre CSR-Leistung (Corporate Social Responsibility) in Bezug auf Stärken und Verbesserungspotenziale sowie eine Gesamtpunktzahl zusammenfasst. Der Bewertungsbogen richtet sich nach der Geschäftstätigkeit, dem Standort und der Größe eines Unternehmens. Für die Erklärungen, die das Unternehmen bei der Beantwortung jeder Frage abgegeben hat, müssen definierte Dokumente vorgelegt werden. Der Katalog von Dokumenten, z. B. Nachhaltigkeitsberichte, Verhaltenskodizes, interne Richtlinien und Verfahren oder Zertifikate werden von Analysten verifiziert und fließen in die Gesamtbewertung ein.

Neben Ecovadis existieren weitere Formate und Anbieter für Nachhaltigkeitsratings. Zu nennen sind hier beispielsweise Sustainability Assessment Questionnaires (SAQ), Carbon Disclosure Project (CDP), Sedex oder Sustainalytics.

4.7.5 Bilanzen

Der Begriff einer Bilanz leitet sich aus dem lateinischen „bi“ (doppelt) und „lanx“ (Schale) ab und steht für eine Balkenwaage. Er beschreibt allgemein eine Gegenüberstellung von zwei Seiten (Aktiva und Passiva) oder Perspektiven (Input und Output), die gegenübergestellt werden. Bilanzen sind vor allem aus dem Rechnungswesen bekannt. Sie sind wesentlicher Bestandteil von Geschäftsberichten zur wirtschaftlichen Lage und rechtsverbindliches Instrument für die wirtschaftliche Überwachung von Unternehmen. In der Wirtschaftsbilanz werden die Herkunft und Verwendung von finanziellen Mitteln für ein Geschäftsjahr gegenübergestellt.

Bilanzen werden auch in anderen Fachgebieten für eine nach festgelegten Kriterien gegliederte Gegenüberstellung von Wertkategorien erstellt. Sie lassen sich auch als Controllinginstrument für umweltbezogene, soziale und technische Leistungen nutzen. Abb. 4.21 zeigt beispielhaft eine Umweltbilanz. Diese stellt eine Input–Output-Analyse dar, welche die wichtigsten Stoff- und Energieströme zusammenfasst und auf deren Grundlage sich die Wirkung des Unternehmens auf die Umwelt beurteilen lässt (UBA 1997).

Input Ressourceneinsatz	Leistungsergebnis Output
A. Stoffe (kg, m³, €) I. Rohstoffe II. Halb- und Fertigwaren III. Hilfsstoffe IV. Betriebsstoffe	**A. Produkte (St, kg, €)** I. Produktgruppe 1 II. Produktgruppe 2 III. Produktgruppe 3 IV. Dienstleistungen
B. Energie (kWh, €) I. Strom II. Gas III. Öl IV. Benzin V. Diesel VI. Holz VII. Kohle	**B. Abfall (kg, €)** I. Sonderabfall II. Wertstoffe III. Restmüll **C. Energie (kWh, €)** I. Abwärme Wasser II. Abwärme Luft
C. Wasser (m³, €) I. Stadtwasser II. Brunnenwasser III. Regenwasser	**D. Abwasser (m³, €)** I. unbelastetes Abwasser II. schadstoffbelastetes Abwasser **E. Emission (kg, €)** I. CO_2e II. NO_x III. SO_2
Bilanzsumme (Ressourceneinsatz)	Bilanzsumme (Ergebnis)

Abb. 4.21 Beispiel für eine betriebliche Umweltbilanz in Anlehnung an Umweltbundesamt (UBA 1997)

Input Herkunft	Verwendung Output
A. Wertschöpfung (€) I. Produktverkäufe II. Dienstleistungen III. Rechte/Patente IV. Vermietung/Verpachtung	**A. Beschäftigte (€)** I. Entgelt II. Sozialabgaben III. Altersvorsorge IV. Unterstützung
B. Kapitalzuflüsse (€) I. Eigenkapitaleinlagen II. Fremdkapitaleinlagen III. Zuschüsse/Förderungen	**B. Staat (€)** I. Unternehmenssteuer II. Beschäftigtensteuer III. Kapitalgebersteuer
C. Kredite (€) I. langfristige Kredite II. kurzfristige Kredite III. Verbindlichkeiten	**C. Kapitalgeber (€)** I. Dividenden für Kapital II. Kreditzinsen **D. Unternehmen (€)** I. Rücklagen
Bilanzsumme (Herkunft)	Bilanzsumme (Verwendung)

Abb. 4.22 Beispiel für eine Sozialbilanz in Anlehnung Bühner (Bühner 1997)

Im Bereich Soziales lassen sich ebenfalls Bilanzen erstellen. Abb. 4.22 zeigt ein Beispiel für eine solche Sozialbilanz (Bühner 1997). Darin werden die monetären Zuflüsse des Unternehmens den sozialen Abflüssen untergliedert nach gesellschaftlichen Gruppen gegenübergestellt. Dies liefert Aussagen und Kennzahlen zur Verteilung der finanziellen Unternehmensleistung.

Eine Technikbilanz könnte beispielsweise die Aufwendungen für Forschung, Entwicklung, Beschaffung und Anfertigung den vorhandenen Werten von Produkten, Anlagen, Werkzeugen, Gebäuden und Patenten gegenüberstellen.

4.7.6 Nachhaltigkeitsbericht

Der Nachhaltigkeitsbericht ist ein schriftliches Dokument, dass über organisatorische Merkmale, Situation, Grundsätze, Ziele, Strategie, Aktivitäten und Entwicklung der Nachhaltigkeit Auskunft gibt. Er stellt eine Ergebnisdokumentation des Nachhaltigkeitsmanagements dar.

Weltweit wurden parallel viele Varianten von Berichtsstandards zur Nachhaltigkeit entwickelt. Sie basieren weitgehend auf Nachhaltigkeitsinitiativen von nichtstaatlichen Organisationen und Interessengruppen. Ihre Anwendung ist dadurch freiwillig. Nachhaltigkeitsberichte stellten in den Anfängen in erster Linie ein Marketinginstrument dar. Durch die Berichte sollte ein positives Firmenimage bei externen Zielgruppen erzeugt werden. Die Gestaltung, Erstellung und Verbreitung von Nachhaltigkeitsberichten wurden deshalb organisatorisch häufig in Abteilungen wie Öffentlichkeitsarbeit, Marketing oder Vertrieb verortet. Aufgrund noch geringer Verbreitung von Nachhaltigkeitsberichten stellten diese zu Beginn ein mögliches Differenzierungsmerkmal zu Wettbewerbern dar. Die veröffentlichten Berichte sollten bei Kapitalgebern vertrauensfördernd und bei Kunden verkaufsfördernd wirken. Form, Inhalt und Art der Veröffentlichung von Berichten konnten bisher individuell mit hohen Freiheitsgraden gestaltet werden.

Mit der EU-Richtlinie zur Nachhaltigkeitsberichterstattung (CSRD) sowie den dazu ergänzenden Verordnungen hat sich dies geändert (EU 2022). Große Unternehmen werden zukünftig verpflichtet jedes Jahr Nachhaltigkeitsberichte zu erstellen. Sie müssen rechtliche Vorgaben über Zeitpunkt, Form, Inhalt und Art der Bereitstellung erfüllen. Die Erstellung von Berichten ist dadurch keine freiwillige, differenzierende Besonderheit mehr, sondern allgemeiner Bürokratiestandard. Betroffen sind davon im verarbeitenden Gewerbe etwa 4.500 deutsche Unternehmen (Destatis 2023). Die Mehrzahl der rechtlichen Einheiten im verarbeitenden Gewerbe fallen in Deutschland aufgrund ihrer zu geringen Größe rechtlich nicht unter den Gültigkeitsbereich der CSRD.

Große, kapitalmarktorientierte Unternehmen, die bereits seit 2017 von der Non-Financial Reporting Directive (NFRD) der Europäischen Union betroffen sind, müssen die neuen Regeln der CSRD erstmals für das Geschäftsjahr 2024 anwenden. Die restlichen großen Unternehmen folgen ein Jahr später. Unternehmen, die der CSRD unterliegen, müssen nach den European Sustainability Reporting Standards (ESRS) berichten. Die Berichtsstandards werden in einer EU-Verordnung spezifiziert (EU 2023). Sie sind auf die aktuellen Ziele der EU-Politik zugeschnitten und sollen kompatibel zu internationalen Normungsinitiativen sein. Abb. 4.23 zeigt vereinfacht die aktuelle Struktur der EU-Berichtsstandards.

Für kleine und mittlere Unternehmen (KMU) ohne Kapitalmarktorientierung ist die Erstellung von Nachhaltigkeitsberichten freiwillig. Dies hat einen guten Grund. Aufgrund der begrenzten Ressourcen von KMU können die umfangreichen bürokratischen Auflagen zur Berichterstattung KMU übermäßig belasten und dadurch deren Wettbewerbsfähigkeit und Existenz gefährden. Wenn KMU freiwillig Nachhaltigkeitsberichte erstellen, sollten diese möglichst schlank und mit den verfügbaren Ressourcen machbar sein. Ein nicht zwingend notwendiger Bürokratieaufwand sollte vermieden und die verfügbaren Freiheitsgrade bei der Gestaltung von Zeitintervall, Form, Inhalt und Art der Berichterstattung genutzt werden.

Aufgrund der unterschiedlichen Berichtsanforderungen an Unternehmen, können hier keine einheitlichen und allgemeingültigen Detailvorgaben zu Nachhaltigkeitsberichten gemacht werden. Diese müssen betriebsspezifisch definiert werden. Da die Erstellung von Berichten keine direkt wertschöpfende Tätigkeit für produzierende Unternehmen darstellt, sollte die Berichterstattung so effektiv und effizient wie möglich gestaltet sein.

Vor der Erstellung von Nachhaltigkeitsberichten sollten zunächst folgende grundlegende Fragen im Unternehmen beantwortet werden:

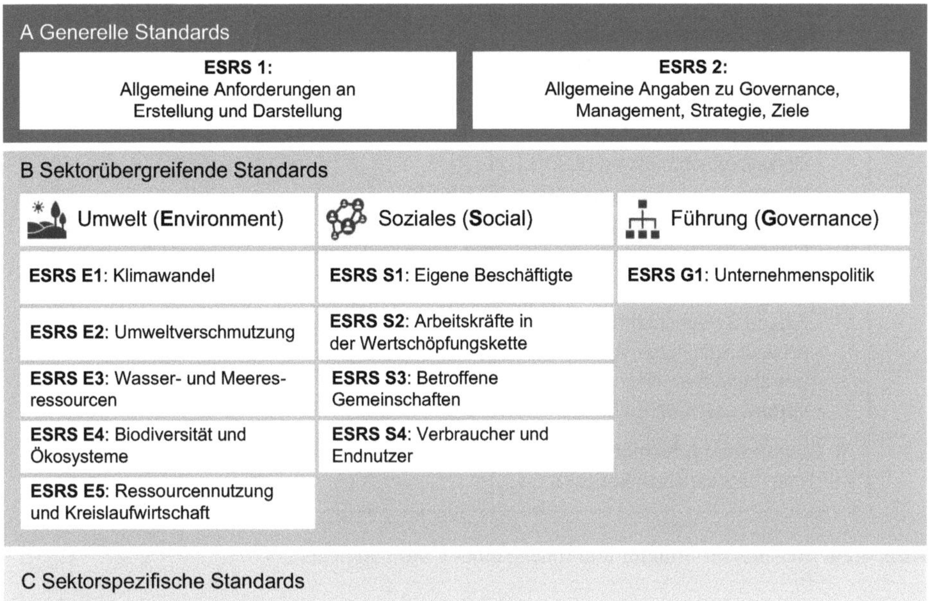

Abb. 4.23 Struktur der ESRS (Eisele und ifaa 2024a)

- Existiert eine gesetzliche Pflicht zur Erstellung von Nachhaltigkeitsberichten und falls ja, welche Anforderungen müssen erfüllt werden?
- Existieren Anforderungen von Kapitalgebern und falls ja, wie sehen diese konkret aus und wie wichtig ist deren Erfüllung für das Unternehmen?
- Existieren Anforderungen von Kunden und falls ja, wie sehen diese konkret aus und wie wichtig ist deren Erfüllung für das Unternehmen?
- Existieren Anforderungen von sonstigen Anspruchsgruppen und falls ja, wie sehen diese konkret aus und wie wichtig ist deren Erfüllung für das Unternehmen?
- Für welche Zielgruppen müssen/sollen Nachhaltigkeitsberichte vom Unternehmen in erster Linie erstellt werden?
- Welche Ressourcen (Fähigkeiten, Zeit, Geld) stehen zur Erstellung von Nachhaltigkeitsberichten zur Verfügung?
- Existiert ein betriebliches Nachhaltigkeitsmanagement als Grundlage für die inhaltliche Füllung von Nachhaltigkeitsberichten?

Aus den Antworten können die konkreten betriebsspezifischen Anforderungen, Zyklen, Umfang, Struktur, Inhalte und organisatorische Zuständigkeiten sowie notwendige Aktivitäten und Ressourcen zur Erstellung eines Nachhaltigkeitsberichts abgeleitet werden.

1 Allgemeine Informationen
- Allgemeine Angaben (ESRS 2)

2 Umweltinformationen
- Klimawandel (ESRS E1)
- Umweltverschmutzung (ESRS E2)
- Wasser- und Meeresressourcen (ESRS E3)
- Biodiversität und Ökosysteme (ESRS E4)
- Ressourcennutzung und Kreislaufwirtschaft (ESRS E5)

3 Sozialinformationen
- Eigene Belegschaft (ESRS S1)
- Arbeitskräfte in der Wertschöpfungskette (ESRS S2)
- Betroffene Gemeinschaften (ESRS S3)
- Verbraucher und Endnutzer (ESRS S4)

4 Governance-Informationen
- Unternehmenspolitik (ESRS G1)

Abb. 4.24 Beispiel für Struktur und Inhalte eines CSRD-Berichts

Die Erstellung von Nachhaltigkeitsberichten setzt ein betriebliches Nachhaltigkeitsmanagement voraus. Das Nachhaltigkeitsmanagement liefert die inhaltlichen Berichtsaussagen zu Verständnis, Grundsätzen, wesentlichen Themen, Zielen, Strategien, Aktivitäten sowie mit Zahlen, Daten und Fakten hinterlegte Ergebnisse und Entwicklung der Nachhaltigkeit. Abb. 4.24 zeigt die Struktur und Inhalte für einen Nachhaltigkeitsbericht gemäß CSRD.

4.8 CO_2-Bilanzierung

4.8.1 Grundlagen und Einordnung im Nachhaltigkeitsmanagement

Im Nachhaltigkeitskontext werden in Politik, Gesellschaft und Wirtschaft aktuell vor allem Ziele und Maßnahmen zur Verbesserung der ökologischen Nachhaltigkeit diskutiert. Im Fokus steht dabei die Forderung nach einer Reduzierung der von Menschen erzeugten Treibhausgase (THG). Die THG sind dadurch zu einem wesentlichen Thema in rechtlichen Vorschriften und Anforderungen für ein Nachhaltigkeitsmanagement geworden. Die Kohlendioxidemissionen (CO_2-Emissionen) haben mit fast 90 % den größten Anteil an den von Menschen erzeugten THG. Für eine einheitliche Erfassung und Bilanzierung von Treibhausgasemissionen werden alle anderen Treibhausgase (z. B. Methan) entsprechend ihrer Klimawirkung in äquivalente Kohlendioxidmengen (kg CO_2e) umgerechnet.

Kohlenstoffdioxid (CO_2) ist eine chemische Verbindung aus einem Kohlenstoffatom und zwei Sauerstoffatomen. Es ist ein unbrennbares, farbloses Gas, das sich gut in Wasser löst. Im Alltag wird es im Zusammenhang mit kohlenstoffdioxidhaltigen Getränken umgangssprachlich auch als „Kohlensäure“ bezeichnet. CO_2 kann giftig wirken, jedoch reichen die Konzentrationen und Mengen in der Luft oder durch die Aufnahme von Getränken hierfür nicht aus. In fester Form wird es in Form von Trockeneis als Kühlmittel verwendet.

Als natürliches Stoffwechselprodukt entsteht CO_2 im Organismus von Lebewesen als Produkt der Zellatmung. CO_2 ist als natürlicher Bestandteil der Luft ein wichtiges Gas in der Erdatmosphäre, ohne dass sich die Erdtemperatur stark abkühlen würde und ein Leben auf der Erde nicht möglich wäre. Mit steigender Konzentration in der Luft wird der Treibhauseffekt des Gases jedoch zunehmend verstärkt, sodass sich der positive in einen negativen Effekt wandeln kann. Seit der Industrialisierung lässt sich weltweit eine steigende CO_2-Konzentration in der Erdatmosphäre messen.

Von Menschen erzeugte CO_2-Emissionen entstehen insbesondere bei Verbrennungsvorgängen von fossilen (Öl, Kohle, Gas) oder regenerativen Brennstoffen (Holz) in Anlagen und Motoren von Energiewirtschaft, Industrie, Straßenverkehr sowie privaten Haushalten. Zur Reduzierung von CO_2-Emissionen gilt es, fossile Verbrennungsprozesse zu vermeiden oder sie effizienter zu gestalten. Dies kann beispielsweise durch eine Reduzierung des Energiebedarfs durch effizientere Nutzung von Energie oder den Ersatz von fossilen Energieträgern durch andere Formen der Energiegewinnung (z. B. Wind-, Wasser- oder Sonnenenergie) erreicht werden.

Für die Zielbildung, Maßnahmenplanung und Überwachung der CO_2-Emissionen im Rahmen des Nachhaltigkeitsmanagement bildet die Ermittlung von CO_2-Emissionsdaten die Grundlage. Sie wird auch als CO_2-Bilanzierung bezeichnet. Der Ausweis von CO_2-Bilanzen sowie die Darstellung von Zielen, Maßnahmen und Ergebnissen zur CO_2-Reduzierung ist häufig ein wichtiger Bestandteil von Nachhaltigkeitsberichten. Vor der Ermittlung von CO_2-Bilanzen sollten zunächst die Ziele und Rahmenbedingungen anhand folgender Fragen geklärt werden:

- Zweck: Welche Informationen sollen für welche Empfänger dargestellt werden?
- Ebene: Welche Betrachtungsperspektive ist von Interesse?
- Umfang: Welche Betrachtungsgrenzen sollen beachtet werden?
- Qualität: Welche Verlässlichkeit, Genauigkeit und Aktualität werden gefordert?
- Aufwand: Welche personellen und finanziellen Ressourcen stehen zur Verfügung?

Die CO_2-Datenermittlung kann in Unternehmen mit verschiedenen Zielsetzungen erfolgen. Nach der Betrachtungsperspektive bzw. Betrachtungsebene lassen sich drei Arten der CO_2-Bilanzierung unterscheiden (Eisele et al. 2023b):

1. Prozessebene: Aktivität, Vorgang, Projekt;
2. Organisationsebene: Bereich, Standort, Unternehmen, Konzern;
3. Produktebene: Rohstoff, Bauteil, Baugruppe, Endprodukt.

4.8.2 Prozessbezogene CO_2-Bilanzierung

Ein Prozess wird durch Transformationsaktivitäten (Throughput) definiert, die unter Einsatz von Ressourcen (Input) zur Erzeugung eines Ergebnisses (Output) führen. Für die CO_2-Bilanzierung ist bei der Prozessbetrachtung der CO_2-Ausstoß (Output) als Prozessergebnis interessant. Die durch einen Prozess emittierte CO_2-Menge hängt von den im Prozess als Input eingesetzten Ressourcen (Stoffe, Energie) sowie der Art, dem Umfang und der Dauer der durchgeführten Aktivitäten ab. Mithilfe von Messreihen können physikalische Faktorwerte für definierte Aktivitäten und Ressourcen bestimmt werden. Die Umrechnungsfaktoren lassen sich zur rechnerischen Ermittlung von CO_2-Emissionen für beliebige Zeit- und Mengenkonstellationen einer definierten Aktivität nutzen. Dies bildet das Grundprinzip der CO_2-Emissionensermittlung für beliebige Aktivitäten (Abb. 4.25). Durch Zuordnung und Summierung von CO_2-Emissionen einzelner Aktivitäten lassen sich prozessbezogene CO_2-Bilanzen erstellen. Ermittelte CO_2-Emissionen für einzelne Prozesse lassen sich wiederum organisatorischen Bereichen oder Produkten zuordnen.

Für die Ermittlung von CO_2-Daten können verschiedene Verfahren und Methoden eingesetzt werden. In Anlehnung an REFA lassen sich allgemein folgende Datenermittlungsverfahren unterscheiden:

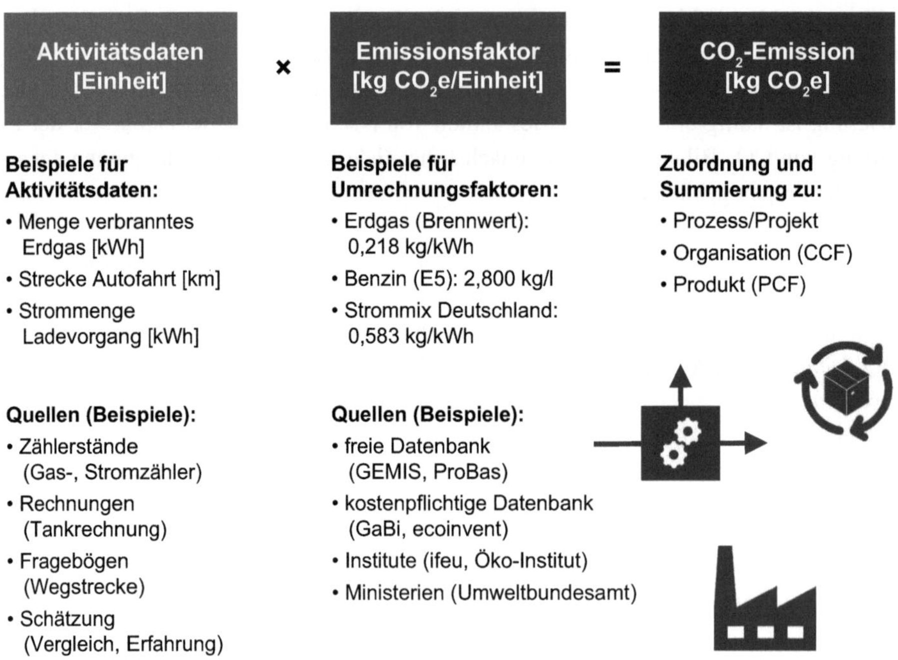

Aktivitätsdaten [Einheit]
×
Emissionsfaktor [kg CO2e/Einheit]
=
CO2-Emission [kg CO2e]
Beispiele für Aktivitätsdaten:
• Menge verbranntes Erdgas [kWh]
• Strecke Autofahrt [km]
• Strommenge Ladevorgang [kWh]
Beispiele für Umrechnungsfaktoren:
• Erdgas (Brennwert): 0,218 kg/kWh
• Benzin (E5): 2,800 kg/l
• Strommix Deutschland: 0,583 kg/kWh
Zuordnung und Summierung zu:
• Prozess/Projekt
• Organisation (CCF)
• Produkt (PCF)
Quellen (Beispiele):
• Zählerstände (Gas-, Stromzähler)
• Rechnungen (Tankrechnung)
• Fragebögen (Wegstrecke)
• Schätzung (Vergleich, Erfahrung)
Quellen (Beispiele):
• freie Datenbank (GEMIS, ProBas)
• kostenpflichtige Datenbank (GaBi, ecoinvent)
• Institute (ifeu, Öko-Institut)
• Ministerien (Umweltbundesamt)

Abb. 4.25 Grundprinzip der CO_2-Datenermittlung (Eisele et al. 2023b)

- Auswertung: Dokumentenstudium, Auslesen von Daten;
- Aufnahme: Ablesen, Beobachten, Aufschreiben, Aufzeichnen;
- Zusammensetzen: Planwerte, Systeme vorbestimmter Werte;
- Berechnen: Formeln, Nomogramme, Simulation;
- Schätzen: Vergleichen und Schätzen, Schätzen mit Klassen.

4.8.3 Organisationsbezogene CO_2-Bilanzierung

Organisationsbezogene CO_2-Bilanzen liefern Aussagen zu der CO_2-Emission, die ein Unternehmen durch seine Betriebstätigkeit während eines definierten Zeitraums (z. B. Monat, Jahr) verursacht hat. Der Betrachtungsbereich wird über organisatorisch-räumliche Systemgrenzen definiert. Gemäß dem Greenhouse Gas Protocol (WRI & WBCSD 2004) können drei Bereiche (Scopes) für die CO_2-Datenermittlung von Organisationen unterschieden werden (Abb. 4.26):

1. Scope 1: direkte Emission durch eigene Unternehmensprozesse,
2. Scope 2: indirekte Emission durch bezogene Energie,
3. Scope 3: indirekte Emission durch vorgelagerte Aktivitäten (Erzeugung, Beschaffung) oder nachgelagerte Aktivitäten (Vertrieb, Nutzung, Verwertung, Entsorgung).

Die direkten Emissionen durch Unternehmensprozesse (Scope 1) und die indirekten Emissionen durch bezogene Energie (Scope 2) können relativ einfach ermittelt werden. Schwierig wird es häufig für die indirekten Emissionen des Scope 3 (Eisele et al. 2023b). Viele Unternehmen beschränken sich deshalb zunächst auf die Betrachtung von Scope 1 und Scope 2.

Bei der CO_2-Datenermittlung des Scope 3 sind Informationen über vor- und nachgelagerte Aktivitäten außerhalb des Unternehmens erforderlich. Liegen diese nicht vollständig vor, können die CO_2-Daten nur geschätzt werden. Um CO_2-Bilanzen einordnen, beurteilen und validieren zu können, fordern verschiedene Normen und Berichtsstandards Angaben über die festgelegten Bereichsgrenzen und berücksichtigten Bereiche bzw. Aktivitäten bei der CO_2-Bilanzierung.

4.8.4 Produktbezogene CO_2-Bilanzierung

Für Kunden kann die CO_2-Emission eines Produkts von Interesse sein. Die produktbezogene CO_2-Emission über den kompletten Produktlebenszyklus setzt sich aus den folgenden Bestandteilen zusammen (Eisele et al. 2023b):

1. CO_2-Emission der Rohstoffgewinnung,
2. CO_2-Emission der Vorfertigung,

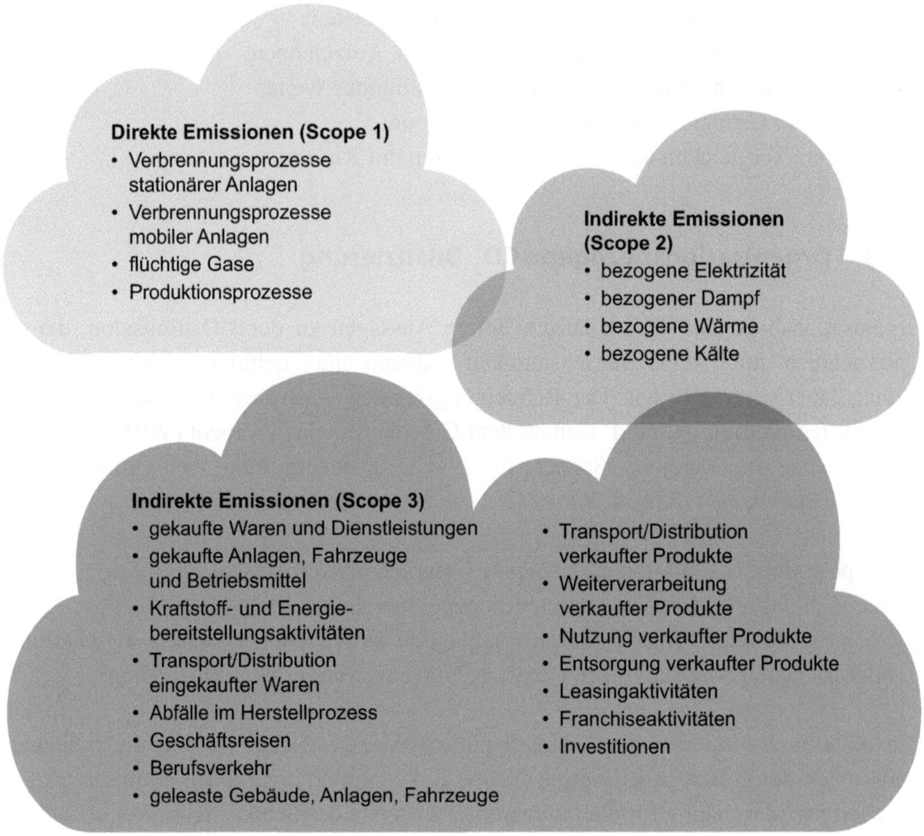

Direkte Emissionen (Scope 1)
• Verbrennungsprozesse stationärer Anlagen
• Verbrennungsprozesse mobiler Anlagen
• flüchtige Gase
• Produktionsprozesse
Indirekte Emissionen (Scope 2)
• bezogene Elektrizität
• bezogener Dampf
• bezogene Wärme
• bezogene Kälte
Indirekte Emissionen (Scope 3)
• gekaufte Waren und Dienstleistungen
• gekaufte Anlagen, Fahrzeuge und Betriebsmittel
• Kraftstoff- und Energiebereitstellungsaktivitäten
• Transport/Distribution eingekaufter Waren
• Abfälle im Herstellprozess
• Geschäftsreisen
• Berufsverkehr
• geleaste Gebäude, Anlagen, Fahrzeuge
• Transport/Distribution verkaufter Produkte
• Weiterverarbeitung verkaufter Produkte
• Nutzung verkaufter Produkte
• Entsorgung verkaufter Produkte
• Leasingaktivitäten
• Franchiseaktivitäten
• Investitionen

Abb. 4.26 Emissionsbereiche (Scopes) gemäß GHG-Protokoll (Eisele et al. 2023b)

3. CO_2-Emission der Produktherstellung,
4. CO_2-Emission der Distribution,
5. CO_2-Emission während der Nutzung,
6. CO_2-Emission bei der Entsorgung.

Bei CO_2-Bilanzen für Produkte lassen sich drei Betrachtungsumfänge unterscheiden (Abb. 4.27). Bei dem Ansatz „cradle-to-grave" werden die CO_2-Daten für ein Produkt „von der Wiege bis zur Bahre" ermittelt. Dazu muss der komplette Lebensweg von der Rohstoffgewinnung bis zur Entsorgung des Produkts betrachtet werden. Bei dem Ansatz „cradle-to-gate" erfolgt die Analyse „von der Wiege bis zum (Werks-)Tor". Die CO_2-Datenermittlung erfolgt bei diesem Ansatz nur bis zu dem Punkt, an dem das Produkt das Unternehmen verlässt. Der dritte Ansatz „gate-to-gate" ist der einfachste. Er betrachtet nur die Emissionen „von Werkseingangstor bis zum Werksausgangstor". Dieser Ansatz gibt nur Aufschluss

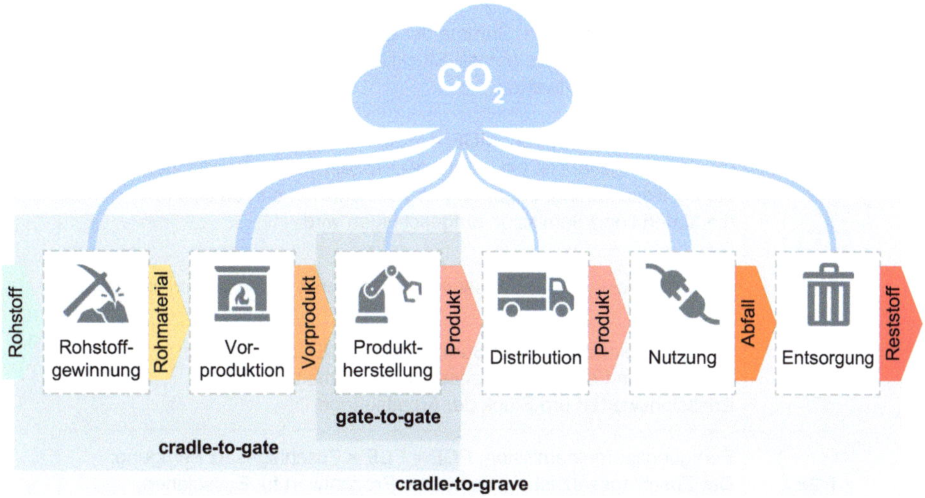

Abb. 4.27 Betrachtungsumfang produktbezogener CO_2-Bilanzen (Eisele et al. 2023b)

über die im eigenen Unternehmen für die Herstellung eines Produkts angefallenen CO_2-Emissionen.

Um den produktspezifischen CO_2-Fussabdruck zu ermitteln, bietet sich ein Ermittlungsschema an, wie es in der Kostenrechnung verwendet wird. Dabei kann zwischen Einzelemissionen und Gemeinemissionen unterschieden werden. Die Einzelemissionen lassen sich dem Produkt direkt zuordnen. Die Gemeinemissionen müssen dagegen über Zuschlagssätze zugeordnet werden. So lässt sich beispielsweise der Stromverbrauch und die damit verbundene CO_2-Emission einer Produktionsanlage für die Herstellung eines Produkts diesem direkt zuordnen. Der Stromverbrauch für die Hallenbeleuchtung oder in Büros kann lediglich über anteilige Zuschläge zugeordnet werden, die nach einem definierten Verteilungsschlüssel (Betriebsabrechnungsbogen) zu ermitteln sind. Ein mögliches CO_2-Kalkulationsschema für Produkte zeigt die Abb. 4.28.

4.8.5 Umrechnungsfaktoren für die CO_2-Bilanzierung

Die CO_2-Bilanzierung wird durch Umrechnungsfaktoren vereinfacht. Solche Faktoren existieren für Energieträger (Strom, Öl, Gas, Benzin, Diesel, Kohle, Holz), standardisierte Prozesse (z. B. Lkw-Transporte) oder Stoffe und Materialien. Sie beziehen sich auf eine bestimmte Menge oder einen bestimmten monetären Wert. Umrechnungsfaktoren können aus Datenbanken (z. B. GEMIS, ProBas, GaBi, ecoinvent) bezogen werden. Die Nutzung von Datenbanken ist teilweise kostenpflichtig. Die aktuell verfügbaren Datenquellen für

MEE	Materialeinzelemission: Summe der CO_2-Emissionen des eingesetzten Materials gemäß Stückliste, Lieferantenangaben oder eigenen Richtwerten.
+ MGE	Materialgemeinemission: MGE = MEE × Zuschlagssatz Material. Der Zuschlagssatz ist ein ermittelter Prozentwert für Emissionen, die bei Beschaffung, Lager und Logistik anfallen und anteilig auf die Materialeinzelemission aufgeschlagen wird.
= ME	Materialemission: CO_2-Emission zum Zeitpunkt des Materialeinsatzes.
+ FEE	Fertigungseinzelemission: Summe der CO_2-Emissionen der eingesetzten Fertigungsprozesse gemäß Arbeitsplan und Emissionswerten pro Stück der Arbeitsgänge.
+ FGE	Fertigungsgemeinemission: FGE = FEE × Zuschlagssatz Fertigung. Der Zuschlagssatz ist ein ermittelter Prozentwert für Emissionen, die für indirekte Emissionen der Produktion aufgeschlagen wird.
= HE	Herstellemission: CO_2-Emission zum Zeitpunkt der Herstellung.
+ VwGE	Verwaltungsgemeinemission: VwGE = HE × Zuschlagssatz Verwaltung. Der Zuschlagssatz ist ein ermittelter Prozentwert für Emissionen, die für indirekte Emissionen der allgemeinen Verwaltung aufgeschlagen wird.
+ VtGE	Vertriebsgemeinemission: VtGE = HE × Zuschlagssatz Vertrieb. Der Zuschlagssatz ist ein ermittelter Prozentwert für Emissionen, die für indirekte Emissionen des Vertriebs aufgeschlagen wird.
= PVE	Produktverkaufsemission: CO_2-Emission zum Zeitpunkt des Verkaufs.
+ PNE	Produktnutzungsemission: CO_2-Emission für die Zeit der Nutzung.
+ PEE	Produktentsorgungsemission: CO_2-Emission für die Entsorgung/Verwertung.
= PLCE	Product-Lifecycle-Emission: CO_2-Emission des Produktlebenszyklus.

Abb. 4.28 Kalkulationsschema zur Ermittlung produktbezogener CO_2-Daten

Umrechnungsfaktoren enthalten unter Umständen nicht alle für ein Unternehmen benötigten Daten. Zu beachten ist zudem, dass Werte für Ressourcen oder Prozesse in den Datenbanken teilweise nicht identisch sind. Dies kann dazu führen, dass gleichzeitig mehrere unterschiedliche Datenquellen benötigt werden und sich je nach verwendeter Datenquelle unterschiedliche Emissionen ergeben. Für eine Prüfbarkeit und Vergleichbarkeit von CO_2-Bilanzen ist daher die Dokumentation der verwendeten Datenquellen wichtig.

Die Umrechnung von Energiemengen eines bestimmten Energieträgers in eine CO_2-Emission ist von verschiedenen Parametern abhängig. Benzin kann beispielsweise unterschiedliche Anteile Bioethanol enthalten. Strom kann durch ein Kohlekraftwerk, Gaskraftwerk, Wind- oder Solaranlagen erzeugt worden sein. Davon abhängig ergeben sich verschiedene CO_2-Emissionsfaktoren.

Bei Umrechnungsfaktoren für Energieträger ist zu beachten, dass sich diese im Zeitablauf verändern und regional unterschiedlich sein können. Abb. 4.29 zeigt beispielhaft die zeitliche Veränderung der Emissionsfaktoren für den Strommix in Deutschland.

4.8.6 Standards der CO_2-Bilanzierung

Als Hilfestellung und Anleitung für die CO2-Bilanzierung lassen sich vor allem folgende Standards nennen:

- GHG-Protokoll: Ermittlung und Management von CO_2-Emissionen,
- ISO 14040: Umweltmanagement Ökobilanz – Grundsätze und Rahmenbedingungen,
- ISO 14044: Umweltmanagement Ökobilanz – Anforderungen und Anleitungen,
- ISO 14064–1: Spezifikation mit Leitlinien zur CO_2-Bilanzierung auf Organisationsebene,
- ISO 14064–2: Spezifikation mit Leitlinien zur CO_2-Bilanzierung auf Projektebene,
- ISO 14064–3: Grundlage für die Verifizierung von CO_2-Bilanzen,
- ISO 14067: CO2-Fußabdruck von Produkten – Anforderungen und Leitfaden für die Quantifizierung.

Die Abb. 4.30 zeigt die in ISO 14064–1 zur Ermittlung von CO_2-Daten definierten Kategorien auf Organisationsebene. Ergänzend dazu sind die Kategorien des GHG-Protokolls aufgeführt. Bis auf kleine Unterschiede in der Strukturierung und den Bezeichnungen sind die beiden Standards vergleichbar.

Jahr	CO_2-Äquivalent Emissionsfaktor mit Vorketten [g/kWh]
1990	860
2016	595
2017	552
2018	537
2019	474
2020	432
2021*	475
2022**	498
2021*vorläufig, 2022** geschätzt	Quelle: Umweltbundesamt April 2023

Abb. 4.29 Emissionsfaktoren für den deutschen Strommix gemäß Umweltbundesamt (Eisele et al. 2023b)

A	Direkte Emissionen und Entzug	Scope 1
A1	stationäre Verbrennung	1.1
A2	mobile Verbrennung	1.2
A3	Industrieprozesse	1.3
A4	flüchtige Freisetzung (anthropogene Systeme)	1.4
A5	Emission oder Entzug durch Flächennutzung	–

B	Indirekte Emissionen aus importierter Energie	Scope 2
B1	importierte Elektrizität	2.1
B2	sonstige Energie (Dampf, Wärme, Kälte, Druck)	2.2, 2.4

C	Indirekte Emissionen aus Transport	Scope 3
C1	vorgelagerte Transporte und Warenverteilung	3.4
C2	nachgelagerte Transporte und Warenverteilung	3.9
C3	Pendler-Berufsverkehr	3.7
C4	Transport von Kunden und Besuchern	–
C5	Geschäftsreisen	3.6

D	Indirekte Emissionen aus der Organisation	Scope 3
D1	beschaffte Waren	3.1
D2	Kapitalgüter	3.2
D3	Entsorgung fester und flüssiger Abfälle	3.5
D4	Nutzung von Anlagen	3.8
D5	Nutzung sonstige Dienstleistungen	3.1

E	Indirekte Emissionen durch Produkte	Scope 3
E1	Nutzungsphase des Produkts	3.11
E2	nachgelagerte gemietete Anlagen	3.13
E3	Lebensdauerendphase des Produkts	3.12
E4	Investitionen	3.15
F	Indirekte Emissionen aus anderen Quellen	3.2/3/8/10/14

Abb. 4.30 CO_2-Emissionskategorien nach ISO 14064–1 und GHG-Protokoll

4.8.7 CO_2-Produktivität

Die absolute CO_2-Emission lässt noch keine Aussage über die Effektivität und Effizienz eines Unternehmens oder einen Leistungsvergleich (Benchmark) mit anderen Unternehmen zu. Bei gleicher Effektivität und Effizienz steigt oder fällt die CO_2-Emission mit dem Output (Umsatz, Absatz) sowie der Wertschöpfungstiefe. Eine Aussage zur Effektivität und Effizienz ist somit nur bei einer Verhältniszahl möglich, welche die absolute CO_2-Emission in Relation zum Output sowie der Wertschöpfungstiefe setzt. Hierfür eignet sich als Kennzahl die CO_2-Produktivität. Bei dieser Kennzahl wird die monetäre Bruttowertschöpfung (Output) in das Verhältnis zur der dafür angefallenen CO2-Emissionsmenge gesetzt (Eisele und ifaa 2023b). Die eingesetzten Energiemengen (Input) werden dabei in äquivalente CO_2-Emissionen umgerechnet. Die Kennzahl sagt aus, welche Wertschöpfung durch die Emission von einem Kilogramm CO_2 erreicht wurde. Basis für die Ermittlung der CO_2-Produktivität kann eine CO_2-Bilanz sein, wie sie die Abb. 4.31 zeigt.

4.9 Arbeitshilfen

Zur Unterstützung bei der Erfüllung der Aufgaben eines Nachhaltigkeitsmanagements hat das ifaa – Institut für angewandte Arbeitswissenschaft e. V. eine „Arbeitshilfe Nachhaltigkeitsmanagement" erstellt (Eisele und ifaa 2021). Diese besteht aus verschiedenen

CO_2-Emission der Wertschöpfung in kg CO_2e	Wirtschaftliche Brutto-Wertschöpfung in Euro
CO_2-Emissionen durch:	+ Gesamtumsatz
+ stationäre Anlagen	+ Bestandserhöhung Produkte
+ mobile Anlagen und Fahrzeuge	– Bestandsreduzierung Produkte
+ flüchtige Gase	+ Wert selbsterstellter Anlagen
+ Arbeitsprozesse	– Kosten für Materialverbrauch
+ Strom	– Kosten für Handelsware
+ Wärme/Kälte	– Kosten für externe Lohnarbeiten
+ Dampf	– sonstige Vorleistungen

Abb. 4.31 CO_2-Bilanz (Eisele und ifaa 2023b)

Formularen und Checklisten für die sechs Aufgaben des Nachhaltigkeitsmanagements. Die jeweils aktuelle Version ist als kostenfreies Zusatzmaterial zu diesem Handbuch verfügbar unter:

https://www.arbeitswissenschaft.net/angebote-produkte/checklistenhandlungshilfen/ue-hh-nachhaltigkeitsmanagement

Durch die Arbeitshilfe werden die Anwender von der Initiierung eines Nachhaltigkeitsmanagements bis zur kontinuierlichen Verbesserung der Nachhaltigkeit im Tagesgeschäft unterstützt. Die Checklisten, Formulare und Beispiele sollen Hilfestellung und Anregungen geben. Sie müssen nicht vollumfänglich angewendet und eingehalten werden. Eine individuelle Anpassung und Optimierung für eigene Zwecke sind ausdrücklich gewünscht. Die Arbeitshilfen sind bewusst einfach gehalten, um auch eine Anwendung in KMU mit begrenzten Ressourcen zu ermöglichen.

Vom ifaa wurde zudem ein Leitfaden (Eisele und ifaa 2024a) sowie eine Arbeitshilfe (Eisele und ifaa 2024b) zur Durchführung einer Wesentlichkeitsanalyse erstellt. Der Leitfaden und die Arbeitshilfe zur Wesentlichkeitsanalyse können in der jeweils aktuellen Version ebenfalls als Zusatzmaterial zu diesem Handbuch bezogen werden unter:

https://www.arbeitswissenschaft.net/angebote-produkte/broschueren/ue-bro-wesentlichkeitsanalyse

Die verfügbaren Checklisten und Formulare der Arbeitshilfe zum Nachhaltigkeitsmanagement (Eisele und ifaa 2021) werden im Folgenden kurz beschrieben.

4.9.1 Arbeitshilfen zur Initiierung

Projektplan Nachhaltigkeitsmanagement

Der Projektplan Nachhaltigkeitsmanagement unterstützt bei der systematischen Einführung und Umsetzung eines Nachhaltigkeitsmanagements in Unternehmen. Er enthält sechs Aufgaben mit kurzer Beschreibung des Aufgabeninhalts. Für die Aufgaben können Zuständigkeiten und Termine eingetragen werden.

Checkliste Reifegrad Nachhaltigkeitsmanagement

Mit der Checkliste lässt sich ein schneller Überblick über den aktuellen Reifegrad eines Nachhaltigkeitsmanagements sowie zu dessen Optimierungsbedarf schaffen. Die Checkliste kann vor der Einführung eines Nachhaltigkeitsmanagements sowie danach wiederkehrend zur Selbstreflexion und Positionsbestimmung genutzt werden.

4.9.2 Arbeitshilfen zur Analyse

Formular Unternehmenstypologie

Für die erfolgreiche Gestaltung eines Nachhaltigkeitsmanagements sind Kenntnisse über die individuellen Rahmenbedingungen eines Unternehmens (Unternehmenstypologie)

wichtig. Das Formular kann zur Analyse und Beschreibung der Unternehmenstypologie benutzt werden.

Formular Organisation und Management
Für die zielgerichtete Gestaltung eines Nachhaltigkeitsmanagements sind Kenntnisse über die aktuellen Eigenschaften der Aufbau- und Ablauforganisation des Unternehmens erforderlich. Das Formular kann zur einfachen Erfassung und Analyse dieser charakteristischen Eigenschaften verwendet werden.

Formulare Prozesslandschaft
In einem Unternehmen lassen sich Kernprozesse, Unterstützungsprozesse und Managementprozesse unterscheiden. Mithilfe von drei Formularen kann die vorhandene Prozesslandschaft in einem Unternehmen erfasst werden.

Formular Visualisierung Prozesslandschaft
Zur transparenten und übersichtlichen Darstellung der Unternehmensprozesse bietet sich eine Visualisierung der wesentlichen Management-, Unterstützungs- und Kernprozesse an, die mit dem Formular unterstützt wird.

Formulare Nachhaltigkeitssituation
Zur Bewertung der aktuellen Nachhaltigkeitssituation und vorhandener Potenziale sind Daten zu den Nachhaltigkeitsdimensionen Wirtschaft, Umwelt, Soziales und Technik erforderlich. Mit dem Formular lassen sich wichtige Kennzahlen in diesen vier Nachhaltigkeitsdimensionen übersichtlich erfassen und damit die Nachhaltigkeitssituation beschreiben.

4.9.3 Arbeitshilfen zur Zielbildung

Checkliste Trends und Zukunftsszenarien
Nachhaltigkeit steht für ein Handeln, das auf eine positive Zukunftsperspektive und langfristigen Erfolg ausgelegt ist. Eine langfristige Zielbildung setzt Annahmen über zukünftige Entwicklungen (Trends) in den Bereichen Umwelt, Technik, Wirtschaft, Soziales und deren Einfluss auf das eigene Unternehmen voraus. Mit der Checkliste können wesentliche Trends erfasst und bewertet werden.

Checklisten Stärken und Schwächen
Für die Definition realistischer Ziele und Planung erfolgreicher Strategien und Maßnahmen zur Verbesserung des nachhaltigen Unternehmenserfolgs sollten sich Unternehmen zunächst ihrer aktuellen Stärken und Schwächen bewusst sein. Diese können im Bereich von Organisation und Prozessen, bei Produkten und Anlagen sowie Gebäuden und sonstigen Unternehmenseigenschaften mit den Checklisten identifiziert werden.

Checkliste Risikosituation

Risiken für Unternehmen können je nach Geschäftsmodellen, Produkten, Standort sowie realisierter Betriebs- und Arbeitsorganisation sehr unterschiedlich sein. Die Risikosituation ist deshalb immer individuell, betriebsspezifisch zu analysieren und zu bewerten. Die Checkliste erlaubt eine einfache und übersichtliche Bewertung der wesentlichen Risikoarten für ein Unternehmen.

Formular SWOT-Profil

Mit dem Formular zum SWOT-Profil können die wichtigsten Stärken, Schwächen, Chancen und Risiken eines Unternehmens übersichtlich auf einer Seite dargestellt werden.

Checkliste Leitbild

Ein Leitbild beschreibt den Zweck der Unternehmenstätigkeit und die über einen längeren Zeithorizont gültigen, allgemeinen Zielsetzungen und Unternehmensgrundsätze. Das Leitbild sollte verbindliche, gleichwertige Aussagen zu den Nachhaltigkeitsaspekten Umwelt, Wirtschaft, Soziales und Technik enthalten und den Zweck einer „Leitplanke" für alle Akteure erfüllen. Die Checkliste hilft bei der Formulierung und Prüfung dieser Anforderungen.

Formular Nachhaltigkeitsziele

Mit dem Formular Nachhaltigkeitsziele können die wichtigsten Ziele des Unternehmens hinsichtlich Wirtschaft, Umwelt, Soziales und Technik als ausgewogene und gleichberechtigte Übersicht dargestellt werden.

4.9.4 Arbeitshilfen zur Planung

Checkliste Nachhaltigkeitsorganisation

Zur Sicherstellung einer kontinuierlichen Verbesserung der Nachhaltigkeit und Realisierung der Nachhaltigkeitsziele ist eine Betriebs- und Arbeitsorganisation erforderlich, die dieses sicherstellt. Die Anforderungen hierzu können mit der Checkliste überprüft werden und die Ergebnisse in die Planung von organisatorischen Maßnahmen einfließen.

Checkliste Methoden

Zur Verbesserung der Nachhaltigkeit von Produkten, Prozessen, Anlagen und Gebäuden können verschiedene bewährte Methoden als Standard definiert und eingesetzt werden. Mithilfe der Checkliste wird die Auswahl von Methoden zur Planung und Umsetzung von Aktivitäten im Nachhaltigkeitsmanagement unterstützt.

Checkliste Managementhandbuch

Zur Unterstützung der internen und externen Information und Kommunikation, ist die Erstellung eines Managementhandbuchs zu empfehlen. Dies gilt auch, wenn keine

Anforderungen durch eine Zertifizierung vorhanden sind. Die Checkliste hilft bei der Planung, Erstellung und Prüfung eines Managementhandbuchs.

4.9.5 Arbeitshilfen zur Umsetzung

Formular Zuständigkeitsmatrix
Zur erfolgreichen Umsetzung von Maßnahmen ist eine eindeutige Zuordnung von Zuständigkeiten und Verantwortung erforderlich. Dies kann durch eine Zuständigkeitsmatrix erfolgen. In dieser werden Entscheidungsbefugnisse, Verantwortlichkeiten sowie Mitwirkungs- und Informationspflichten festgelegt. Das Formular unterstützt bei der Festlegung und Dokumentation von Zuständigkeiten im Unternehmen.

Formular Zielvereinbarung
Mit einer Zielvereinbarung können die Nachhaltigkeitsziele für Bereiche, Abteilungen und Mitarbeiter konkretisiert werden. Hierdurch werden alle Bereiche und Mitarbeiter in die Umsetzung von Zielen eingebunden. Mithilfe des Formulars können die vereinbarten Ziele sowie die Zielerreichung von Führungskräften und Beschäftigten dokumentiert werden.

Formular Maßnahmenplan
Mit einem Maßnahmenplan können in allen Bereichen und auf allen Ebenen konkrete Ideen zur Umsetzung und Verbesserung der Nachhaltigkeit gesammelt, geprüft, bewertet und der Umsetzungsgrad verfolgt werden.

Formular Verbesserungsmaßnahme
Das „Formular Verbesserungsmaßnahme" dient zur Beschreibung von einzelnen Verbesserungsmaßnahmen und unterstützt die Entscheidung zur Durchführung von Maßnahmen.

4.9.6 Arbeitshilfen zum Controlling

Checkliste Erfolgskontrolle
Zur Sicherstellung einer Nachhaltigkeitsverbesserung ist eine Erfolgskontrolle von vereinbarten Zielen und Maßnahmen erforderlich. Für eine möglichst effiziente und wirksame Erfolgskontrolle sollten einige Punkte beachtet werden. Diese können mit der Checkliste überprüft werden.

Formular Ergebnisdokumentation
Für die interne und externe Kommunikation sowie Motivation sollten erfolgreiche Ergebnisse von Verbesserungsmaßnahmen dokumentiert werden. Hierzu kann beispielsweise das Formular zur Erfassung realisierter Ressourceneinsparungen verwendet werden.

Formular Ergebnisvisualisierung
Für die interne und externe Kommunikation sowie Motivation sollten auch die Ergebnisse von Verbesserungsmaßnahmen dargestellt werden. Durch eine einfache Visualisierung lassen sich die Einsparungen im Zeitablauf (absolut oder kumuliert) übersichtlich darstellen.

Formular Nachhaltigkeitsaudit
Zur Überprüfung der Wirksamkeit des Nachhaltigkeitsmanagements können Audits auf Bereichsebene durchgeführt werden. Hierbei werden Berücksichtigung und Wirksamkeit von Prinzipien, Methoden und Standards der Organisation zur Nachhaltigkeitsverbesserung überprüft. Das Formular bietet eine einfache Vorlage für einen Auditbogen.

Formular Managementboard Nachhaltigkeit
Zur Überwachung und Steuerung des Nachhaltigkeitsmanagements bietet sich ein strukturiertes Managementboard an, das alle Nachhaltigkeitsaspekte sowie wichtige bereichsspezifische Informationen enthält. Das Formular dient der Definition von Inhalten eines Managementboards.

Literatur

Bühner R (1997) Personalmanagement. Verlag moderne Industrie, Landsberg

Conrad RW, Eisele O, Lennings F (2019) Shopfloor-Management – Potenziale mit einfachen Mitteln erschließen. Springer, Berlin Heidelberg

Destatis – Statistisches Bundesamt (2023) Statistisches Unternehmensregister. Rechtliche Einheiten und abhängig Beschäftigte nach Beschäftigungsgrößenklassen und Wirtschaftsabschnitten im Berichtsjahr 2022. https://www.destatis.de/DE/Themen/Branchen-Unternehmen/Unternehmen/Unternehmensregister/Tabellen/unternehmen-beschaeftigtengroessenklassen-wz08.html. Zugegriffen: 16. Jan. 2024

Ecovadis (2024) Ecovadis Ratings Methodology Overview and Principles. https://resources.ecovadis.com/ecovadis-solution-materials/ecovadis-ratings-methodology-overview-and-principles-2022-neutral. Zugegriffen: 29. Jan. 2024

Eisele O, ifaa (Hrsg) (2024a) Wesentlichkeitsanalyse. Leitfaden zur praktischen Durchführung in Unternehmen. Abgerufen am 08.04.2024 unter: https://www.arbeitswissenschaft.net/angebote-produkte/broschueren/ue-bro-wesentlichkeitsanalyse. Zugegriffen: 8. Apr. 2024

Eisele O, ifaa (Hrsg) (2024b) Arbeitshilfe zur Wesentlichkeitsanalyse. https://www.arbeitswissenschaft.net/angebote-produkte/broschueren/ue-bro-wesentlichkeitsanalyse. Zugegriffen: 8. Apr. 2024

Eisele O, Conrad R W (2022a) Gute Führung – Grundlagen und Verbesserung von Führung mit Ansätzen aus dem Lean Leadership. Leistung & Entgelt 2:6–45

Eisele O, Conrad R W (2022b) Durch Shopfloor-Management Nachhaltigkeit vorantreiben – Wie Unternehmen Elemente des Lean Managements nutzen können. Werkwandel 02(2022):39–41

Eisele O, Harlacher M, Lennings F (2023a). Bedarfsgerechte Auswahl und Einführung von KI-Anwendungen. In Stowasser, S (Hrsg) Künstliche Intelligenz (KI) und Arbeit. ifaa-Edition. Springer Vieweg, Berlin, Heidelberg. https://doi.org/10.1007/978-3-662-67912-8_6

Eisele O, Lennings F, ifaa (Hrsg) (2023b) CO2-Bilanzierung – Eine Bestandsaufnahme der aktuellen Situation in der Unternehmenspraxis. https://www.arbeitswissenschaft.net/co2-bilanzierung. Zugegriffen: 25. Jan. 2024

Eisele O, ifaa (Hrsg) (2021) Arbeitshilfe Nachhaltigkeitsmanagement. https://www.arbeitswissenschaft.net/arbeitshilfe-nachhaltigkeit. Zugegriffen: 25. Jan. 2024

Eisele O, ifaa (Hrsg) (2020b) Lean Information Management (LIM) – Schlanke Gestaltung von Information und Kommunikation. www.arbeitswissenschaft.net/zdf-lim. Zugegriffen: 25. Jan. 2024

Eisele O, ifaa (Hrsg) (2023a) Arbeitshilfen zum KI-Projektmanagement. Hilfsmittel zur bedarfsgerechten Auswahl und Einführung von KI-Anwendungen in Unternehmen. https://www.arbeitswissenschaft.net/angebote-produkte/checklistenhandlungshilfen/ue-che-ah-ki-pm. Zugegriffen: 25. Jan. 2024

Eisele O, ifaa (Hrsg) (2023b) Nachhaltiges Produktivitätsmanagement. Mehr Klimaschutz und Wohlstand. www.arbeitswissenschaft.net/zdf-nachhaltiges-produktivitaetsmanagement. Zugegriffen: 25. Jan. 2024

Eisele O, ifaa (Hrsg) (2024c) CHECKLISTE zur Gestaltung der Nachhaltigkeit von Unternehmen. https://www.arbeitswissenschaft.net/angebote-produkte/checklistenhandlungshilfen/ue-che-nachhaltigkeit. Zugegriffen: 04. Sep. 2024

EU (2023) DELEGIERTE VERORDNUNG (EU) 2023/2772 DER KOMMISSION vom 31. Juli 2023 zur Ergänzung der Richtlinie 2013/34/EU des Europäischen Parlaments und des Rates durch Standards für die Nachhaltigkeitsberichterstattung

EU (2022) RICHTLINIE (EU) 2022/2464 DES EUROPÄISCHEN PARLAMENTS UND DES RATES vom 14. Dezember 2022 zur Änderung der Verordnung (EU) Nr. 537/2014 und der Richtlinien 2004/109/EG, 2006/43/EG und 2013/34/EU hinsichtlich der Nachhaltigkeitsberichterstattung von Unternehmen

GRI – Global Reporting Initiative (Hrsg) (2024) Die globalen Standards für die Nachhaltigkeitsberichterstattung. https://www.globalreporting.org/how-to-use-the-gri-standards/gri-standards-german-translations/. Zugegriffen: 8. Apr. 2024

GRI – Global Reporting Initiative (Hrsg) (2018) GRI Standards. GRI 101: GRUNDLAGEN. Stand 2016. ISBN: 978–90–8866–095–5

Jeske T, Eisele O, Würfels M, ifaa (Hrsg) (2021) Produktivität steigern: Erfolgreich mit Digitalisierung und Produktivitätsmanagement 4.0. ifaa, Düsseldorf. https://www.arbeitswissenschaft.net/angebote-produkte/broschueren/ue-bro-produktivitaet-steigern-2021. Zugegriffen: 25. Jan. 2024

REFA – Verband für Arbeitsstudien und Betriebsorganisation e. V. (1991) Methodenlehre der Betriebsorganisation. Carl Hanser Verlag, München, Grundlagen der Arbeitsgestaltung, S 1991

REFA-Bundesverband e. V. (2015) Industrial Engineering – Standardmethoden zur Produktivitätssteigerung und Prozessoptimierung, 2. Aufl. Hanser, Darmstadt

UBA – Umweltbundesamt (1997). Betriebliche Umweltkennzahlen. https://www.umweltbundesamt.de/sites/default/files/medien/419/publikationen/leitfaden_betriebliche_umweltkennzahlen.pdf. Zugegriffen: 12. Apr. 2024

Van Hall M, Kirchesch P, Eisele O (2022) Wie ein Industrieunternehmen zu einem Nachhaltigkeitszielbild kommt – Einblick in das methodische Vorgehen der thyssenkrupp Rasselstein GmbH. In: Werkwandel 02/2022, S 20–24

WRI & WBCSD – World Resources Institute and World Business Council for Sustainable Development (Hrsg) (2004) The Greenhouse Gas Protocol. A Corporate Accounting and Reporting Standard. ISBN 1–56973–568–9

Gestaltung von Nachhaltigkeit

5

Bausteine für die Gestaltung und Verbesserung der Nachhaltigkeit von Unternehmen

Olaf Eisele

5.1 Bausteine zur Gestaltung von Nachhaltigkeit

Die Nachhaltigkeit von Unternehmen wird durch die Gestaltung folgender Bausteine bestimmt:

1. Mission und Grundsätze,
2. Ziele und Kennzahlen,
3. Strategien und Maßnahmen,
4. Organisation und Prozesse,
5. Produkte und Dienstleistungen,
6. Anlagen und Gebäude.

Diese sechs Bausteine sind relevant für die ganzheitliche Gestaltung und Verbesserung der Nachhaltigkeit von Unternehmen im Rahmen eines Nachhaltigkeitsmanagements (Abb. 5.1). Die ersten drei Bausteine können dem Management (Governance) zugeordnet werden. Sie bilden die Grundlage für die Gestaltung der drei weiteren Bausteine, welche den operativen Betrieb des Unternehmens (Operations) betreffen.

Ergänzende Information Die elektronische Version dieses Kapitels enthält Zusatzmaterial, auf das über folgenden Link zugegriffen werden kann https://doi.org/10.1007/978-3-662-69573-9_5.

O. Eisele (✉)
Fachbereich Unternehmensexzellenz, ifaa – Institut für angewandte Arbeitswissenschaft e.V., Düsseldorf, Deutschland
E-Mail: o.eisele@ifaa-mail.de

Nachhaltigkeitsmanagement – Handbuch für die Unternehmenspraxis, ifaa-Edition
https://doi.org/10.1007/978-3-662-69573-9_5

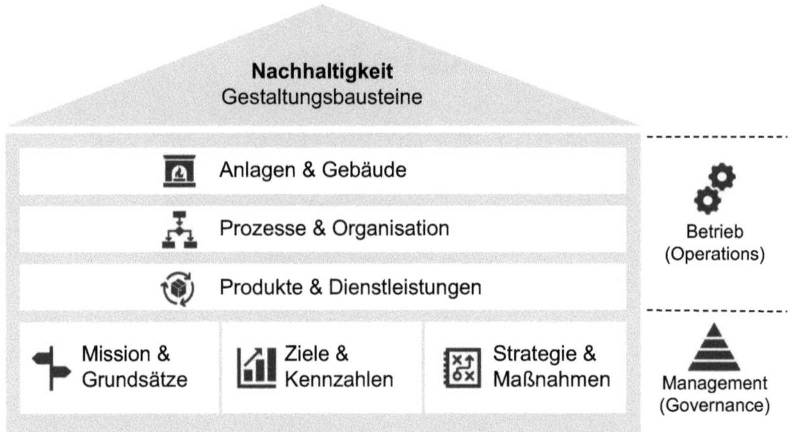

Abb. 5.1 Bausteine zur Gestaltung und Verbesserung der Nachhaltigkeit

Um die Nachhaltigkeit in den aufgeführten Bausteinen zu gestalten und zu verbessern sind zunächst Kriterien zu definieren, mit denen die aktuelle Situation bewertet und Verbesserungspotenziale geprüft werden. Nach einer erfolgreichen Neu- oder Umgestaltung ist der neue Zustand als Ausgangsbasis für weitere Verbesserungen zu standardisieren. Standards sind aber auch für den Gestaltungs- und Verbesserungsprozess der Bausteine selbst von Bedeutung. Sie geben den Ausführenden Orientierung und fördern die Effizienz der Arbeit. Durch Vereinheitlichung der Gestaltungsregeln und Arbeitsweise werden zufällige und nicht reproduzierbare Einflüsse auf Gestaltungs- und Arbeitsergebnisse reduziert. Dadurch ermöglichen Standards, die Wirkung von Maßnahmen zuverlässig zu beurteilen und Entscheidungen zu objektivieren. Damit Standards hilfreich sind, müssen sie die individuellen Merkmale und Anforderungen sowie die jeweils aktuelle Situation in Unternehmen berücksichtigen. Die unternehmensspezifischen Standards werden in der Praxis durch ein Managementhandbuch, Richtlinien oder Arbeitsanweisungen dokumentiert (Abschn. 6.3). Konkrete Beispiele für die Gestaltung der in diesem Kapitel beschriebenen Gestaltungsbausteine sind in Kap. 7 dargestellt.

5.2 Mission und Grundsätze

5.2.1 Gestaltungsgrundlagen

Unternehmen agieren erfolgreich, wenn sie eine klare Orientierung (Mission, Grundsätze, Ziele) haben, alle Unternehmensbereiche einheitlich und konsequent auf Unternehmensziele ausgerichtet sind und jeder betriebliche Akteur seinen Beitrag zu den definierten Zielen kennt (REFA 2016). Eine langfristige Orientierung und allgemeine Leitplanken für das Denken und Handeln können in Form einer Mission ergänzt um Grundsätze des Unternehmens bereitgestellt werden. Diese werden durch dazu konforme

Ziele und Zielgrößen (Kennzahlen) mit Zielterminen (kurz-, mittel-, langfristig) konkretisiert. Mission, Grundsätze, Ziele und Kennzahlen bilden zusammen den Gestaltungs- und Handlungsrahmen für alle Strategien, Maßnahmen und Aktivitäten des Unternehmens (Abb. 5.2).

Die Entwicklung und Formulierung einer Mission und wichtiger Grundsätze ist der erste Schritt zu einem Nachhaltigkeitsmanagement. Darin sollten langfristig gültige und im Unternehmen akzeptierte Aussagen zum Zweck der Unternehmenstätigkeit, dem Verständnis von Nachhaltigkeit sowie grundlegende Werte und Ziele des Unternehmens beschrieben sein. Mit der Mission und den Grundsätzen soll dem Denken und Handeln von Führungskräften und Beschäftigen im Unternehmen eine einheitliche Richtung gegeben, die Kräfte gebündelt und Aktivitäten in verschiedenen Bereichen koordiniert werden.

5.2.2 Gestaltungskriterien

Die über einen längeren Zeithorizont gültigen, allgemeinen Ziele und Grundsätze eines Unternehmens sollten gleichwertige Aussagen zu den Nachhaltigkeitsaspekten Umwelt, Wirtschaft, Soziales und Technik enthalten. Mit ihnen sollten folgende Fragen beantworten werden:

- Was ist der Zweck des Unternehmens?
- Welchen Mehrwert hat das Unternehmen für interne und externe Anspruchsgruppen?

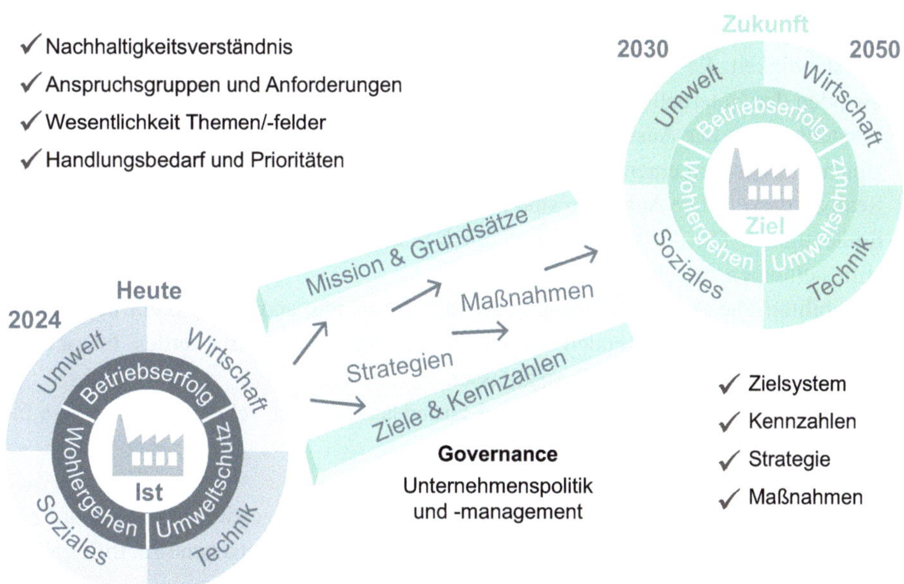

Abb. 5.2 Leitplanken für das Nachhaltigkeitsmanagement

- Was versteht das Unternehmen unter Nachhaltigkeit?
- Was wird langfristig angestrebt?
- Welche Werte sind für das Unternehmen besonders wichtig?
- Was soll das Denken und Handeln im Unternehmen leiten?
- Welche Prinzipien sollen eingehalten werden?

Die Mission und Grundsätze bilden die Bewertungsgrundlage für alle anderen Gestaltungsbausteine. In einem freien und unabhängigen Unternehmen können sie von betrieblichen Akteuren selbst definiert werden. Werden sie von externen Stellen vorgeschrieben, so handelt es sich um eine unselbständige Organisation. Mit dem Detaillierungsgrad von externen Vorgaben steigt der Grad der Unselbständigkeit. Definieren beispielsweise Regierungsvertreter den Zweck, die Grundsätze und Ziele einer Organisation, so handelt es ich um Staatsbetriebe oder staatsgelenkte Betriebe.

Ob Mission und Grundsätze eines Unternehmens nachhaltig sind, zeigt sich in ihrem langfristigen Bestand und dem langfristigen Unternehmensergebnis. Mission und Grundsätze sind dann nachhaltig, wenn sie dauerhaft die Existenz und den Erfolg des Unternehmens sichern. Die Mission und die Grundsätze einer Organisation werden von Menschen definiert. Diese haben persönliche Interessen, Ideen, Werte- und Zukunftsvorstellungen, von denen sie glauben, dass diese richtig sind und zu einer positiven Entwicklung führen. Interessen, Werte, Glaube und Meinungen der Menschen sind nicht gleich, sondern divers. Die konkreten Inhalte von Mission und Grundsätzen sind deshalb nicht neutral oder objektiv bewertbar. Bewertet werden kann jedoch, ob Mission und Grundsätze zur Erfüllung ihres unternehmerischen Zwecks geeignet sind. In Anlehnung an Kotter lässt sich dies anhand folgender Kriterien prüfen und bewerten (Kotter 2011):

1. Vollständigkeit: Es existieren Aussagen zu allen wesentlichen Zielen und Leistungsaspekten der Unternehmenstätigkeit (Wirtschaft, Umwelt, Soziales, Technik).
2. Vorstellbarkeit: Die Aussagen liefern eine klare Vorstellung über den Zweck, die Prinzipien sowie allgemeinen Ziele des Unternehmens.
3. Realisierbarkeit: Die Aussagen sind praxisrelevant und anwendbar.
4. Eindeutigkeit: Die Aussagen sind deutlich genug, um bei wichtigen Entscheidungen Hilfestellungen zu geben.
5. Flexibilität: Die Aussagen sind allgemeingültig genug, sodass sie nicht bei vorübergehenden oder schwankenden Rahmenbedingungen verändert werden müssen und notwendige Reaktionen auf diese zulassen.
6. Kommunizierbarkeit: Die Mission und Grundsätze können schnell erklärt sowie einfach vermittelt und kommuniziert werden.

Eine subjektive Bewertung hinsichtlich dieser Kriterien ist beispielsweise möglich auf einer Skala mit den Antworten trifft nicht zu, trifft eher nicht zu, trifft weitgehend zu, trifft voll zu.

5.2.3 Gestaltungsstandards

Zweck von Standards ist es, häufig vorkommende oder sich mehrfach wiederholende Dinge zu harmonisieren. Für die Gestaltung der Mission und Grundsätze macht die Vorgabe von internen Standards im Unternehmen wenig Sinn. Sie sollen per Definition langfristig gültig sein und Stabilität geben. Sie werden deshalb nur selten und in großen Zeitabständen oder bei gravierenden, langfristig gültigen Änderungen der Rahmenbedingungen neu entwickelt oder verändert. Sie werden zudem nur einmal für das gesamte Unternehmen erstellt.

Von verschiedenen Organisationen und Initiativen wurden Gestaltungsstandards für Inhalte von Missionen, Grundsätzen sowie Zielen zur Nachhaltigkeit definiert (z. B. UN, UNGC, DNK). Durch schriftliche Willenserklärung kann man diese anerkennen und im eigenen Unternehmen anwenden. Zweck dieser Standards ist es, die Mission der standardsetzenden Organisation zu erfüllen. Diese liegt darin, die eigenen Interessen, Ideen, Werte und Zukunftsvorstellungen in möglichst vielen anderen Organisationen zu verbreiten. Unternehmen übernehmen teilweise solche externen Standards und verweisen in Nachhaltigkeitsberichten und Unternehmensdarstellungen auf diese. Die Gründe hierfür können unterschiedlich sein. Die externen Standards können die eigenen Vorstellungen 1:1 abbilden. Durch die Übernahme von externen Standards können zudem die eigene Entwicklung und Formulierung von Aussagen, Grundsätzen und Zielen gespart werden. Zudem lässt sich das Risiko von Meinungsverschiedenheiten und Kritik durch externe Interessengruppen sowie Öffentlichkeit reduzieren, da die externen Standards bereits verbreitet sind. Nachteilig können hingegen die fehlende Differenzierung zu Wettbewerbern und eine fehlende Identifizierung im eigenen Unternehmen sein.

5.3 Ziele und Kennzahlen

5.3.1 Gestaltungsgrundlagen

Damit Ziele und Kennzahlen akzeptiert werden, sollten sie einen direkten Bezug zu den betroffenen Menschen und ihrer täglichen Arbeit haben. Zur einheitlichen Ausrichtung aller Bereiche und Beschäftigten auf die übergeordneten Ziele des Unternehmens sind Ziele und Kennzahlen, in einer Hierarchie logisch miteinander zu verbinden.

Der Zweck betrieblicher Ziele und Kennzahlen ist die Planung, Steuerung und Überwachung eines Unternehmens und seiner Leistungserstellungsprozesse. Die Ziele und Kennzahlen müssen dafür so gewählt werden, dass sie eine effiziente Kommunikation und kontinuierliche Verbesserung im Sinne der Unternehmensziele unterstützen. Sie dienen als gemeinsame Kommunikationsbasis über Ist- und Soll-Zustände, zeigen Handlungsbedarfe auf und ermöglichen die Erfolgskontrolle eingeleiteter

Verbesserungsmaßnahmen. Folgende Fragen verdeutlichen diese Funktionen von Zielen und Kennzahlen (Conrad et al. 2019):

- Gemeinsame Kommunikationsbasis: Worüber reden wir?
- Ist-Zustand erfassen: Wo stehen wir?
- Soll-Zustand und Ziele darstellen: Wo wollen wir hin?
- Handlungsbedarfe erkennen: Wo müssen wir verbessern?
- Maßnahmen ableiten: Was müssen wir tun?
- Erfolgskontrolle: Waren wir erfolgreich?

5.3.2 Gestaltungskriterien

Zur Existenzsicherung ist die Wirtschaftlichkeit eines Unternehmens von entscheidender Bedeutung. Nach Taiichi Ohno ist die Erhöhung der Wirtschaftlichkeit durch konsequente Beseitigung jeglicher Verschwendung das wichtigste Ziel des Toyota-Produktionssystems (Ohno 1993). Im Hinblick auf Wirtschaftlichkeit sind in privatwirtschaftlichen Unternehmen Mindestziele (Liquidität, Rentabilität, Produktivität) zum Überleben der Organisation zu erreichen und über entsprechende Kennzahlen die Zielerreichung zu überwachen und zu steuern. Gemäß dem Nachhaltigkeitsverständnis dieses Handbuchs sind die wirtschaftlichen Ziele durch gleichrangige Umwelt-, Sozial- und Technikziele zu erweitern.

Maßnahmen zur Zielerreichung können auf verschiedene Ziele gegenläufig wirken. Man spricht deshalb zum Beispiel von dem „magischen Dreieck" der Zielgrößen Qualität, Kosten und Lieferzeit. Für die Zieldimensionen der Nachhaltigkeit gilt dies ebenso. Bei einseitiger Fokussierung auf eine Zieldimension (Wirtschaft, Umwelt, Soziales, Technik) können Aktivitäten forciert werden, die für den ganzheitlichen Unternehmenserfolg nachteilig sind.

Wird die Einkaufsabteilung zum Beispiel nur an den Kosten für beschafftes Material gemessen, werden die Einkaufsmitarbeiter alles daransetzen, möglichst günstiges Material einzukaufen. Wird hierbei nicht auf die Qualität des Materials, Lieferzeiten oder Umwelt- und Sozialstandards des Lieferanten geachtet, kann dies negative Folgen für andere Prozesse und die Nachhaltigkeit des Unternehmens haben. Die Kosten für Produktionsstillstände und Lieferengpässe aufgrund von fehlendem Material, Kosten für Mehr- und Nacharbeit oder Umsatzverluste durch unzufriedene Kunden können um ein Vielfaches höher sein als die Einsparungen im Einkauf.

Deshalb haben sich Systeme aus mehreren Kennzahlen bewährt, welche die wichtigsten Ziele parallel berücksichtigen. In der Literatur wird in diesem Zusammenhang auch von Balanced Scorecards (BSC) gesprochen. Überträgt man dies auf eine parallele Berücksichtigung von Zielen in allen Nachhaltigkeitsdimensionen, erhält man eine Sustainability Balanced Scorecard (SBSC). Abb. 5.3 zeigt ein solches Zielsystem.

Fotos: © ty, Smileus, MediaenLab, moodboard/stock.adobe.com

Abb. 5.3 Beispiel für ein nachhaltiges Zielsystem

Zur Auswahl und Bewertung einzelner Kennzahlen lassen sich fünf Kriterien verwenden, deren Anfangsbuchstaben das Wort „ZIELE" ergeben (Conrad et al. 2019):

Zielkonformität: Zusammenhang mit wesentlichen Unternehmenszielen,
In time: in angemessener Zeit verfügbar und aktuell,
Eindeutigkeit: klare Definition, Aussage, Darstellung und Verwendung,
Leistungsabhängigkeit: leistungsbeeinflussbar durch Betroffene,
Einfachheit: mit geringem Aufwand ermittelbar und leicht verständlich.

Bei dem ersten Kriterium ist zu prüfen, ob die Kennzahl mit den Zielen des Unternehmens überhaupt in Verbindung steht und zu diesen konform ist. Die Ermittlung, Auswertung, Visualisierung und Kommunikation von Kennzahlen, die diese Anforderung nicht erfüllen, wäre Verschwendung.

Das zweite Kriterium sichert, dass Kennzahlen zur richtigen Zeit (just in time) bereitgestellt werden. Kennzahlen, die zu spät verfügbar sind, erlauben keine zielorientierte Steuerung. Im ungünstigsten Fall dienen sie nur noch der „Vergangenheitsbewältigung" und führen zu kontraproduktiven Diskussionen oder Schuldzuweisungen.

Damit Kennzahlen nicht unterschiedlich ermittelt, berechnet oder interpretiert werden, müssen sie eindeutig definiert und die verwendeten Datenquellen sowie die Art der Erfassung und Verarbeitung definiert und nachvollziehbar sein. Hierdurch wird vermieden, dass unterschiedliche Zahlen zu Verwirrung oder dem Glaubwürdigkeitsverlust einer Kennzahl führen.

Die Beeinflussbarkeit einer Kennzahl durch die eigene Leistung ist Voraussetzung für die erfolgreiche Nutzung. Kennzahlen, die nicht beeinflussbar sind, können zwar informativ und interessant sein, unterstützen jedoch nicht bei der Steuerung der Zielerreichung. Sie können sogar von den wichtigen und selbst beeinflussbaren Zielen ablenken.

Für eine effiziente Arbeit mit Kennzahlen sollten diese möglichst einfach ermittelt werden können. Für die Anwender sollten Kennzahlen zudem gut verständlich sein. Im Optimalfall lassen sich die Kennzahlen durch die Betroffenen selbst und vor Ort bei der täglichen Arbeit erfassen. Dies fördert die Akzeptanz. Die Arbeit mit Kennzahlen soll vor allem helfen, Abweichungen schnell zu erkennen. Hierzu sind prägnant aufbereitete Zahlen zu verwenden und wenn möglich zu visualisieren.

5.3.3 Gestaltungsstandards

Für die Verbesserung der Nachhaltigkeit existiert eine große Menge möglicher Ziele und Kennzahlen. Wenn in einem Unternehmen hierzu keine Regeln in Form von betrieblichen Standards definiert werden, kann dies zu einer hohen Vielfalt und Komplexität von Zielen und Kennzahlen führen. Unter Umständen sind die in verschiedenen Bereichen und Ebenen eingesetzten Ziele und Kennzahlen uneinheitlich, inkompatibel oder sogar widersprüchlich. Um dies zu vermeiden und das Verhältnis von Aufwand und Nutzen zu verbessern, können betriebsspezifische Standards helfen. Eine betriebliche Richtlinie zu Zielen und Kennzahlen kann beispielsweise Regeln zu folgenden Aspekten enthalten:

- Auswahl: Auflistung von Zielen und Kennzahlen, die im Unternehmen verwendet werden dürfen oder vorrangig zu verwenden sind,
- Definition: Eindeutige Definition von Zielen und Kennzahlen, die zur Auswahl stehen (Begriff, Abkürzung, Erläuterung, Berechnungsvorschrift, Größeneinheit),
- Erfassung: Verfahren, Methoden und Werkzeuge zur Datenermittlung,
- Verwendung: Nutzungsmöglichkeiten und einzuhaltende Regeln der Nutzung (Datenschutz, Datensicherheit, Kommunizierbarkeit, Visualisierungsstandard),
- Aktualisierungszyklus: Definition von minimalen und/oder maximalen Zeitabständen oder festgelegten Terminen für die Erfassung und Aktualisierung,
- Anzahl: Festlegung der minimalen und maximalen Sollmenge von Zielen und Kennzahlen, ggf. abhängig von Ebene und Bereich des Unternehmens.

Zu jeder Nachhaltigkeitsdimension sollte für alle Organisationsbereiche mindestens eine Kennzahl vorhanden sein. Hierdurch werden alle Akteure sensibilisiert, sich nicht einseitig auf einzelne Dimensionen und Teilziele der Nachhaltigkeit zu fokussieren. Um Überinformation, Unübersichtlichkeit sowie mangelnde Konzentration der Aktivitäten auf das Wesentliche zu vermeiden, sollte die Anzahl der Kennzahlen beschränkt werden. Im Zweifelsfall ist zu diskutieren, welchen Nutzen eine zusätzliche Kennzahl tatsächlich bringt bzw. welche Information ohne diese Kennzahl fehlt. Hilfreich kann auch sein, die

Kennzahlen im Zeitablauf zu wechseln und sich zeitabhängig auf unterschiedliche Kennzahlen zu konzentrieren. Je höher die Unternehmensebene, desto umfangreicher wird die Anzahl der zu betrachtenden Kennzahlen.

Eine Orientierungshilfe sowie Beispiele zur Gestaltung von Ziel- und Kennzahlensystemen in der Unternehmenspraxis wurde vom ifaa – Institut für angewandte Arbeitswissenschaft e. V. unter dem Titel „Erfolgsfaktor Kennzahlen“ erstellt. Das Taschenbuch kann als kostenfreies Zusatzmaterial zu diesem Handbuch über die Webseite des ifaa bezogen werden (ifaa 2000):

https://www.arbeitswissenschaft.net/angebote-produkte/buecher/azv-bue-erfolgsfaktor-kennzahlen

5.4 Strategie und Maßnahmen

5.4.1 Gestaltungsgrundlagen

Strategien beschreiben die Art und Weise wie definierte Ziele erreicht werden sollen. Sie geben den prinzipiellen Weg und den Rahmen für Einzelmaßnahmen vor. Eine gute Strategie zeichnet sich dadurch aus, dass mit ihr die Ziele sicher, vollständig und effizient erreicht werden. Ziele können auf unterschiedlichen Wegen erreicht werden. Die Herausforderung liegt darin, den besten Weg auszuwählen. Die Erfolgschancen von Strategien sind von den verfügbaren internen Ressourcen und den Umfeldbedingungen abhängig. Beide können sich im Zeitablauf ändern. Eine Vertriebsstrategie, die in der Vergangenheit erfolgreich war, kann durch gewandelte Kundenbedürfnisse in der Zukunft nicht mehr tragfähig sein. Wenn für eine zu gewandelten Umfeldanforderungen passende Produktstrategie die eigenen Ressourcen (Know-how, Technikausstattung, Investitionsbudget) fehlen, ist sie unter Umständen nicht umsetzbar. Zur Auswahl einer Strategie müssen die Umsetzbarkeit, Chancen, Risiken sowie der Nutzen und Aufwand verschiedener Alternativen unter zeitabhängen Randbedingungen bewertet werden.

Die Gesamtstrategie eines Unternehmens setzt sich aus verschiedenen Teilstrategien zusammen. Zu nennen sind hier beispielsweise:

- Produktstrategie,
- Vertriebsstrategie,
- Einkaufsstrategie,
- Organisationsstrategie,
- Personalstrategie,
- Technologiestrategie,
- Produktionsstrategie,
- Qualitätsstrategie,
- Finanzierungsstrategie,
- Investitionsstrategie.

Bei den Teilstrategien ist darauf zu achten, dass diese sich nicht widersprechen und nicht gegenläufig wirken. Eine Einkaufsstrategie, die ausschließlich auf den Einkaufspreis fokussiert ist, kann beispielsweise eine ausgewählte Qualitäts- und Produktionsstrategie behindern oder sogar unmöglich machen. Eine Technologiestrategie, die auf Innovation und Einsatz neuester Technologien setzt, kann im Widerspruch zu einer Finanzierungs- und Investitionsstrategie stehen, bei der eine kurzfristige Finanzierung und Amortisation gefordert wird. Um solche Widersprüche zu vermeiden, ist ein prozessorientiertes Denken, welches den kundenorientierten Wertschöpfungsprozess und eine dauerhafte Kundenzufriedenheit in den Mittelpunkt stellt, hilfreich. Dies soll ein zu starkes Bereichsdenken verhindern und den Zweck von Teilstrategien und Einzelmaßnahmen auf ein einheitliches Ziel ausrichten.

5.4.2 Gestaltungskriterien

Nachhaltige Unternehmensstrategien zeichnen sich dadurch aus, dass sie den dauerhaften Fortbestand des Unternehmens sicherstellen und dabei wirtschaftliche, umweltbezogene, soziale sowie technische Ziele ausgewogen berücksichtigen. Strategien und Maßnahmen können häufig nicht alle Nachhaltigkeitsdimensionen gleichzeitig verbessern. Wenn sie nur eine Dimension (z. B. Wirtschaftlichkeit) verbessern, sollten sie jedoch zumindest nicht zu einer Verschlechterung der anderen Dimensionen (z. B. Umweltschutz oder Sozialverantwortung) führen. Dieses Prinzip („do not harm") wird auch in der EU-Taxonomie zur Beurteilung der Nachhaltigkeit von Wirtschaftsaktivitäten gefordert.

Als Kriterien zur Prüfung und Bewertung von Strategien und Maßnahmen lassen sich nennen:

- Nachhaltigkeit: Ist die Konformität zu definierten Nachhaltigkeitszielen gegeben?
- Aktualität: Sind die zugrunde liegenden Annahmen noch zeitgemäß und gültig?
- Umsetzbarkeit: Ist eine praktische Umsetzung mit den verfügbaren Ressourcen machbar?
- Sicherheit: Sind die Erfolgswahrscheinlichkeit und Risiken akzeptabel?
- Effizienz: Sind die Anforderungen an Kosten-Nutzen-Verhältnis und Umsetzungsdauer erfüllt?
- Widerspruchsfreiheit: Ist die Kompatibilität mit anderen Aktivitäten im Unternehmen gegeben?

Für die Verbesserung der Nachhaltigkeit ist zunächst eine Entscheidung über die grundsätzliche Vorgehensweise im Unternehmen zu treffen. In der Praxis lassen sich drei Typen von Strategien zur Nachhaltigkeitsverbesserung beobachten (Abb. 5.4). Die Auswahl des Strategietyps hat Auswirkung auf den Umfang von Aktivitäten und den erreichbaren Verbesserungsgrad.

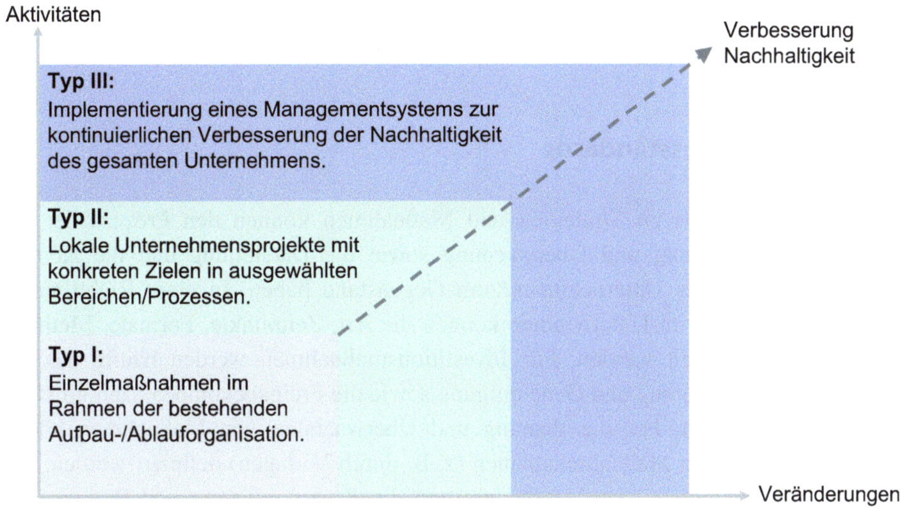

Abb. 5.4 Strategietypen zur Nachhaltigkeitsverbesserung

Für die Umsetzung von Maßnahmen im Rahmen aller Strategietypen kommen grundsätzlich drei Optimierungsansätze (3R) in Frage (Abschn. 4.6):

1. **R**essourcenreduzierung: Verschwendung vermeiden,
2. **R**essourcentausch: Austausch von kritischen durch unkritische Ressourcen,
3. **R**eengineering: Neugestaltung Prozesse und Technik.

Der erste Ansatz zielt darauf ab, Verschwendungen bei dem Einsatz von Ressourcen zu reduzieren. Eine Ressourcenverschwendung findet immer dann statt, wenn hierdurch keine zusätzliche Wertschöpfung erzielt wird. Bei dem zweiten Ansatz werden aktuell eingesetzte Ressourcen durch andere ersetzt. Durch den Ressourcentausch sollen nachteilige Eigenschaften der ersetzten Ressource (z. B. Gesundheitsgefährdung, hohe Kosten oder Emissionen) eliminiert oder reduziert werden. Der dritte Ansatz steht für die komplette Neugestaltung von Prozessen und der eingesetzten Technik. Jeder Ansatz und jede Maßnahme, die zu einer Verbesserung der Nachhaltigkeit in einer Nachhaltigkeitsdimension führt, ohne die anderen zu verschlechtern ist zielführend. Wichtig ist jedoch auch, dass der Nutzen der Maßnahmen den Aufwand überwiegt. Kosten und Nutzen sollten immer in einem akzeptierten Verhältnis stehen. Obwohl der Ansatz von technischen Innovationen häufig reizvoll und vorteilhaft scheint, sollten Unternehmen nicht nur diesem Ansatz folgen. Innovationen mit revolutionären Verbesserungen werden in der Praxis nur selten schnell und flächendeckend umgesetzt und sind häufig mit hohem Initialaufwand (Zeit, Geld) verbunden. Die Erfahrungen aus dem Toyota-Produktionssystem haben gezeigt, dass der Ansatz einer kontinuierlichen Reduzierung von Verschwendungen mit vielen kleinen Maßnahmen ebenfalls große Erfolge bringen kann.

Unternehmen sollten stets alle drei Ansätze (3R) zur Nachhaltigkeitsverbesserung in Betracht ziehen und alle Chancen nutzen, die sich daraus ergeben.

5.4.3 Gestaltungsstandards

Betriebliche Standards zu Strategien und Maßnahmen können den Prozess der Entwicklung, Genehmigung und Überwachung sowie die Darstellung und die Kommunikation innerhalb des Unternehmens zum Gegenstand haben. In einer Richtlinie zur Strategieentwicklung im Unternehmen können die Art, Zeitpunkte, Formate, Methoden und Beteiligte geregelt werden. Für Investitionsmaßnahmen werden häufig das Vorgehen bei der Beantragung und Genehmigung sowie die Freigabekompetenzen im Unternehmen standardisiert. Für die Planung und Überwachung von Maßnahmen können zudem die Inhalte von Maßnahmenplänen (z. B. durch Vorlagen) definiert werden. Dies erleichtert die Erstellung, das Verständnis und die Kommunikation von Personen aus unterschiedlichen Abteilungen und Organisationsebenen.

Gegenstand von Strategien und Maßnahmen im Nachhaltigkeitsmanagement ist die Verbesserung der Nachhaltigkeit. Auslöser für die Entwicklung von Strategien sind die Formulierung eines neuen Ziels sowie das Erkennen eines Verbesserungspotenzials oder Problems. Die Strategie oder Maßnahme beschreibt den Prozess der Verbesserung bzw. Problemlösung. Für die Entwicklung und Umsetzung von Strategien und Maßnahmen lässt sich in Anlehnung an die Methode der systematischen Problemlösung folgender Standardablauf mit acht Schritten definieren (Conrad et al. 2019):

1. Problem erkennen und Handlungsbedarf (Auswirkung) aufzeigen,
2. Ursachen des Problems analysieren und verstehen,
3. Lösungsideen für das Problem finden,
4. Lösungsideen bewerten, priorisieren und auswählen,
5. Maßnahmen zur Umsetzung der Lösungsideen festlegen und planen,
6. Maßnahmen umsetzen,
7. Erfolgskontrolle durchführen,
8. Stabilisierung des neuen, verbesserten Standards.

5.5 Organisation und Prozesse

5.5.1 Gestaltungsgrundlagen

Die Gestaltung von Organisation und Prozessen in Unternehmen ist Gegenstand der Betriebs- und Arbeitsorganisation (REFA 1991). Die Methoden und Werkzeuge zu deren erfolgreicher Gestaltung unter wirtschaftlichen und humanen (sozialen) Aspekten liefert das Industrial Engineering (REFA 2016).

Eine Organisation ist ein soziotechnisches System (Menschen, Technik) mit bestimmten Merkmalsausprägungen in Bezug auf:

- Zweck (Mission, Ziele),
- Prinzipien (Werte, Regeln, Standards),
- Form (Personen- oder Kapitalgesellschaft, Verein, Stiftung, Behörde),
- Art (Gewinnung, Verarbeitung, Handel, Dienstleistung),
- Größe (Fläche, Beschäftigte, Umsatz),
- Standort (räumliche Lage),
- Elemente (Menschen, Betriebs- und Arbeitsmittel),
- Aufbaustrukturen (Zuständigkeiten, Verantwortung, Aufgabenteilung) und
- Ablaufstrukturen (Zusammenwirken Menschen und Technik in Raum und Zeit).

Als Aktivität bezeichnet Organisation (im Sinne von organisieren) eine zielgerichtete und ordnende Gestaltung von Aufgaben und Zuständigkeiten (Aufbauorganisation) sowie Prozessen bzw. Abläufen (Ablauforganisation) zur Erfüllung von Arbeitsaufträgen. Die bei der Aufbau- und Ablauforganisation verfolgten Ziele und dafür angewendeten Prinzipien (Regeln, Standards), Methoden und Werkzeuge bilden ein Managementsystem (Kap. 6).

Die betriebliche Leistungserstellung erfolgt in Prozessen. Ein Prozess beschreibt den Ablauf zusammenhängender Aktivitäten (Vorgänge) zur Erzeugung eines gewünschten Ergebnisses (Output) unter Einsatz von Ressourcen (Input). Die Initiierung eines Prozesses erfolgt auf Veranlassung (Auftrag) einer Anforderungsstelle (externer oder interner Kunde). In Unternehmen lassen sich Management-, Kern- und Unterstützungsprozesse klassifizieren. Abb. 5.5 zeigt ein Beispiel für eine Prozesslandkarte eines Industrieunternehmens (Jeske et al. 2021).

Die Organisation und Prozesse von Unternehmen sind für eine Verbesserung der Nachhaltigkeit resilient und effizient zu gestalten. Dies kann methodisch beispielsweise durch ein Betriebliches Kontinuitätsmanagement (Eisele und ifaa 2022a) sowie ein Ganzheitliches Produktivitätsmanagement (Eisele et al. 2021) erfolgen. Organisationale Resilienz ist erforderlich, um den Geschäftsbetrieb und die Prozesse trotz eines störungs- und krisenbehafteten Umfelds überhaupt aufrechterhalten zu können. Darauf aufbauend kann die Produktivität und Nachhaltigkeit von Prozessen optimiert werden. Zur Gestaltung und Optimierung der Produktivität von Unternehmensprozessen bieten sich insbesondere die bewährten Methoden des Industrial Engineering und Lean Managements an (REFA 2015). Diese können nicht nur auf physische, sondern auch auf informatorische Arbeitsprozesse angewendet werden (Eisele und ifaa 2020a).

5.5.2 Gestaltungskriterien

Die in einem Unternehmen realisierten Prozessstandards (Ablauforganisation) beeinflussen in zweifacher Hinsicht die Nachhaltigkeit.

Managementprozesse							
Geschäftsmodell- und Strategieplanung	Finanzmanagement	Unternehmensorganisation und -planung	Change-Management (GPS, Industrie 4.0)	Produktmanagement	Arbeits-, Umwelt- und Gesundheitsschutz	Compliance-Management (Revision, Audit)	Arbeitnehmervertretung
Kernprozesse							
Projektplanung und –controlling	Entwicklung/ Konstruktion	Produktdatenerstellung	Produktpflege	Arbeitsvorbereitung	Produktionsplanung und -steuerung	Einkauf und Disposition	Lagerung und Transport
Teilefertigung	Montage und Verpackung	Fertigwarenlagerung	Fertigwarendisposition	Fertigwarentransport/ Versand	Verkauf	Auftragsabwicklung	Kundenbetreuung und Service
Unterstützungsprozesse							
Planung und IT-Bereitstellung	Wartung und IT-Instandhaltung	IT-Support	Betriebsmittelplanung und -beschaffung	Betriebsmittelkonstruktion	Betriebsmittelbau und -änderung	Betriebsmittelinstandhaltung	Prototypen und Musterbau
Qualitäts-/ Prüfplanung	Produkt-, System- und Bauteilfreigabe	Qualitätsdatenerfassung und -auswertung	WE-Prüfung	Reklamationsbearbeitung	Lenkung Qualitätsaufzeichnungen	Prüfmittelplanung und -beschaffung	Prüfmittelverwaltung
IE/ Arbeitsstudien	Fabrik-/ Werksplanung	Gebäudeinstandhaltung	Ver- und Entsorgung Medien/Energie	Personalplanung und -entwicklung	Personalbeschaffung und -verwaltung	Schulung und Weiterbildung	Ideenmanagement
Buchhaltung (Kreditoren, Debitoren)	Lohn- und Gehaltsabrechnung	Produktkostenplanung und -controlling	Gemeinkostenplanung und -controlling	Investitionsplanung und -controlling	technische Dokumentation (Produkte)	Verkaufsdokumentation (Preislisten, ...)	Marketing/ Öffentlichkeitsarbeit

Abb. 5.5 Prozesslandkarte eines Industrieunternehmens (Jeske et al. 2021)

Erstens führt die Art der Durchführung von Prozessen selbst zu einem Ressourcenverbrauch. Diesen gilt es mit Blick auf die Nachhaltigkeitsziele zu optimieren. Durch die eingesetzten Arbeitsmittel (z. B. elektronische Geräte, Material, Beleuchtung) werden beispielsweise Kosten und Emissionen erzeugt. Durch eine verbesserte Produktivität lässt sich bei gleichem Leistungsergebnis der Ressourcenbedarf (Arbeitskraft, Rohstoffe, Energie, Betriebsmittel, Information) reduzieren. Dies trägt zu Umweltschutz, Wirtschaftlichkeit und Belastungsminderung bei und entspricht dem Grundgedanken eines nachhaltigen Produktivitätsmanagements (Eisele und ifaa 2023b).

Zweitens beeinflussen Prozessergebnisse die Nachhaltigkeitseigenschaften von nachgelagerten Prozessen. Bei der Entwicklung und Konstruktion werden beispielsweise durch die ausgewählten Werkstoffe und Konstruktionsprinzipien für Produkte die Kosten und Umweltauswirkungen sowie die Arbeitsanforderungen in allen anderen Prozessen von Lieferanten bis zum Entsorger beeinflusst. Das Ergebnis von Prozessen sollte somit möglichst zu einer Verbesserung der Nachhaltigkeitsleistung anderer Prozesse beitragen oder diese zumindest nicht verschlechtern. Wichtig ist, dass nicht die isolierte Optimierung einzelner Prozesse oder Organisationsbereiche, sondern die Optimierung des Gesamtergebnisses für das Unternehmen und aller Betroffenen im Vordergrund steht.

Als Ziele und Kriterien für eine gute, nachhaltige Organisationsgestaltung lassen sich nennen:

- klare und eindeutige Zuständigkeiten,
- anforderungsgerechte Aufgabenzuordnung,
- kapazitäts- und leistungsgerechte Arbeitsteilung,
- geringe Schnittstellenverluste durch Arbeitsteilung,
- dauerhafter Erhalt von Wissen und Funktionsfähigkeit,
- hohe Widerstandsfähigkeit und Resilienz gegenüber Störungen,
- hohe Prozessorientierung in der Aufbau- und Ablauforganisation,
- ausreichende Flexibilität zur Anpassung an variable Anforderungen,
- inhärente, eigenständige Verbesserung im Sinne der Unternehmensziele,
- hoher Zielerreichungsgrad und gute Leistungsergebnisse in allen Nachhaltigkeitsdimensionen.

Im Nachhaltigkeitsmanagement lassen sich zudem folgende nachhaltigkeitsbezogene Anforderungen an die Organisation und Prozesse eines Unternehmens spezifizieren:

- klares Verständnis mit eindeutigen Zielen und Grundsätzen (Verhaltenskodex) zur Nachhaltigkeit,
- definierte Leistungsindikatoren (Kennzahlen) zur Nachhaltigkeitsbewertung,
- vorhandene Strategie und Maßnahmenpläne zur Erreichung der Nachhaltigkeitsziele,
- Verpflichtung von Management und Beschäftigten zur Mitwirkung im Nachhaltigkeitsmanagement,

- Zuordnung von Zuständigkeiten für Aufgaben des Nachhaltigkeitsmanagements,
- Definition und Anwendung von verbindlichen Standards (Richtlinien, Anweisungen) zur Analyse, Bewertung und Verbesserung von Nachhaltigkeit,
- regelmäßige Messung, Überwachung und Reporting der Nachhaltigkeitsentwicklung mit definierten Leistungsindikatoren (Nachhaltigkeitsbericht),
- Regelsystem zum Umgang mit Soll-Ist-Abweichungen und zur Sicherstellung einer kontinuierlichen Nachhaltigkeitsverbesserung in der Organisation.

Die aufgeführten Anforderungen lassen sich als Kriterien in ein einfaches Bewertungsformular für die Gesamtorganisation oder Organisationsbereiche integrieren (Abb. 5.6). Dieses kann zur Aufnahme der aktuellen Situation, Identifizierung von Handlungsbedarf, Ableitung von Maßnahmen sowie Fortschrittsüberwachung des betrieblichen Nachhaltigkeitsmanagements eingesetzt werden.

Eine Bewertung der Nachhaltigkeitsleistung von Organisationsbereichen oder Prozessen in den Zieldimensionen muss sich an den wesentlichen, Wirtschafts-, Umwelt-, Sozial- und Technikthemen orientieren. Die Themen ergeben sich durch eine betriebsspezifische Wesentlichkeitsanalyse. Die Abb. 5.7 zeigt beispielhaft eine Bewertung der Nachhaltigkeitsleistung für Organisationsbereiche oder Prozesse. Die Bewertungskriterien können bei Bedarf durch ausgewählte Kennzahlen detailliert und quantitativ messbar gemacht werden.

Wurde bei einer Prozessbewertung ein Handlungsbedarf festgestellt, gilt es mögliche Maßnahmen zur Prozessoptimierung zu entwickeln. Das Industrial Engineering bietet hierzu eine Reihe von Methoden und Werkzeugen (REFA 2015).

Bewertungskriterium Organisation	Zieldimensionen Nachhaltigkeit				Summe
	Wirtschaft	Umwelt	Soziales	Technik	
Ziele, Grundsätze und Prinzipien	2	1	1	1	5
Kennzahlen zur Leistungsbewertung	3	2	2	2	9
Strategie und Maßnahmenpläne zur Zielerreichung	3	0	1	1	5
Klare Pflichten, Zuständigkeiten und Verantwortung	2	3	[illegible]	2	9
Verfügbarkeit und Einhaltung von Standards	2	2	[illegible]	2	8
Messung und Überwachung der Leistungsentwicklung	3	1	1	0	5
Regelsystem für Soll-Ist-Abweichung	2	1	1	0	4
Realisierte Verbesserungen	2	1	1	0	4
Bewertung:	19	11	11	8	49

Bewertungsstufen:
0 = nicht vorhanden
1 = unzureichend
2 = ausreichend
3 = vorbildlich

Abb. 5.6 Bewertung des Nachhaltigkeitsmanagements der Organisation

Dimension	Kriterium (Beispiel)	Prozess 1	Prozess 2	...
Wirtschaft	Qualität (Fehlerquote, Kundenzufriedenheit)	2	3	...
	Produktivität (Effektivität, Effizienz, Kosten)	1	2	...
	Flexibilität (Anpassungs-, Rüst-, Durchlauf-/Lieferzeit)	1	3	...
Umwelt	Ressourcenverbrauch (Energie, Rohstoffe, Wasser)	2	2	...
	Abfälle/Abwasser (Wertstoffe, Reststoffe, Gefahrstoffe)	3		
	Emissionen (Abgase, Lärm, Schwingungen, CO_2)	1		
Soziales	Sicherheit (Arbeits- und Umweltschutz, Krisenfestigkeit)	1		
	Ergonomie/Humanität (Gesundheit, Leistung, Zufriedenheit)	3		
	Compliance (Einhaltung Gesetze, Normen, Werte)	1	3	...
Technik	Funktionsfähigkeit der eingesetzten Technik	1	3	...
	Leistungsfähigkeit (Wirtschaftlichkeit, Umweltschutz, Soziales)	2	3	...
	Zukunfts-/Wettbewerbsfähigkeit eingesetzte Technik	1	2	...
	Nachhaltigkeitswert:	19	31	...

Bewertungsstufen:
0 = kritisch
1 = zu verbessern
2 = wettbewerbsfähig
3 = exzellent

Abb. 5.7 Beispiel für Bewertung der Nachhaltigkeitsleistung von Organisationsbereichen und Prozessen

5.5.3 Gestaltungsstandards

Die Definition von Standards für Organisation und Prozesse erfolgt in der Unternehmenspraxis in Form von Handbüchern (z. B. Managementhandbuch), Richtlinien (z. B. Prozessrichtlinie) und Anweisungen (z. B. Arbeitsanweisung, Betriebsanweisung).

In der Regel existiert in Unternehmen eine Vielzahl von dokumentierten Organisations- und Prozessvorgaben. Teilweise lässt sich feststellen, dass diese historisch gewachsen, redundant, veraltet oder unverständlich sind und nicht der gelebten Praxis im Tagesgeschäft entsprechen. Die Einführung oder Verbesserung eines Nachhaltigkeitsmanagements kann zum Anlass genommen werden, die Organisations- und Prozessstandards zu optimieren. Dazu bietet sich die 5 S-Methode mit fünf Arbeitsschritten an, die sich sinngemäß wie folgt auch auf Standards übertragen lassen:

1. **S**elektierung: sortiere unnötige Standards aus,
2. **S**trukturierung: stelle Struktur, Ordnung und Übersichtlichkeit für die Standards her,
3. **S**auberkeit: bereinige die Standards von fehlerhaften oder veralteten Inhalten,
4. **S**tabilisierung: sorge für die Anwendung der gesäuberten Standards,
5. **S**elbstreflexion: prüfe die Einhaltung und weitere Verbesserung der Standards.

Standardisierung bedeutet nicht, dass ein Zustand für immer eingefroren wird und nicht mehr geändert werden darf. Standards sind im Sinne des japanischen KAIZEN-Prinzips

(KAI = Veränderung und ZEN = gut, zum besseren) immer nur so lange gültig, bis es einen besseren Standard gibt. Ihre Lebensdauer ist also zeitlich begrenzt und sie schränken innovative Ideen und kreatives Arbeiten nicht ein. Einzige Bedingung für eine jederzeit mögliche Veränderung von Standards ist, dass der neue Standard zu einer Verbesserung führt und von allen als neuer Standard anerkannt und eingehalten wird.

5.6 Produkte und Dienstleistungen

5.6.1 Gestaltungsgrundlagen

Die Gestaltung von Produkten und Dienstleistungen beeinflusst maßgeblich die Nachhaltigkeit eines Unternehmens. Sie hat Einfluss auf den Ressourcenverbrauch (Energie, Rohstoffe, Anlagen, Arbeitsleistung) im Herstellprozess und die Belastung von Menschen und Natur. Für einen nachhaltigen Erfolg benötigen Unternehmen Produkte und Dienstleistungen, welche konform zu aktuellen Gesetzen sind, den Anforderungen der Kunden entsprechen und zudem wettbewerbsfähig sind. Aufgrund kontinuierlicher Veränderungen von Technologien, Märkten, Wettbewerbssituation und politisch-rechtlichen Rahmenbedingungen, verändern sich auch die Anforderungen an Produkte und Dienstleistungen. Zur nachhaltigen Existenz- und Erfolgssicherung müssen diese Veränderungen rechtzeitig erkannt und notwendige Anpassungen im Produkt- und Dienstleistungsspektrum sowie bei der technischen Gestaltung vorgenommen werden. Dies setzt ein zyklisches und systematisches Produkt- und Dienstleistungsmanagement im Unternehmen voraus. Anhand einer Bewertung der vier Nachhaltigkeitsaspekte entscheidet es über die Aufnahme neuer sowie die Eliminierung, Beibehaltung oder Änderung vorhandener Produkte und Dienstleistungen.

Für die Neuentwicklung oder Änderung von Produkten und Dienstleistungen sind Gestaltungsregeln (z. B. Konstruktionsprinzipien) zu definieren, die sicherstellen, dass neue oder geänderte Produkte zu einer Verbesserung der Nachhaltigkeit beitragen. Gemäß der 80:20-Regel werden in der Gestaltungsphase 80 % der Eigenschaften und Auswirkung eines Produkts in den Dimensionen der Nachhaltigkeit festgelegt und es können nur noch 20 % in den späteren Lebensphasen eines Produkts beeinflusst werden.

Die Produktgestaltung umfasst die Planung, Entwicklung und Konstruktion sowie Vorbereitung von Produktion und Vertrieb der Produkte. Die Gestaltungsphase schließt mit der Produktfreigabe zur Serieneinführung ab. Auf die Phase der Produktgestaltung folgen im Produktlebenszyklus die Phasen Produktabsatz und Produktnachsorge (Abb. 5.8). In der Planungsphase werden die Anforderungen an die Gestaltung häufig zunächst in einem Lastenheft erfasst. Dies stellt eine Wunschliste dar, die dann auf ihre Realisierbarkeit unter tatsächlichen Bedingungen überprüft wird. Ergebnis ist ein Pflichtenheft mit den verbindlich zu erfüllenden Anforderungen. Diese werden entwickelt, im Detail konstruiert und in Form von Zeichnungen, Stücklisten und sonstigen

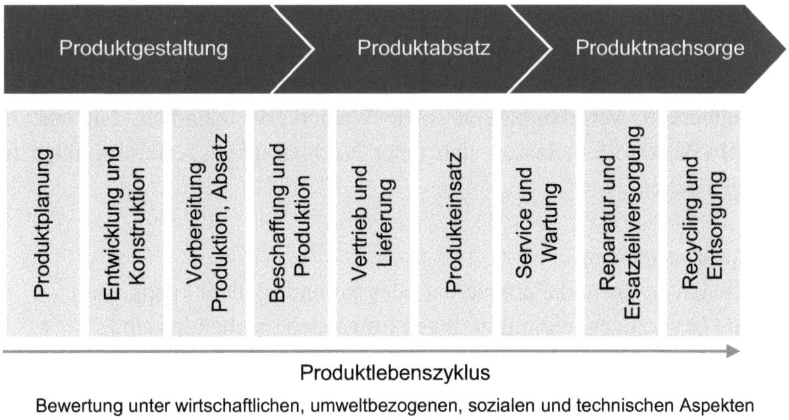

Abb. 5.8 Produktgestaltung als erste Phase im Produktlebenszyklus

Produktinformationen für die Beschaffung, die Herstellung, den Vertrieb sowie die Verwertung und Entsorgung dokumentiert.

5.6.2 Gestaltungskriterien

Eine besondere Herausforderung für eine nachhaltige Produktgestaltung (Design für Nachhaltigkeit, Design for Sustainability) ist die Forderung, dass der gesamte Lebenszyklus eines Produkts von der Rohstoffgewinnung bis zur Verwertung und Entsorgung in allen Zieldimensionen der Nachhaltigkeit optimiert werden soll.

Nachhaltige Produkte sollen durch ihre Gestaltung folgende Kriterien so gut wie möglich erfüllen (Hessen Trade & Invest 2015):

- Sicherheit: sind risikoarm und ohne schädliche Auswirkung auf Menschen oder Natur nutzbar,
- Nützlichkeit: erfüllen bei Kunden eine Funktion bzw. lösen ein echtes Problem,
- Effizienz: erfüllen ihre Funktion mit minimalem Einsatz von Ressourcen (Energie, Material etc.),
- Wertigkeit: erfahren Wertschätzung von Kunden mit vernünftigem Preis-Leistungs-Verhältnis,
- Sozialverantwortung: verbessern Lebensqualität und sichern Beschäftigung und Humanität,
- Haltbarkeit: sind über eine angemessene Lebensdauer nutzbar,
- Kreislauffähigkeit: sind gut wiederverwendbar oder recyclebar (Ressourcenkreislauf),
- Regionalität: benötigen möglichst geringen Transport- und Verpackungsaufwand bis zum Kunden.

Viele der aufgeführten Kriterien werden bereits mit der Materialauswahl für Produkte festgelegt. Jedes Material hat individuelle Eigenschaften in Bezug auf Kosten, Verfügbarkeit, Herkunft, Art der Gewinnung und Verarbeitung, Gefahren für Gesundheit und Umwelt, Haltbarkeit, Verarbeitbarkeit sowie Wiederverwendbarkeit. Für eine Auswahl von Material (Werkstoffen) lassen sich unter Nachhaltigkeitsgesichtspunkten folgende Empfehlungen geben:

- Gefahrstoffe vermeiden,
- Werkstoffe bevorzugen, die erneuerbar oder zumindest nicht knapp sind,
- Werkstoffe bevorzugen, die mit geringen Emissionen verbunden sind,
- Werkstoffe bevorzugen, die mit geringem Energiebedarf gewonnen und verarbeitet werden,
- Werkstoffe mit an die Produktnutzungszeit angepasster Lebensdauer einsetzen,
- Kreislauffähigkeit der Werkstoffe beachten (Recycling, Wiederverwendung),
- Werkstoffe mit möglichst geringen und ressourcenschonenden Beschaffungswegen nutzen,
- Werkstoffe einsetzen, die unter fairen, menschenwürdigen Arbeitsbedingungen erzeugt werden.

Durch die konstruktive Gestaltung werden verschiedene Werkstoffe, Bauteile oder Baugruppen kombiniert und miteinander verbunden. Die konstruktive Gestaltung hat Einfluss auf die Herstellung. Sie bestimmt die notwendigen Verfahren, Methoden, Anlagen, Werkzeuge und Arbeitsinhalte der Produktion. Diese haben Einfluss auf die Wirtschaftlichkeit, Umweltfreundlichkeit, Arbeitsbedingungen der Beschäftigten sowie die technische Machbarkeit und die erforderliche Qualität der Herstellung. Die Konstruktion sollte fertigungsgerecht (DfM – Design for Manufacturing) sein. Sie muss dazu eine ressourceneffiziente, ergonomische, stabile und qualitätsgerechte Produktion ermöglichen. Ein fertigungsgerechtes Design erfordert eine Abstimmung zwischen Konstruktion und Produktion. Zur Sicherstellung einer fertigungsgerechten Konstruktion hat sich in der Praxis die Definition und Dokumentation von betriebsspezifischen Designstandards bewährt. Deren Einhaltung kann über Checklisten und organisatorische Prüfpunkte (z. B. Konstruktionsfreigabe, Prototypfreigabe, Serienfreigabe) überwacht und sichergestellt werden.

Die Nachhaltigkeit während der Produktnutzung durch Kunden wird unter anderem durch die Sicherheit, die Haltbarkeit, den Ressourcenverbrauch (Energie, Stoffe) und die Emissionen (Strahlung, Lärm, Gase, Schwingungen) bestimmt. Diese Eigenschaften werden ebenfalls durch die konstruktive Produktgestaltung festgelegt. Anforderungen hierzu werden im Pflichtenheft für Produkte definiert und können durch technische (z. B. Sicherheitstests, Lebensdauertests) und organisatorische Methoden (z. B. Produktfreigabe) im Gestaltungsprozess überprüft werden.

Zur Verbesserung der produktbezogenen Ressourcenbilanz und damit Schonung natürlicher und begrenzter Ressourcen ist die Realisierung von zirkulären Produktkreisläufen (Kreislaufwirtschaft, Circular Economy) möglich. Diese können bereits in der Gestaltungsphase unterstützt werden. Produktkreisläufe können auf folgende Arten realisiert werden (Abb. 5.9):

- Reuse: Wiederverwendung eines gebrauchten Produkts durch einen anderen Kunden,
- Repair: Behebung eines Produktfehlers zur Weiternutzung mit oder Garantie für Kunden,
- Refurbish: Wiederaufbereitung (technisch, optisch) eines gebrauchten Produktes,
- Remanufacture: Wiederherstellung eines Produktes mit neuer Identität auf Neuproduktniveau,
- Recycle: Extrahieren von Rohstoffen aus einem gebrauchten Produkt zur Wiederverwendung.

Welche Art von Produktkreisläufen machbar und sinnvoll ist, muss im konkreten Produktfall geprüft werden. Die Eignung hängt unter anderem von der Kundenakzeptanz, Wirtschaftlichkeit sowie Verfügbarkeit von logistischen Rücknahmesystemen ab.

Die Bewertung der Produktgestaltung erfordert Bewertungsmaßstäbe, die qualitativ oder quantitativ sein können. Abb. 5.10 zeigt ein Beispiel für eine einfache, qualitative Stufenbewertung von Produkten anhand ausgewählter Bewertungskriterien in vier Nachhaltigkeitsdimensionen. Die aufgeführten Kriterien zur Nachhaltigkeitsbewertung können bei Bedarf ergänzt und durch messbare Kennzahlen konkretisiert werden. Der Deckungsbeitrag oder Umsatz kann beispielsweise für Produkte in Euro ermittelt werden. Die Umweltfreundlichkeit kann durch produktbezogene Kennzahlen für Energieverbrauch, Materialmenge oder Kohlendioxidemission quantifiziert werden. Soziale Kriterien können durch die Anzahl von Beschwerden, Verstößen oder Zufriedenheitswerte detailliert werden. Im Bereich Technik können beispielsweise technische Leistungswerte benutzt werden.

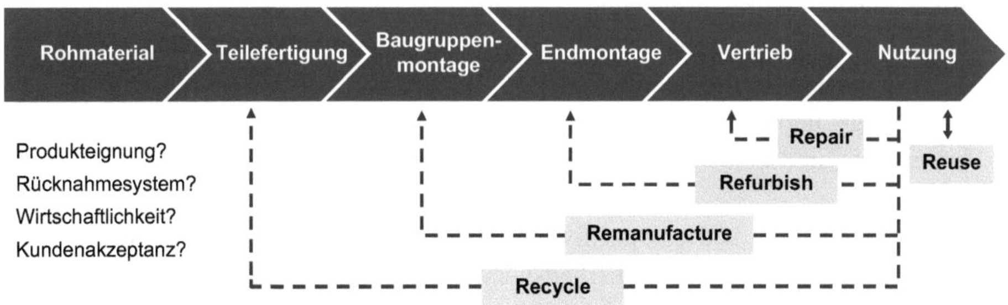

Abb. 5.9 Arten von Produktkreisläufen

Dimension	Kriterium (Beispiel)	Produkt 1	Produkt 2	...
Wirtschaft	Gewinn-/Deckungsbeitrag	2	2	...
	Umsatzbedeutung	3	2	...
	Wettbewerbsfähigkeit (Preis, Qualität, Lieferzeit)	1	2	...
Umwelt	Umweltfreundlichkeit der Herstellung	2	3	...
	Umweltfreundlichkeit bei Nutzung	1		
	Umweltfreundlichkeit der Verwertung und Entsorgung	1		
Soziales	Gesetzeskonformität (Herstellung, Nutzung, Verwertung)	1		
	Unbedenklichkeit (Gesundheit, Humanität, Fairness)	2		
	Image bei Kunden und Gesellschaft	1	2	...
Technik	Nutzwert für Kunden (Funktion, Design)	1	3	...
	Zukunftspotenzial (Position auf Technologielebenskurve)	3	3	...
	Relative Technikposition (Know-how, Kompetenz, Patente)	1	3	...
	Nachhaltigkeitswert:	19	31	...

Bewertungsstufen:
0 = kritisch
1 = gering
2 = mittel
3 = hoch

Abb. 5.10 Beispiel für Nachhaltigkeitsbewertung Produkte

5.6.3 Gestaltungsstandards

Bei der Produktgestaltung sollen die Anforderungen verschiedener Anspruchsgruppen (Gesetzgeber, Kunden, Vertrieb, Lager, Logistik, Fertigung, Lieferanten) beachtet werden. Um diese Komplexität zu bewältigen, bieten sich betriebsspezifische Design-Handbücher mit abgestimmten Designregeln an. Sie stellen eine Wissensdatenbank dar, die zu einer standardisierten, effizienteren Produktgestaltung beiträgt und neuen Entwicklern sowie Konstrukteuren bei der Erledigung ihrer Arbeit hilft. In produzierenden Unternehmen enthalten diese beispielsweise:

- Sicherheits- und Funktionsstandards,
- Bezeichnungs- und Kennzeichnungsstandards,
- Material- und Bauteilstandards,
- Herstellungs- und Prüfstandards,
- Verpackungs- und Lagerstandards,
- Verwertungs- und Entsorgungsstandards.

Bei der Definition von betriebsspezifischen Design-Standards kann auf gesetzlich vorgeschriebene Standards (z. B. Sicherheitsvorschriften) sowie vorhandene Normen oder Richtlinien verwiesen werden oder Inhalte daraus übernommen werden. Beispiele für Richtlinien hierzu sind:

- VDI-Richtlinie 2243 Recyclinggerechtes Konstruieren (VDI 2002),
- VDI-Richtlinie 2343 Recycling elektrischer und elektronischer Geräte (VDI 2020),
- VDI-Richtlinie 4075 Produktionsintegrierter Umweltschutz (VDI 2014),
- VDI-Richtlinie 4800 Ressourceneffizienz (VDI 2016).

5.7 Anlagen und Gebäude

5.7.1 Gestaltungsgrundlagen

Für die Erzeugung von Produkten werden Anlagen und Gebäude benötigt. Sie sind mit Investitionen sowie Betriebskosten verbunden und haben einen Einfluss auf die Wirtschaftlichkeit. Sie haben zudem maßgeblichen Einfluss auf Arbeitsbedingungen sowie den Energie- und Ressourcenverbrauch. Von Ihnen können Gefahren für Menschen und Umwelt ausgehen. Die Gestaltung und Nutzung von Anlagen und Gebäuden hat deshalb einen hohen Stellenwert im Nachhaltigkeitsmanagement.

Anlagen und Gebäude zählen gemäß § 247 HGB zu den abnutzbaren Sachanlagen. Dies sind Anlagegüter, die über eine bestimmte Nutzungsdauer hinweg abgeschrieben werden können. Dazu zählen beispielsweise Fahrzeuge, Maschinen, Gebäude, Büroeinrichtung oder Software.

Gemäß den Begriffsbestimmungen im Umwelthaftungsgesetz (UmweltHG) sind Anlagen ortsfeste Einrichtungen wie Betriebsstätten und Lager sowie Maschinen, Geräte, Fahrzeuge und sonstige ortsveränderliche technische Einrichtungen, die mit der Anlage in Zusammenhang stehen. Das UmweltHG verpflichtet Inhaber von Anlagen, von denen eine schädliche Umweltwirkung auf Personen oder Sachen ausgeht, dem Geschädigten den entstandenen Schaden zu ersetzen. Eine schädliche Umweltauswirkung kann beispielsweise durch eine Ausbreitung von Stoffen, Erschütterungen, Geräusche, Druck, Strahlen, Gase, Dämpfe, Wärme in Boden, Luft oder Wasser entstehen.

Bestimmte Anlagen, von denen besondere Umwelteinwirkungen, Gefahren oder Belästigungen für die Allgemeinheit und die Nachbarschaft ausgehen können, erfordern eine Genehmigung durch Behörden. Die Vorschriften hierzu sind im Bundes-Immissionsschutzgesetz (BImSchG) geregelt. Die genehmigungspflichtigen Anlagen sind in einem Anhang einer Bundes-Immissionsschutzverordnung (4. BImSchV) benannt.

Anlagen stellen gemäß der Betriebssicherheitsverordnung (BetrSichV) Arbeitsmittel dar. Arbeitsmittel sind laut der Verordnung Werkzeuge, Geräte, Maschinen oder Anlagen, die für die Arbeit verwendet werden, sowie überwachungsbedürftige Anlagen.

Anlagen und Gebäude können für sehr unterschiedliche Zwecke gestaltet und eingesetzt werden. Daraus ergeben sich unterschiedliche Gestaltungsanforderungen. Die Ausführungen in diesem Kapitel können deshalb nur allgemeine Kriterien und Standards behandeln. Diese sind in der Praxis für spezielle Anlagen und Gebäude individuell zu detaillieren.

5.7.2 Gestaltungskriterien

Für die Gestaltung von Anlagen und Gebäuden lassen sich vier wesentliche Ziele nennen:

1. Sicherheit (Betrieb, Arbeit, Umwelt),
2. Ergonomie (Gesundheit, Leistung),
3. Effizienz (Energiebedarf, Betriebskosten, Produktivität),
4. Flexibilität (Erweiterbarkeit, Änderbarkeit, Anpassbarkeit).

Sicherheit von Anlagen und Gebäuden

Sicherheit beschreibt einen Zustand, der als gefahrenfrei und sorglos empfunden wird. Die Realität zeigt, dass es keine absolute Sicherheit gibt. Die Höhe der verbleibenden Unsicherheit stellt das Restrisiko dar. Zur Bewertung von Sicherheit muss deshalb ein akzeptierter und erlaubter Grad der Unsicherheit festgelegt werden, der als nicht problematisch empfunden wird. Dies kann über einen maximal zulässigen Risikowert erfolgen, der sich aus dem Produkt von Eintrittswahrscheinlichkeit und Schadensausmaß für ein mögliches Schadensereignis berechnen lässt (Eisele und ifaa 2022a). Die wesentlichen Elemente zur Verbesserung der Sicherheit von Anlagen und Gebäuden sind Risikoanalysen sowie Gefährdungsbeurteilungen, aus denen heraus Handlungsbedarfe und Maßnahmen abgeleitet werden.

Sicherheit kann aus verschiedenen Perspektiven betrachtet werden. Nach der Betrachtungsrichtung lassen sich Betrachtungen von außen nach innen (outside-in) und von innen nach außen (inside-out) unterscheiden. Zum einen kann es darum gehen, wie sicher etwas vor Schäden durch äußere Einwirkungen ist. Beispiele hierfür wären die Sicherheit von Gebäuden gegenüber Naturereignissen (Sturm, Regen, Hochwasser, Blitze) oder die Sicherheit von Anlagen gegenüber elektromagnetischen Strahlungen von außen. Zum anderen kann es darum gehen die Sicherheit des Umfelds vor der Wirkung eines Gebäudes oder einer Anlage zu betrachten. Beispiele hierfür wären die Sicherheit der Umgebung bei der Zerstörung (Brand, Einsturz) eines Gebäudes oder vor Betriebsemissionen (Gase, Wärme, Lärm, Schwingungen) einer Anlage.

Im Nachhaltigkeitskontext kann die Sicherheit von Anlagen und Gebäuden in den Dimensionen Wirtschaft, Umwelt, Soziales und Technik betrachtet werden. Die wirtschaftliche Sicherheit hängt von der Wahrscheinlichkeit und Höhe eines positiven Kapitalrückflusses für eine Investition in Anlagen und Gebäude ab (Return on Investment). Bei der Umweltsicherheit ist zu prüfen, welche möglichen Gefahren von Anlagen und Gebäuden für die Umwelt ausgehen (z. B. Verschmutzung von Gewässern, schädliche Emissionen, Austreten von Gefahrstoffen), welches Ausmaß diese haben können und wie wahrscheinlich ein Eintritt von Schadensereignissen ist. Die soziale Sicherheit betrifft die Sicherheit von Menschen vor gesundheitlichen Gefahren durch Gebäude und Anlagen. Die technische Sicherheit behandelt die Verfügbarkeit und Zuverlässigkeit mit der Anlagen und Gebäude ihren Zweck und ihre Funktion erfüllen.

Die Sicherheit von Anlagen und Gebäuden wird durch eine Vielzahl von Gesetzen, Verordnungen und Vorschriften rechtsverbindlich von Unternehmen gefordert (Abschn. 3.2). Die Rechtsvorschriften zielen vor allem auf den Schutz von Menschen (Soziales) und Natur (Umwelt) ab. Sie werden unter Begriffen wie Betriebssicherheit, Arbeitssicherheit, Arbeits- und Gesundheitsschutz sowie Umweltschutz thematisiert. Zur Umsetzung der rechtlichen Vorschriften existiert eine Fülle von Richtlinien, Normen, Handbüchern, Checklisten und Umsetzungsempfehlungen. Für Unternehmen gilt es, die für sie passenden Gestaltungshilfen auszuwählen und anforderungsgerecht anzuwenden.

Die Sicherheit von Gebäuden und Anlagen lässt sich durch verschiedene Gestaltungsmaßnahmen beeinflussen. Die Betriebssicherheitsverordnung schreibt vor, Sicherheitsmaßnahmen nach der TOP-Methode (Technik, Organisation, Person) zu priorisieren (§ 4 Abs. 2 BetrSichV). Unterschieden wird zwischen technischen, organisatorischen und personenbezogenen Maßnahmen. Die Vorgehensweise lässt sich durch eine vorgeschaltete Prüfung von Standortalternativen zu einer STOP-Methode erweitern:

1. **S**tandort (räumliche Positionierung),
2. **T**echnik (konstruktive Gestaltung),
3. **O**rganisation (organisatorische Gestaltung),
4. **P**erson (persönliche Gestaltung).

Die Sicherheit von Gebäuden und Anlagen lässt sich grundsätzlich durch standortbezogene, technische, organisatorische und personenbezogene Maßnahmen beeinflussen. Durch die Standortentscheidung für Gebäude kann beispielsweise beeinflusst werden, welchen äußeren Gefahren und damit Sicherheitsrisiken ein Gebäude ausgesetzt ist. Ein Standort in einem Erdbebengebiet, in direkter Nähe zu Gewässern oder in einer politisch instabilen Region mit hohem sozialen oder kriegerischem Konfliktpotenzial wirkt sich negativ auf die Sicherheit aus. Anlagen können durch räumliche Trennung vor anderen Gefahrenquellen (z. B. Strahlung anderer Maschinen) geschützt werden. Durch technische Maßnahmen wie Brandschutzeinrichtungen, Blitzableiter oder Sicherheitsabschaltungen kann die Sicherheit von Gebäuden und Anlagen erhöht werden. Eine technische Maßnahme könnte auch die Verwendung anderer Werkstoffe oder Konstruktionsprinzipien mit höheren Sicherheitseigenschaften für Gebäude und Anlagen sein. Organisatorische Maßnahmen zielen auf die Regelung von Arbeitsaufgaben und Arbeitsabläufen ab. Festgelegte Standards zur regelmäßigen Reinigung, Wartung und Instandhaltung können beispielsweise die Betriebssicherheit von Anlagen und Gebäuden positiv beeinflussen. Die personenbezogenen Maßnahmen bestehen zum Beispiel in der Bereitstellung von persönlicher Schutzkleidung, mit denen sich einzelne Personen vor Gefahren (z. B. Hitze, Lärm) schützen können. Zu den personenbezogenen Maßnahmen zählen auch die Einforderung und Förderung von eigenverantwortlichem und sicherheitsbewusstem Verhalten von Personen durch Sensibilisierung, Schulung und Unterweisung.

Ergonomie von Anlagen und Gebäuden

Der Begriff Ergonomie kann aus den griechischen Wörtern „ergon“ (Tätigsein, Arbeit) sowie „nomos“ (Regel, Gesetz, Ordnung) abgeleitet werden. Er beschreibt sinngemäß die Lehre von der Gesetzmäßigkeit des Tätigseins und der Entwicklung von Regeln für die Arbeit. Ergonomie kann als Bestandteil der Arbeitswissenschaft angesehen werden. Die Ergonomie befasst sich mit der Optimierung von Leistungsfähigkeit, Gesundheit und Zufriedenheit des Menschen sowie der optimalen Abstimmung der Bestandteile von Mensch-Maschine-Systemen aufeinander.

In der Ergonomie werden soziale Ziele (Gesundheit, Wohlbefinden) mit wirtschaftlichen Zielen (Kundenzufriedenheit, Wettbewerbsfähigkeit) vereint. Eine ergonomische Gestaltung von Anlagen und Gebäuden bedeutet demnach die gleichzeitige Berücksichtigung humanorientierter (sozialer) und leistungsorientierter (wirtschaftlicher) Kriterien. Als ergonomische Gestaltungskriterien lassen sich nennen:

- humanorientierte Kriterien (Ausführbarkeit, Erträglichkeit, Zumutbarkeit, Zufriedenheit) sowie
- leistungsorientierte Kriterien (Qualität, Produktivität, Schnelligkeit).

Die Bewertung der Humanorientierung erfolgt auf Basis von medizinischen, physiologischen sowie psychologischen Erkenntnissen über Zusammenhänge von Arbeitsbedingungen und Gesundheit sowie Zufriedenheit von Menschen. Die Bewertung der Leistung erfolgt durch Messung des Arbeitsergebnisses mit betriebswirtschaftlichen Kennzahlen.

Eine ergonomische Gestaltung kann prinzipiell auf zwei Wegen erfolgen:

1. Anpassung der Arbeit an den Menschen (Arbeitsmittel, Arbeitsumgebung, Arbeitsaufgabe) oder
2. Anpassung des Menschen an die Arbeit (Auswahl, Training, Qualifikation, Unterweisung).

Gegenstand der ergonomischen Gestaltung von Anlagen und Gebäuden ist die bestmögliche Anpassung von diesen an die Fähigkeiten, Anforderungen und Bedürfnisse von Menschen. Dabei stehen folgende Fragestellungen im Vordergrund (REFA 2016):

- Ausführbarkeit: Sind Menschen mit ihren physischen und psychischen Eigenschaften (Körpergröße, Körperkraft, Sinnesorgane) in der Lage die Anlagen und Gebäude für ihre Arbeitsaufgabe zu nutzen?
- Erträglichkeit: Ist eine Durchführung von Arbeitsaufgaben mit den Anlagen und Gebäuden unter Berücksichtigung von Pausen und Urlaub über einen längeren Zeitraum ohne gesundheitliche Beeinträchtigung möglich?
- Zumutbarkeit: Ist die Nutzung von Anlagen und Gebäuden im Hinblick auf soziale Aspekte (gesellschaftliche und kulturelle Normen und Werte) zumutbar?

- Zufriedenheit: Entsprechen die Anlagen und Gebäude den individuellen Vorstellungen und Bedürfnissen der Menschen?
- Förderlichkeit: Fördert die Gestaltung der Anlagen und Gebäude die qualitative und quantitative Leistung der Menschen, die diese für ihre Arbeit nutzen?

Für die ergonomische Gestaltung und Bewertung von Anlagen und Gebäuden können unter anderem folgende Quellen herangezogen werden:

- Arbeitsstättenverordnung – ArbStättV (BMAS 2018),
- Technische Regelung für Arbeitsstätten (BAuA 2010),
- DGUV Information 209–069 Ergonomische Maschinengestaltung (DGUV 2018),
- DIN EN ISO 9241–410 Ergonomie der Mensch-System-Interaktion – Teil 410: Gestaltungskriterien für physikalische Eingabegeräte (DIN 2012),
- DIN EN ISO 6385 Grundsätze der Ergonomie für die Gestaltung von Arbeitssystemen (DIN 2016),
- Checkliste zur ergonomischen Bewertung von Tätigkeiten, Arbeitsplätzen, Arbeitsmitteln & Arbeitsumgebung (Sandrock et al. 2020).

Effizienz von Anlagen und Gebäuden

Für die Verbesserung der Nachhaltigkeit hat die Effizienz des Ressourceneinsatzes eine hohe Bedeutung. Durch Effizienzmaßnahmen lassen sich wirtschaftliche und umweltbezogene Nachhaltigkeitsziele gleichzeitig erreichen. Durch eine Steigerung der Ressourceneffizienz kann ein Beitrag zur Schonung der natürlichen Ressourcen geleistet und somit die Lebensgrundlage jetziger und zukünftiger Generationen erhalten werden. Dies gilt insbesondere beim Einsatz von Rohstoffen und Wasser, bei der Inanspruchnahme von Flächen sowie bei der Minderung von Umweltbelastungen (VDI 2016).

Das Wort Effizienz lässt sich aus dem lateinischen Wort „efficientia" ableiten und bedeutet sinngemäß Wirksamkeit. Im Vordergrund steht die Frage in welchem Grad das maximal mögliche Potenzial einer zur Verfügung stehenden Ressource (z. B. Gebäude, Anlage, Fläche, Rohstoff, Energie) genutzt wird. Die Ressource ist nach Art und Menge definiert und begrenzt. Das Wirksamkeitspotenzial steht für die optimale Nutzung der Ressource, bei der keine Verluste existieren und keine Effizienzsteigerungen mehr möglich sind.

Zur Bewertung der Effizienz können verschiedene Kennzahlen eingesetzt werden. Eine Kennzahl für die Effizienz des Energieeinsatzes in elektrischen Maschinen ist der elektrische Wirkungsgrad, der mit dem griechischen Buchstaben Eta abgekürzt wird. Der Wirkungsgrad (WG) einer Anlage beschreibt die energetische Effizienz einer Anlage als Verhältnis von zugeführter Energie zu abgegebener Nutzenergie. Die zugeführte Energie entspricht dem maximal verfügbaren Energiepotenzial und die Nutzenergie, dem tatsächlich davon nutzenbringend umgewandelten Energieanteil. Der nicht genutzte Energieanteil stellt einen Energieverlust (z. B. durch Wärme, Reibung, Blindleistung) dar.

Eine in Produktionsbetrieben verbreitete Kennzahl zu Messung der Gesamteffizienz von Anlagen ist die Overall Equipment Efficiency (OEE). Bei dieser wird ein Effizienzgrad durch Multiplikation von Nutzungsgrad, Leistungsgrad und Qualitätsgrad einer Anlage ermittelt. Der Nutzungsgrad erfasst die produktive Nutzungszeit im Verhältnis zur Betriebszeit. Ein Unterschied kann sich bei diesen Werten durch geplante (Wartung) oder ungeplante (Reparatur) Anlagenstillstände sowie Rüstzeiten ergeben. Der Leistungsgrad beschreibt das Verhältnis von tatsächlicher Ausbringung während der produktiven Nutzungszeit im Verhältnis zu der erwarteten Ausbringungsmenge bei Normalleistung. Abweichungen ergeben sich hier durch sporadische technische, organisatorische oder personenbedingte Produktionsunterbrechungen oder eine geringere als geplante Bearbeitungsgeschwindigkeit. Mit dem Qualitätsgrad wird das Verhältnis der produzierten Menge ohne Fehler zur insgesamt hergestellten Menge erfasst. Die Abweichung wird hier durch fehlerhafte Teile erzeugt. Die OEE kann auch über die Soll-Produktionszeit für fehlerfreie Teile bei Normalleistung im Verhältnis zur Betriebszeit berechnet werden. Die Differenz von ermitteltem OEE-Wert zum Maximalwert (100 %) entspricht dem Anteil aller nichtwertschöpfenden Verlustzeiten einer Anlage zur möglichen Betriebszeit.

Energetische Verluste sind in der OEE nicht berücksichtigt. Die Berechnung der OEE kann jedoch um den elektrischen Wirkungsgrad der Anlage zu einer Overall Sustainability Equipment Efficiency (OSEE) erweitert werden (Abb. 5.11). Dadurch werden zusätzlich auch energetische Verluste berücksichtigt. Ein Energiemanagement ist unter Gesichtspunkten des Umwelt- und Klimaschutzes sowie der Wirtschaftlichkeit (Energiekosten) und damit auch für die Nachhaltigkeit von Bedeutung. Durch die Erweiterung der Anlagenkennzahl lässt sich dies in Effizienzbetrachtungen von Anlagen integrieren.

Zur effizienten Gestaltung von Anlagen und Gebäuden kann die gleiche Vorgehensweise (STOP-Methode) wie bei der sicherheitsbezogenen Gestaltung angewendet werden:

1. **S**tandort (räumliche Positionierung),
2. **T**echnik (konstruktive Gestaltung),
3. **O**rganisation (organisatorische Gestaltung),
4. **P**erson (persönliche Gestaltung).

Durch den Standort von Anlagen und Gebäuden werden standortabhängige Kosten für die Errichtung und den Betrieb von Anlagen und Gebäuden festgelegt. Diese sind beispielsweise Steuern, Baukosten, Installationskosten, Heizkosten, Energiekosten oder Transportkosten. Die verwendeten Konstruktionsprinzipien, Bauelemente und Werkstoffe sind technische Faktoren mit Auswirkung auf die Kosten, die Haltbarkeit und die Zuverlässigkeit, das Leistungspotenzial und den Energiebedarf. Die Haltbarkeit und Zuverlässigkeit können beispielsweise zusätzlich auch durch organisatorisch geregelte Wartungs- und Instandhaltungstätigkeiten positiv beeinflusst werden. Durch Bereitstellung geeigneter Werkzeuge und Hilfsmittel zur Anlagenbedienung sowie Schulung und Unterweisung kann die Effizienz ebenfalls beeinflusst werden. Auf persönlicher Ebene

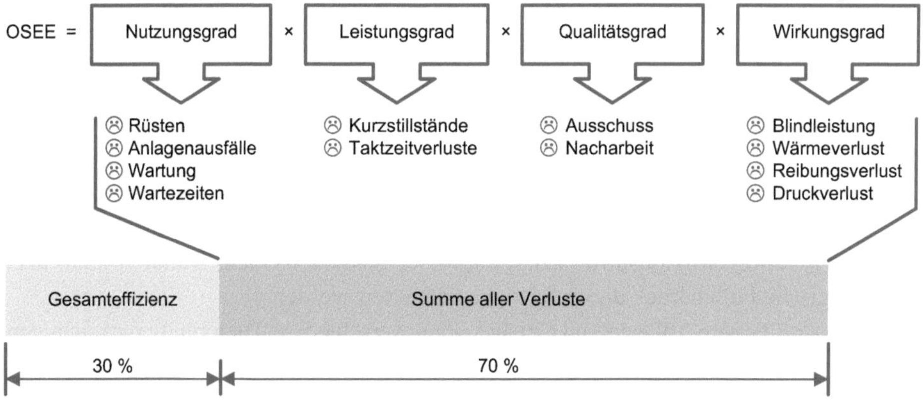

Abb. 5.11 Overall Sustainability Equipment Efficiency (OSEE)

beinhaltet dies beispielsweise eine möglichst kostensparende Nutzung von Anlagen oder Gebäuden.

Für eine Effizienzverbesserung bestehender Anlagen und Gebäude hat sich in der Praxis folgende Vorgehensweise bewährt:

1. Identifizierung der Hauptressourcenverbraucher (A-Verbraucher),
2. Erfassung des tatsächlichen Ressourcenverbrauchs (Zeit, Kosten, Energie),
3. Analyse der Hauptarten und Hauptursachen für Effizienzverluste (ABC-Analyse),
4. Ermittlung technischer, organisatorischer und personenbezogener Gestaltungsparameter,
5. Ideensammlung, Auswahl und Planung Optimierungsmaßnahmen,
6. Umsetzung und Ergebnisprüfung der Optimierungsmaßnahmen.

Für die Identifizierung, Analyse, Planung und Umsetzung von Effizienzverbesserungen können als Hilfsmittel die Methoden und Werkzeuge des Industrial Engineering eingesetzt werden (REFA 2015).

Flexibilität von Anlagen und Gebäuden

Flexibilität (lat. Biegsamkeit) kennzeichnet die Fähigkeit eines Systems, auf veränderte Zustände reagieren zu können. Dazu sind verschiedene Eigenschaften und Fähigkeiten eines Systems erforderlich, die eine Anpassung an variierende Situationen erlauben. Der Flexibilitätsgrad kann durch drei Merkmale eines Systems bewertet werden (Zäpfel 1989):

- Umfang der Anpassungsmöglichkeiten (Handlungsspielraum),
- Zeitbedarf für die Realisierung einer Anpassung,
- wirtschaftliche Effekte, die mit Anpassungen verbunden sind.

Das Ziel von Flexibilität ist eine möglichst hohe Anpassungsfähigkeit eines Systems an geänderte Anforderungen und Bedingungen in möglichst kurzer Zeit ohne nennenswerte Effizienzverluste. Durch die Flexibilität von Arbeitssystemen sollen die Auswirkungen einer Anpassung auf die Produktivität möglichst gering sein. Flexibilität setzt immer Handlungsalternativen in Form von wählbaren Optionen voraus. Flexibilität hat nicht nur wirtschaftliche, sondern auch umweltbezogene Vorteile. Durch eine hohe Flexibilität von Anlagen und Gebäuden können die Lebenszeit verlängert und die zur Herstellung eingesetzten Ressourcen (Rohstoffe, Energie) besser genutzt werden. Dadurch kann auch der ökologische Fußabdruck dieser Systeme verbessert werden.

Die Flexibilität von Anlagen und Gebäude kann verschiedene Faktoren berücksichtigen:

- Produktflexibilität,
- Mengenflexibilität,
- Lieferzeitflexibilität,
- Kompensationsflexibilität.

Produktflexibilität beschreibt die Fähigkeit unterschiedliche Produkte und Varianten herstellen und liefern zu können. Diese setzt eine vielseitige Einsetzbarkeit der vorhandenen Produktionsfaktoren und Leistungsprozesse voraus. Bei der Verwendung von Produktionsfaktoren für unterschiedliche Produkte müssen die durchzuführenden Prozesse entsprechende Freiheitsgrade aufweisen.

Mengenflexibilität beschreibt die Anpassungsfähigkeit an variierende Mengenbedarfe in einem Zeitabschnitt. Für diese müssen quantitative Reserven in Form von Beständen oder Kapazitäten für die Produktionsfaktoren Mensch, Maschine, Material und Energie vorhanden sein und in angemessener Zeit nutzbar gemacht werden können. Dies kann beispielsweise durch Anpassung der Nutzungsdauer, der Nutzungsintensität oder der Anzahl verfügbarer Produktionsfaktoren erfolgen. Denkbar sind hier eine Anpassung von Betriebszeiten, der Einsatz von Zeitarbeitnehmern, Leihmaschinen oder eine temporäre Vergabe von Fertigungsaufträgen an externe Lohnfertiger.

Lieferzeitflexibilität beschreibt die Fähigkeit, sich an Terminwünsche der Kunden anpassen zu können. Analog zur Mengenflexibilität kann dies grundsätzlich durch Vorhaltung von Beständen oder Kapazitätsreserven erfolgen.

Kompensationsfähigkeit beschreibt die Fähigkeit kurzfristige Verfügbarkeitsengpässe an einer bestimmten Stelle dadurch zu kompensieren, dass alternative Anlagen bzw. alternatives Personal oder Material eingesetzt werden. Dies setzt voraus, dass Anlagen und Gebäude alternativ einsetzbar sind und entsprechend freie Reserven in Form von internen oder externen Kapazitäten oder Beständen vorhanden sind.

Folgende Kriterien lassen sich zur Bewertung für die Gestaltung von Anlagen und Gebäuden unter Flexibilitätsgesichtspunkten nutzen:

- technische Änderbarkeit (konstruktive Anpassung, Umbau),
- Rüstzeit bei Aufgabenwechsel,

- Anlaufzeit nach Auftragsstart bis zur vollen Leistung,
- Erweiterbarkeit (Funktion, Leistung, Kapazität),
- Verlässlichkeit (technische Verfügbarkeit),
- Wiederverwendbarkeit für geänderte Aufgaben.

Ein System ist umso flexibler, je weniger sich die Stückkosten ändern, wenn man vom optimalen Betriebspunkt abweicht. Ebenso ist die Flexibilität von Systemen umso höher einzustufen, je vielfältiger die durchführbaren Aufgaben sind und je geringer der Umstellungsaufwand (Zeit, Kosten) bei Aufgabenwechseln ist.

Zu bedenken ist, das Flexibilität zunächst nur eine potenzielle Eigenschaft darstellt. Solange keine Anpassungsaktivitäten eines Systems erforderlich sind, wird durch Flexibilität kein wirtschaftlicher Nutzen erzeugt. Erst wenn ein Flexibilitätsbedarf vorliegt, wird das Flexibilitätspotenzial aktiviert und ein Nutzen realisiert. Dies kann sich beispielsweise in der Realisierung eines Zusatzauftrags oder eines kostenwirksamen Kapazitätsabbaus bei Auftragsrückgängen bemerkbar machen. Die Kosten für Flexibilität ergeben sich häufig durch Faktorüberschüsse (Überkapazität), die für verschiedene Handlungsalternativen bei unsicheren Bedarfsvorhersagen ohne konkreten Bedarf vorgehalten werden. Bleiben diese ungenutzt, verschlechtert dies unter Umständen die Wirtschaftlichkeit über die Lebensdauer von Anlagen und Gebäuden.

5.7.3 Gestaltungsstandards

Aufgrund der Vielfalt und Komplexität von rechtlichen, normativen und unternehmensinternen Anforderungen zur nachhaltigen Gestaltung von Anlagen und Gebäuden empfiehlt sich für Unternehmen die Erstellung von Betriebsstandards für Anlagen und Gebäude. Darin sollten Hinweise auf die wichtigsten und für das Unternehmen relevanten rechtlichen und normativen Vorschriften enthalten sein. Diese können durch selbstdefinierte Standards ergänzt werden. Eigene Standards können beispielsweise individuelle Anforderungen an Farbgestaltung, Kennzeichnung, Anzeigen oder Bedienung darstellen. Eigene Standards haben häufig den Zweck, Beschäftigten im Unternehmen die Nutzung verschiedener Gebäude und Anlagen zu erleichtern. Zudem können sie Kosteneinsparungen bringen. Die ist beispielsweise der Fall, wenn durch Definition von Standardkomponenten oder Standardlieferanten für Anlagen- oder Gebäudeteile höhere Einkaufsmengen und günstigere Rabatte realisiert, Ersatzteilbestände reduziert sowie Schulungs-, Wartungs- und Reparaturkosten verringert werden. Betriebseigene Anlagen- und Gebäudestandards reduzieren zudem den Planungs-, Entwicklungs- und Beschaffungsaufwand für neue Anlagen und Gebäude. Die Betriebsstandards können durch darauf abgestimmte Standard-Checklisten und Standard-Protokolle für interne Abnahmen, Audits und Überwachungsvorgänge ergänzt werden. Dadurch können bei sich wiederholenden Vorgängen ebenfalls wirtschaftliche Vorteile generiert werden.

5.8 Gestaltungshilfen

Für die Gestaltung und Verbesserung von Nachhaltigkeit, Betriebskontinuität und Produktivität als Eckpfeiler für eine dauerhafte Existenz- und Erfolgssicherung von Unternehmen hat das ifaa – Institut für angewandte Arbeitswissenschaft e. V. verschiedene Gestaltungshilfen erstellt. Diese stehen als ergänzendes Zusatzmaterial zu diesem Kapitel kostenfrei zur Verfügung. Die Gestaltungshilfen können in der jeweils aktuellen Version von der Webseite des ifaa unter www.arbeitswissenschaft.net als Download bezogen werden.

5.8.1 Checkliste zur Gestaltung der Nachhaltigkeit

Die Checkliste zeigt auf, welche Möglichkeiten es gibt, die Nachhaltigkeit eines Unternehmens zu gestalten (Eisele und ifaa 2024). Als Grundlage wurden sechs wesentliche Themenbereiche für die Beurteilung und Gestaltung der Nachhaltigkeit definiert: Mission und Grundsätze, Ziele und Kennzahlen, Strategie und Maßnahmen, Produkte und Dienstleistungen, Prozesse und Organisation sowie Gebäude und Anlagen. Die Checkliste ist als ausfüllbare pdf-Datei konzipiert und kann unter folgender Webadresse als Download kostenfrei bezogen werden:

https://www.arbeitswissenschaft.net/angebote-produkte/checklistenhandlungshilfen/ue-che-nachhaltigkeit

Die Checkliste enthält Fragen zu wirtschaftlichen, umweltbezogenen, sozialen sowie technischen Themen und folgt damit einer ausgewogenen Berücksichtigung von vier Nachhaltigkeitsdimensionen:

1. Ökonomische Nachhaltigkeit: profitable Produkte, Prozesse und Anlagen, die auf eine dauerhafte Wettbewerbsfähigkeit ausgelegt sind und wirtschaftliche Ressourcen sichern.
2. Ökologische Nachhaltigkeit: schonender Umgang mit natürlichen Ressourcen wie Energie, Rohstoffen, Luft, Wasser.
3. Soziale Nachhaltigkeit: ausreichende Berücksichtigung relevanter Interessengruppen und Humanorientierung.
4. Technologische Nachhaltigkeit: den technologischen Wandel nutzen und die beste verfügbare Technik zur Verbesserung von Wirtschaftlichkeit, Umweltschutz und Sozialverantwortung einsetzen.

Die Checkliste soll einen Einstieg in das Thema Nachhaltigkeit ermöglichen, bei der ersten Analyse von Situation und Handlungsbedarf zur Nachhaltigkeit unterstützen und eine erste Orientierung für ein Nachhaltigkeitsmanagement bieten.

5.8.2 Leitfaden mit Checkliste zur Nachhaltigkeit im Betrieb

Der Leitfaden mit integrierter Checkliste unterstützt dabei, Maßnahmen zur Verbesserung der Nachhaltigkeit im Betrieb zu identifizieren und umzusetzen (ifaa 2024). Dafür orientiert er sich an betrieblichen Prozessen und zeigt typische Nachhaltigkeitspotenziale. Der Leitfaden mit integrierter Checkliste kann über die Webseite des ifaa bezogen werden unter:

https://www.arbeitswissenschaft.net/fileadmin/Downloads/Angebote_und_Produkte/Broschueren/ifaa_Nachhaltigkeit_im_Betrieb.pdf

Die im Leitfaden enthaltene Checkliste ist als Arbeitsdokument konzipiert, das in erster Linie zur offenen gemeinsamen Reflexion, Diskussion und Ableitung von Maßnahmen anregen soll. Die Fragensammlung berücksichtigt alle Ideen und Aspekte, die in der Broschüre behandelt und ausführlicher dargestellt werden. Die Anwender können ihren individuellen Handlungsbedarf mit dem Fragenkatalog auf einzelne Themen fokussieren.

5.8.3 Checkliste zum Management der Betriebskontinuität

Unternehmen werden mit ökonomischen, ökologischen, sozialen oder technischen Ereignissen konfrontiert, die zu Störungen oder sogar Verlust der betrieblichen Existenz führen können. Um den Fortbestand und Erfolg eines Unternehmens nachhaltig zu sichern, muss die Organisation robust und widerstandsfähig gegenüber Störungen, Schadensereignissen und Krisen gestaltet werden. Eine Methode hierzu ist das Betriebliche Kontinuitätsmanagement (BKM). Es umfasst die aktive Planung, Steuerung und Sicherung der Betriebstätigkeit und der langfristig erfolgreichen Existenz eines Unternehmens. Diese Aufgabe wird durch die Realisierung organisationaler Widerstandsfähigkeit (Resilienz) gegen geschäftsschädliche Ereignisse erreicht. Ein BKM muss die individuelle Risikosituation und die betriebsspezifischen Rahmenbedingungen von Unternehmen berücksichtigen und in der betrieblichen Praxis mit einfachen Mitteln anforderungsgerecht umsetzbar sein. Das ifaa – Institut für angewandte Arbeitswissenschaft e. V. hat hierzu eine Methode entwickelt, die in einem Leitfaden beschrieben ist (Eisele und ifaa 2022a). Als ergänzende Arbeitshilfe zum Leitfaden wurde eine Checkliste entwickelt (Eisele und ifaa 2022b). Die Checkliste ist als ausfüllbare pdf-Datei konzipiert und kann unter folgender Webadresse als Download kostenfrei bezogen werden:

https://www.arbeitswissenschaft.net/angebote-produkte/checklistenhandlungshilfen/ue-che-checkliste-bkm

Die Checkliste unterstützt eine BKM-Methode mit drei Erfolgsbausteinen Dies sind Risiko-, Krisen- und Sanierungsmanagement. Die drei Erfolgsbausteine werden mit acht Teilelementen detailliert. Die praktische Umsetzung der BKM-Methode erfolgt mithilfe einer systematischen Vorgehensweise in sechs Schritten. Die Checkliste hilft, den

Erfüllungsgrad der Erfolgsbausteine und Elemente zu reflektieren, Handlungsbedarfe aufzuzeigen und erste Maßnahmen zur Verbesserung zu beschreiben.

5.8.4 Checkliste zum ganzheitlichen Management der Produktivität

Die Anforderungen an die Produktivität von Unternehmen werden hauptsächlich durch Kapitalgeber, Kunden und Wettbewerb definiert. Die Produktivität wird durch wirtschaftliche, umweltbezogene, soziale und technische Umfeldbedingungen sowie die betriebsspezifische Gestaltung von Produkten und Dienstleistungen, Organisation und Prozessen sowie Anlagen und Gebäuden beeinflusst. Für Unternehmen bildet eine ausreichende Produktivität die Voraussetzung für eine internationale Wettbewerbsfähigkeit und damit für die nachhaltige Sicherung der Existenz und Zukunft. In Unternehmen ist hierzu ein „Ganzheitliches Produktivitätsmanagement (GPM)" gefragt. Dieses zeichnet sich dadurch aus, dass es sich nicht nur auf die Arbeitsproduktivität in der Produktion beschränkt. Es beinhaltet vielmehr alle Prozesse und eingesetzten Ressourcen im Unternehmen, d. h. auch die indirekten Prozesse und den möglichst produktiven Einsatz von Betriebsmitteln, Material, Energie und Information. Neben wirtschaftlichen Zielsetzungen berücksichtigt das GPM zudem umweltbezogene, soziale und technische Nachhaltigkeitsdimensionen. Am ifaa – Institut für angewandte Arbeitswissenschaft e. V. wurde hierzu eine Methode entwickelt (Eisele et al. 2021). Als praktische Umsetzungshilfe hat das ifaa zudem eine Checkliste erstellt (Eisele und ifaa 2023a). Die Checkliste ist als ausfüllbare pdf-Datei konzipiert und kann unter folgender Webadresse als Download bezogen werden:

https://www.arbeitswissenschaft.net/angebote-produkte/checklistenhandlungshilfen/ue-che-gpm

Die Checkliste zeigt auf, wie das Produktivitätsmanagement und damit die Produktivität von Unternehmen ganzheitlich verbessert werden können. Sie unterstützt bei der Selbstreflexion und Bewertung der betriebsspezifischen Ausgangssituation, dem Erkennen von Potenzialen zur Verbesserung sowie der Ableitung zielgerichteter Entwicklungsmaßnahmen. Als Grundlage wurden sechs Bausteine für ein Produktivitätsmanagement definiert. Sie bilden die Ordnungsstruktur der Checkliste und geben einen Überblick über das Niveau der wesentlichen Bestandteile eines ganzheitlichen Produktivitätsmanagements in Unternehmen.

Literatur

BAuA – Bundesanstalt für Arbeitsschutz und Arbeitsmedizin (Hrsg) (2010) Technische Regeln für Arbeitsstätten. https://www.baua.de/DE/Angebote/Regelwerk/ASR/ASR.html. Zugegriffen: 8. Febr. 2024

BMAS – Bundesministerium für Arbeit und Soziales (Hrsg) (2018) Arbeitsstättenverordnung — ArbStättV. https://www.bmas.de/DE/Service/Gesetze-und-Gesetzesvorhaben/arbeitsstaettenverordnung.html. Zugegriffen: 8. Febr. 2024

Conrad RW, Eisele O, Lennings F (2019) Shopfloor-Management. Potenziale mit einfachen Mitteln erschließen, Springer, Berlin Heidelberg

DGUV – Deutsche Gesetzliche Unfallversicherung (Hrsg) (2018) DGUV Information 209–069. Ergonomische Maschinengestaltung — von Werkzeugmaschinen der Metallbearbeitung. https://publikationen.dguv.de/widgets/pdf/download/article/754. Zugegriffen: 8. Febr. 2024

DIN – Deutsches Institut für Normung e. V. (2012) DIN EN ISO 9241–410 Ergonomie der Mensch-System-Interaktion — Teil 410: Gestaltungskriterien für physikalische Eingabegeräte. Stand Dezember 2012

DIN – Deutsches Institut für Normung e. V. (2016) DIN EN ISO 6385 Grundsätze der Ergonomie für die Gestaltung von Arbeitssystemen. Stand Dezember 2016

Eisele O, ifaa (Hrsg) (2020a) Lean Information Management (LIM). Schlanke Gestaltung von Information und Kommunikation. www.arbeitswissenschaft.net/zdf-lim. Zugegriffen: 25. Jan. 2024

Eisele O, ifaa (Hrsg) (2022a) Betriebliches Kontinuitätsmanagement – Handlungsleitfaden für die praktische Umsetzung. Leistung & Entgelt (Sonderdruck Juni 2022):6–45

Eisele O, ifaa (Hrsg) (2022b) CHECKLISTE zum Management der Betriebskontinuität von Unternehmen. https://www.arbeitswissenschaft.net/angebote-produkte/checklistenhandlungshilfen/ue-che-checkliste-bkm. Zugegriffen: 25. Jan. 2024

Eisele O, ifaa (Hrsg) (2023a) CHECKLISTE zum ganzheitlichen Management der Produktivität von Unternehmen. https://www.arbeitswissenschaft.net/angebote-produkte/checklistenhandlungshilfen/ue-che-gpm. Zugegriffen: 25. Jan. 2024

Eisele O, ifaa (Hrsg) (2023b) Nachhaltiges Produktivitätsmanagement. Mehr Klimaschutz und Wohlstand. www.arbeitswissenschaft.net/zdf-nachhaltiges-produktivitaetsmanagement. Zugegriffen: 3. nov. 2023

Eisele O, ifaa (Hrsg) (2024) CHECKLISTE zur Gestaltung der Nachhaltigkeit von Unternehmen. https://www.arbeitswissenschaft.net/angebote-produkte/checklistenhandlungshilfen/ue-che-nachhaltigkeit. Zugegriffen: 04. Sep. 2024

Eisele O, Jeske T, Lennings F (2021) Produktivitätsmanagement – Anforderungen, Gestaltung und Umsetzung in der digitalisierten Arbeitswelt. In: Jeske T, Lennings F (Hrsg) Produktivitätsmanagement 4.0 – Praxiserprobte Vorgehensweisen zur Nutzung der Digitalisierung in der Industrie. Springer Vieweg, Berlin, S 7–41

Hessen Trade & Invest GmbH (Hrsg) (2015) Mit Ecodesign zu einer ressourcenschonenden Wirtschaft. Band 15 der Schriftenreihe der Technologielinie Hessen-Umwelttech. https://www.technologieland-hessen.de/mm/htai_ecodesign_broschuere.pdf. Zugegriffen: 3. Dez. 2023

ifaa – Institut für angewandte Arbeitswissenschaft e. V. (Hrsg) (2024) Nachhaltigkeit im Betrieb. Praktische Anregungen und erste Schritte. https://www.arbeitswissenschaft.net/fileadmin/Downloads/Angebote_und_Produkte/Broschueren/ifaa_Nachhaltigkeit_im_Betrieb.pdf. Zugegriffen: 29. Apr. 2024

ifaa – Institut für angewandte Arbeitswissenschaft e. V. (Hrsg) (2000) Erfolgsfaktor Kennzahlen. https://www.arbeitswissenschaft.net/angebote-produkte/buecher/azv-bue-erfolgsfaktor-kennzahlen. Zugegriffen: 25. Jan. 2024

Jeske T, Eisele O, Würfels M, ifaa (Hrsg) (2021) Produktivität steigern: Erfolgreich mit Digitalisierung und Produktivitätsmanagement 4.0. https://www.arbeitswissenschaft.net/angebote-produkte/broschueren/ue-bro-produktivitaet-steigern-2021. Zugegriffen: 25. Jan. 2024

Kotter JP (2011) Leading Change. Wie Sie Ihr Unternehmen in acht Schritten erfolgreich verändern. Franz Vahlen, München

Ohno T (1993) Das Toyota Produktionssystem. Campus, Frankfurt

REFA-Bundesverband e. V. (2015) Industrial Engineering – Standardmethoden zur Produktivitätssteigerung und Prozessoptimierung, 2. Aufl. Hanser, Darmstadt

REFA-Bundesverband e. V. (2016) Arbeitsorganisation erfolgreicher Unternehmen – Wandel in der Arbeitswelt. Hanser-Verlag, Darmstadt

REFA – Verband für Arbeitsstudien und Betriebsorganisation e. V. (1991) Methodenlehre der Betriebsorganisation. Carl Hanser Verlag, München, Grundlagen der Arbeitsgestaltung, S 1991

Sandrock S, Niehues S, ifaa (Hrsg) (2020) CHECKLISTE zur ergonomischen Bewertung von Tätigkeiten, Arbeitsplätzen, Arbeitsmitteln & Arbeitsumgebung. Abgerufen am 08.02.2024 unter: https://www.arbeitswissenschaft.net/angebote-produkte/checklistenhandlungshilfen/alf-che-checkliste-ergonomie. Zugegriffen: 8. Febr. 2024

VDI 2243 (2002) Recyclingorientierte Produktentwicklung. Beuth Verlag, Berlin

VDI 2343 (2020) Recycling elektrischer und elektronischer Geräte. Beuth Verlag, Berlin

VDI 4075 (2014) Produktionsintegrierter Umweltschutz (PIUS). Beuth Verlag, Berlin

VDI 4800 (2016) Ressourceneffizienz. Beuth Verlag, Berlin

Zäpfel G (1989) Strategisches Produktions-Management. Walter de Gruyter Verlag, Berlin – New York

Nachhaltigkeitsmanagementsystem 6

Grundlagen und Elemente eines Nachhaltigkeitsmanagementsystems

Olaf Eisele

6.1 Unternehmenssysteme

Zur allgemeinen Typisierung von Unternehmen werden häufig folgende Unternehmensmerkmale herangezogen, die für Außenstehende sichtbar sind:

- Standorte: lokales, nationales oder globales Unternehmen;
- Leistungsart: Gewinnung, Verarbeitung, Handel, Dienstleistung;
- Gesellschaftsform: Einzelunternehmen, Personengesellschaft, Kapitalgesellschaft, sonstige Form;
- Unternehmensgröße: Anzahl Beschäftigte, Umsatz, Bilanzsumme;
- Unternehmensbranche: Produkte, Technologie, Werkstoffe, Kunden.

Die genannten Typisierungsmerkmale werden insbesondere für wissenschaftliche Analysen und volkswirtschaftliche Statistiken sowie eine von den Merkmalen abhängige Gesetzgebung und politische Regulierung verwendet. Für Unternehmen sind sie zur Prüfung ihrer Rechtspflichten sowie für Markt- und Wettbewerbsanalysen im Rahmen von strategischen Überlegungen und Benchmarks von Bedeutung.

Auch wenn Unternehmen gleiche oder ähnliche Typisierungsmerkmale aufweisen, stellt jedes Unternehmen ein einzigartiges System dar. Die Systemtheorie beschreibt ein System als eine Menge von Elementen mit spezifischen Eigenschaften, die durch

O. Eisele (✉)
Fachbereich Unternehmensexzellenz, ifaa – Institut für angewandte Arbeitswissenschaft e. V., Düsseldorf, Deutschland
E-Mail: o.eisele@ifaa-mail.de

Nachhaltigkeitsmanagement – Handbuch für die Unternehmenspraxis, ifaa-Edition
https://doi.org/10.1007/978-3-662-69573-9_6

Beziehungen miteinander verknüpft sind, um einen definierten Systemzweck zu erfüllen. Ein System ist durch festgelegte Systemgrenzen von seinem Umfeld und anderen Systemen abgegrenzt, wobei auch zwischen Systemen und ihrem Umfeld Wechselbeziehungen bestehen.

Unternehmen werden durch ihr Umfeld beeinflusst. In der Arbeitswissenschaft wird das Belastungs- und Beanspruchungskonzept genutzt, um die Zusammenhänge zwischen den Arbeitsbedingungen und deren individueller Wirkung auf Personen zu beschreiben. Die gleiche äußere Belastung ruft bei verschiedenen Menschen eine unterschiedliche Beanspruchung hervor. Diese Sichtweise kann auch auf Unternehmenssysteme übertragen werden (Eisele, ifaa 2022). Gleiche Umfeldbedingungen (Gesetze, Klimawandel, Technologiewandel, Fachkräftemangel, Demographie) führen abhängig von betriebsspezifischen Eigenschaften der Unternehmen zu unterschiedlichen Beanspruchungen. Das bedeutet aber auch, dass Unternehmen durch gestalterische Maßnahmen ihre Beanspruchung sowie ihre Leistungsfähigkeit und damit ihren Erfolg aktiv selbst beeinflussen können. Die zielgerichtete Gestaltung von Unternehmen und deren Eigenschaften ist Gegenstand der Betriebs- und Arbeitsorganisation.

REFA definiert ein Unternehmenssystem aus betriebs- und arbeitsorganisatorischer Sicht sinngemäß als die geregelte und durchgehende Nutzung von Prinzipien, Vorgehensweisen (Methoden) und Instrumentarien (Werkzeuge) zur Gestaltung eines Unternehmens im Hinblick auf definierte Ziele einer Organisation (REFA 2011). Ein Unternehmenssystem kann somit durch die definierten Ziele, Prinzipien, Methoden und Werkzeuge beschrieben werden, mit denen es aktiv gestaltet wird (Abb. 6.1). Zwischen diesen Gestaltungsmerkmalen besteht eine hierarchische Ordnung, bei der sich aus den Zielen die Prinzipien, aus den Prinzipien die Methoden und aus den Methoden die Werkzeuge logisch ableiten lassen.

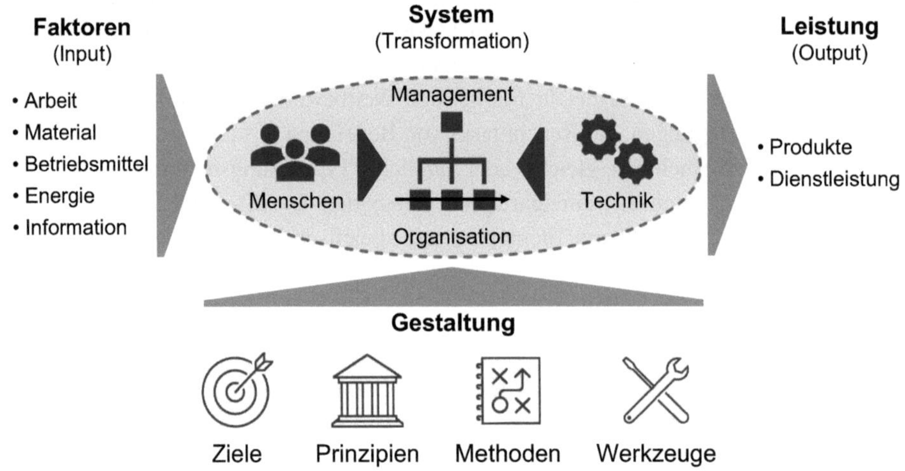

Abb. 6.1 Gestaltungsmerkmale eines Unternehmenssystems

Die Anforderungen an eine erfolgreiche Unternehmensgestaltung hängen von den wirtschaftlichen, umweltbezogenen, sozialen und technologischen Umfeldbedingungen ab. Da sich diese im Zeitablauf verändern, müssen auch die Unternehmenssysteme angepasst werden, um erfolgreich zu bleiben. Dies wird durch die kontinuierliche Veränderung und Weiterentwicklung von Unternehmenssystemen sowie der Historie der Betriebs- und Arbeitsorganisation belegt (Stowasser 2014).

Anfang des 20. Jahrhunderts waren aufgrund eines Nachfrageüberhangs und eines zu geringen Güterangebots Unternehmenssysteme erfolgreich, die auf Massenproduktion in geringer Varianz spezialisiert waren. Typisch für diese Unternehmenssysteme ist das Massenproduktionssystem von Ford. Besondere arbeitsorganisatorische Merkmale waren eine ausgeprägte Arbeitsteilung, getaktete Fließbänder und Arbeitsstationen mit geringen Arbeitsinhalten sowie Qualifikationsanforderungen für die Beschäftigten. Durch sozialen, wirtschaftlichen und technologischen Wandel hat sich im Zeitablauf die Art der Leistungserstellung immer wieder verändert.

Aufgrund sozialer Veränderungen setzte in den 1970er-Jahren eine Humanisierungswelle ein, bei der die menschengerechte Unternehmensgestaltung eine höhere Bedeutung bekam (REFA 2016). Durch einen wirtschaftlichen Wandel vom Angebots- zum Nachfragemarkt, steigenden Kundenbedürfnissen nach individuellen Produkten mit hoher Qualität sowie steigendem Wettbewerbsdruck haben sich Ende der 1980er-Jahre „Lean" Produktionssysteme durchgesetzt. Der Begriff „Lean" (schlank) wurde von Forschern des Massachusetts Institute of Technology (MIT) zur Charakterisierung des Toyota-Produktionssystems geprägt. Er steht als Synonym für die Ziele, Prinzipien, Methoden und Werkzeuge eines schlanken Produktionssystems nach dem Vorbild von Toyota.

Lean Produktionssysteme beziehen auch Organisationsbereiche außerhalb der Produktion ein. Dies hat zu der Charakterisierung „ganzheitlich" geführt. Ein Ganzheitliches Produktionssystem (GPS) beschreibt also im Grunde ein Unternehmenssystem. GPS basieren auf den bei Toyota entwickelten Zielen, Prinzipien, Methoden und Werkzeugen (ifaa 2002). Wesentliche Kernelemente solcher Produktionssysteme sind eine kundenorientierte Wertschöpfung und kontinuierliche Reduzierung von Verschwendung (Ohno 1993). Der Erfolg von Toyota hat dazu geführt, dass diese zumindest in Teilen von vielen Unternehmen und auch in international normierten Managementsystemen übernommen wurden. Das Prinzip der kontinuierlichen Verbesserung (Kaizen) oder die Methode der systematischen Problemlösung (PDCA = Plan, Do, Check, Act) sind beispielsweise auch in normierten ISO-Managementsystemen zu finden. Um die betriebsspezifischen Eigenheiten auszudrücken, findet man in der Praxis häufig Systembezeichnungen, die den Firmennamen enthalten. Beispiele hierfür sind: Toyota-Produktionssystem (TPS), Bosch Production System (BPS) oder das Mercedes-Benz Produktionssystem (MPS). Die Abb. 6.2 zeigt beispielhaft die Elemente eines Ganzheitlichen Produktionssystems.

Die Evolution von Unternehmenssystemen geht kontinuierlich weiter. Unternehmen müssen sich stetig an neue Umfeldbedingungen und Anforderungen anpassen. Diese ergeben sich beispielsweise durch Klimawandel, wirtschaftlichen Strukturwandel (z. B. Deindustrialisierung), Bevölkerungswandel (z. B. Demographie, Migration), Technologiewandel

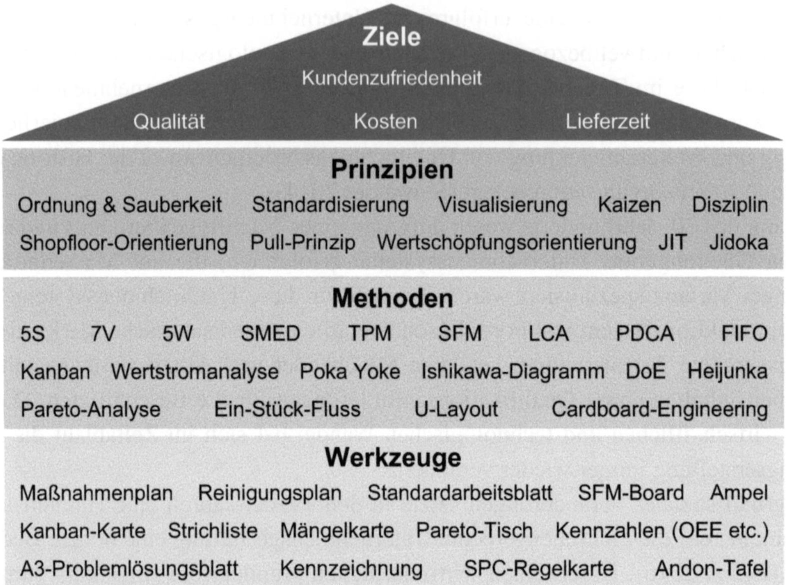

Abb. 6.2 Beispiel für Elemente eines Ganzheitlichen Produktionssystems

(z. B. KI) oder geopolitische Machtveränderungen. Solche Veränderungen wirken sich auch auf die Strukturen und Managementanforderungen in der Arbeitswelt aus (Eisele et al. 2021). Ein Ansatz zur erfolgreichen Gestaltung von Unternehmen unter solchen Bedingungen ist das in diesem Buch beschriebene Nachhaltigkeitsmanagement.

6.2 Managementsysteme

Ob die verfolgten Ziele eines Unternehmens erreicht werden, hängt maßgeblich von der Gestaltung, Planung und Steuerung, d. h. dem Management des Unternehmenssystems ab. Für das Management eines Systems können grundsätzlich verschiedene Ziele, Prinzipien, Methoden und Werkzeuge angewendet und kombiniert werden. Die Gesamtheit der verfolgten Ziele, Prinzipien, Methoden und Werkzeuge kann als Managementsystem definiert werden.

In der Praxis wird in unterschiedlichen Kontexten von einem Managementsystem gesprochen. Abhängig von der speziellen Zielsetzung werden beispielsweise Qualitäts-, Umwelt-, Energie- oder Arbeits- und Gesundheitsschutzmanagementsysteme unterschieden. Diese Managementsysteme berücksichtigen jeweils lediglich Teilziele eines Unternehmens. Beinhaltet ein Managementsystem dagegen die Gesamtheit der Ziele eines Unternehmens, kann man von einem ganzheitlichen Managementsystem sprechen.

Normierte Managementsysteme

Für Unternehmen wurde bereits eine Vielzahl von normierten Managementsystemen entwickelt. Sie sollen methodisch die erfolgreiche Gestaltung von Organisation und Prozessen im Hinblick auf bestimmte Zielsetzungen unterstützen. Abb. 6.3 visualisiert die Entwicklung von normierten Managementsystemen ohne Anspruch auf Vollständigkeit.

Managementsysteme können durch nationale (DIN), europäische (EN) oder internationale (ISO) Institutionen normiert werden (Abschn. 3.6.1). Der Vorteil einer Normung ist die betriebsübergreifende, überregionale Anerkennung und Möglichkeit zur Zertifizierung durch unabhängige Stellen nach gleichen Standards.

Die Einführung eines normierten Managementsystems kann freiwillig, von Geschäftspartnern gefordert oder verpflichtend sein. Managementsystemnormen beschreiben anerkannte Verhaltensweisen und Methoden zur Organisation und Führung eines Betriebs. Sie geben den aktuellen Stand von Wissenschaft und Technik bzw. der Organisationslehre wieder. Entsprechend unterliegen normierte Managementsysteme einer Anpassung an neue Erkenntnisse.

Normierte Managementsysteme geben einen standardisierten Ordnungs- und Gestaltungsrahmen vor. Das heißt jedoch nicht, dass Betriebe mit der gleichen Managementnorm auch identisch arbeiten und funktionieren. Managementnormen geben lediglich gesicherte Verfahren und Bausteine der Betriebs- und Arbeitsorganisation vor. Wie

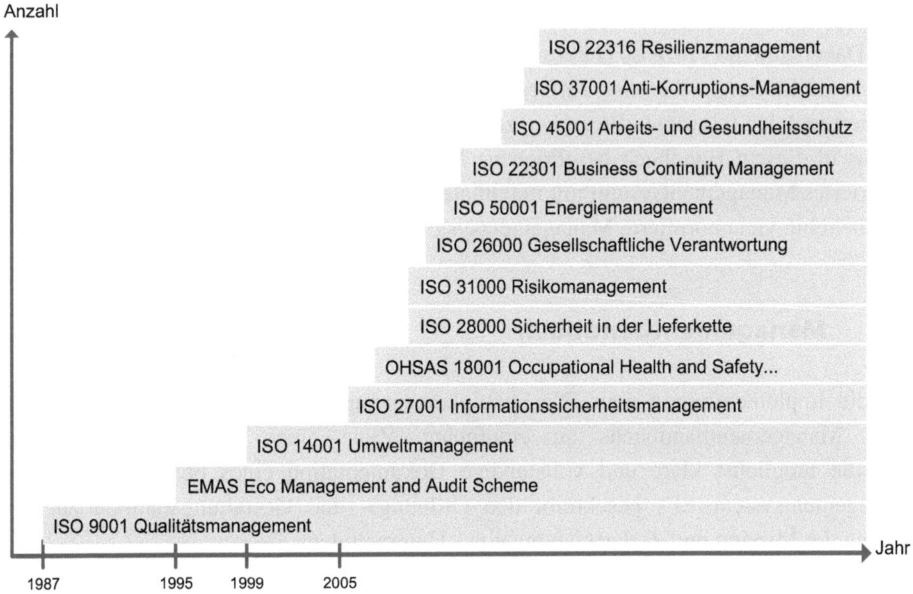

Abb. 6.3 Entwicklung von normierten Managementsystemen

die einzelnen Bausteine im Detail ausgestaltet und detailliert werden, bleibt jedem Unternehmen selbst überlassen. So gibt es Freiräume für Kreativität und eine Anpassung an betriebsspezifische Rahmenbedingungen (z. B. verfügbare Ressourcen).

Aufgrund der gestiegenen Anzahl von Managementsystemen und der Erkenntnis, dass eigentlich mehrere Zielsetzungen einzelner Managementsysteme gleichzeitig von Unternehmen zu beachten sind, laufen Bestrebungen, einzelne Managementsysteme in ein ganzheitliches Managementsystem zu integrieren (DQS 2019). In der DIN EN ISO 19011 wird folgende Definition für ein integriertes Managementsystem gegeben (DIN 2018): „Werden zwei oder mehr Managementsysteme in ein einzelnes Managementsystem integriert, wird dieses als eine integriertes Managementsystem bezeichnet." Es wird also ein Managementsystem darunter verstanden, das Methoden und Instrumente zur Einhaltung von Anforderungen aus verschiedenen Bereichen in einer einheitlichen Struktur zusammenfasst. Mehrere aufgabenspezifische Themen und Zielsetzungen – beispielsweise Qualität, Arbeits- und Gesundheitsschutz, Umwelt und Energie – werden somit systemübergreifend miteinander verknüpft. Dadurch sollen isolierte, parallel operierende Managementsysteme vermieden werden. Hierdurch können Redundanzen, Widersprüche sowie Verwaltungsaufwand reduziert und Synergien in Unternehmen genutzt werden. Durch die sogenannte „High Level Structure (HLS)" erhalten künftig alle internationalen ISO-Managementsysteme eine einheitliche Struktur, die integrierte Managementsysteme unterstützen soll. Gemeinsame Anforderungen (z. B. Ausrichtung der Führung, Organisationskontext, Leistungsmessung, kontinuierlicher Verbesserungsprozess, interne Auditierung und Managementbewertung) können durch die HLS leichter vereinheitlicht werden. Für KMU eignet sich der Ansatz einer prozessbasierten Integration. Dabei sind die Prozesse (Führungs-, Kern- und Unterstützungsprozesse) zu erfassen und zu strukturieren. Aus den Anforderungen der Normen werden konkrete Aufgaben definiert und den relevanten Prozessen zugeordnet (StMWi 2015).

Das in diesem Handbuch beschriebene Managementsystem Nachhaltigkeit stellt ein integriertes Managementsystem mit maximaler Ausbaustufe dar. In dieses können prinzipiell beliebig viele normierte Managementsysteme integriert werden (Abb. 6.4).

6.3 Managementhandbuch

Für die Implementierung eines Nachhaltigkeitsmanagementsystems ist die Erstellung eines Managementhandbuchs zu empfehlen. Ziele eines Managementhandbuchs sind die möglichst klare und vollständige Dokumentation eines betriebsspezifischen Managementsystems. Es beschreibt den Ordnungs- und Gestaltungsrahmen zur Erfüllung der Mission und Zielerreichung eines Unternehmens.

Durch ein Managementhandbuch soll sichergestellt werden, dass die Ziele, Prinzipien, Methoden sowie Regelungen der Aufbau- und Ablauforganisation des Unternehmens für alle Beschäftigten und externen Anspruchsgruppen dargelegt sind. Die damit erzeugte Transparenz des Systems trägt zur Vertrauensbildung bei. Der Inhalt eines

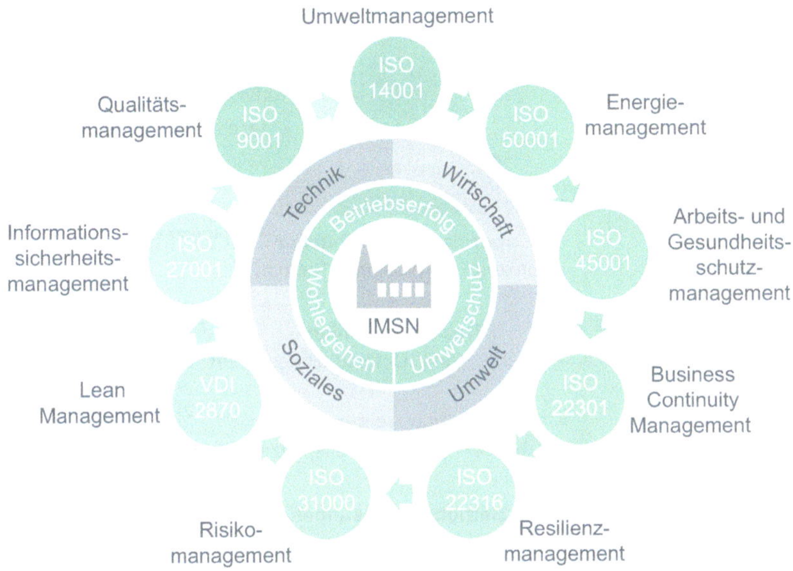

Abb. 6.4 Integriertes Managementsystem Nachhaltigkeit

Managementhandbuchs dient als Leitfaden für die tägliche Arbeit in allen Bereichen und auf allen Ebenen des Unternehmens sowie als Information für externe Geschäftspartner oder Behörden. Um ein Managementhandbuch trotz der umfassenden Themenfelder schlank zu halten, wird dieses durch weitere Dokumente (Handbücher, Richtlinien und Arbeitsanweisungen) ergänzt. Dadurch entsteht ein betriebsspezifisches Regelwerk, das die Betriebs- und Arbeitsorganisation eines Unternehmens vollständig beschreibt (Abb. 6.5).

Das in Kap. 7 dargestellte Gestaltungsbeispiel ist in Form eines Managementhandbuchs beschrieben. Es kann als konkretes Beispiel für ein Managementhandbuch betrachtet werden, wie es in der Praxis häufig für die Zertifizierung normierter Managementsysteme erstellt wird. Gemäß den revidierten ISO-Normen ist ein Managementhandbuch nicht mehr explizit als übergeordnetes Dokument für eine Zertifizierung erforderlich. Die Art der Dokumentation wird nicht mehr genau vorgeschrieben (StMWi 2015). Da sich die bisherige Art der Dokumentation in Managementhandbüchern jedoch in der Praxis bewährt hat, wird diese im vorliegenden Handbuch weiterhin verwendet.

6.4 Nachhaltigkeitsmanagementsystem

6.4.1 Grundlagen und Anforderungen

Das nachfolgend beschriebene Nachhaltigkeitsmanagementsystem (NMS) stellt einen Vorschlag für die Gestaltung und Elemente eines ganzheitlichen Managementsystems

Abb. 6.5 Beispiel für ein Dokumentationssystem in Unternehmen

dar. Es basiert auf dem in Kap. 1 definierten Verständnis von Nachhaltigkeit. Unternehmen können es an ihre individuellen Bedürfnisse anpassen. Das beschriebene Managementsystem baut auf bereits bekannten und angewendeten Managementsystemen auf. Es stellt somit keine Neuerfindung, sondern eine Weiterentwicklung dar. Die Systembeschreibung bedient sich praxisbewährter Prinzipien, Methoden und Werkzeuge des Industrial Engineering. Das dargestellte Nachhaltigkeitsmanagementsystem (NMS) unterscheidet sich von anderen vor allem durch seine ganzheitliche, ausgewogene und zukunftsorientierte Sichtweise mit vier Ziel- und Handlungsdimensionen.

Damit ein Managementsystem erfolgreich ist, muss es anforderungs- und praxisgerecht sein. Die Anforderungen werden durch die allgemeinen Umfeldbedingungen, relevante Anspruchsgruppen sowie Unternehmensmerkmale bestimmt. Damit es praxistauglich ist, sollten die Elemente verständlich, plausibel, erstrebenswert und mit den vorhandenen Mitteln umsetzbar sein.

Die Ziele und Inhalte eines Managementsystems sollten einen direkten Bezug zum Unternehmen und betrieblichen Akteuren haben. Die Welt zu retten ist moralisch erstrebenswert, praktisch jedoch von einem Unternehmen nicht umsetzbar. Damit Ziele ihre Motivationsfunktion erfüllen, sollte die Erfüllung von Zielen direkt messbar, beeinflussbar sowie spürbar sein. Das vorrangige Ziel eines Unternehmens und seiner Beschäftigten ist die nachhaltige Sicherung der eigenen Existenz. Nur wenn dieses Ziel erfüllt ist, besteht die Möglichkeit für Unternehmen und Beschäftigte sich mit höheren Zielen zu beschäftigen. Die Existenz eines Unternehmens hängt von der Fähigkeit zur kontinuierlichen Verbesserung der wirtschaftlichen, umweltbezogenen, sozialen und technischen Leistung sowie der Bedürfnisbefriedigung relevanter Anspruchsgruppen ab.

Ziele können auf unterschiedlichen Wegen erreicht werden. Aber nicht jeder Weg führt zum Ziel. Unternehmen müssen entscheiden, welchen Weg sie gehen möchten. Auch wenn der Weg noch nicht im Detail klar ist, kann eine Richtung vorgegeben werden. Durch die Definition von Prinzipien werden eine Richtung und eine Strategie vorgegeben, mit der ein Unternehmen seine Ziele erreichen will. Sie beschreiben Grundsätze des Denkens und Handelns und geben Orientierung für Entscheidungen. Sie bilden zudem die Grundlage für die Auswahl von Methoden und Werkzeugen sowie von Aktivitäten zur Zielerreichung.

Prinzipien beschreiben grundlegende Denk- und Handlungsweisen. Sie können durch verschiedene Methoden und Werkzeuge bei der täglichen Arbeit umgesetzt werden. Die Methoden und Werkzeuge sollten von allen Beschäftigten im Unternehmen angewendet werden können, unabhängig von der Ausbildung und Funktion. Nur so lässt sich eine kontinuierliche, eigenverantwortliche Verbesserung im Sinne des Kaizens erreichen (Ohno 1993). Verbesserungen dürfen nicht nur die Aufgabe von einigen Beauftragten oder Experten sein. Dies ist eine wesentliche Erkenntnis aus dem Erfolg des Toyota-Produktionssystems. Komplexe Methoden und Werkzeuge, die nur von Spezialisten anwendbar sind, sollten die Ausnahme darstellen. Sie sollten nur dort eingesetzt werden, wo einfache Lösungen nicht mehr helfen und der Anwendungsnutzen höher als der Anwendungsaufwand ist.

Im Folgenden werden der Begriff und die Elemente (Ziele, Prinzipien, Methoden und Werkzeuge) eines Nachhaltigkeitsmanagementsystems (NMS) beschrieben.

6.4.2 Definition

Ein NMS beschreibt ein ganzheitliches, aufeinander abgestimmtes System von Zielen, Prinzipien, Methoden und Werkzeugen zur dauerhaften Existenz- und Erfolgssicherung eines Unternehmens auf Basis des Nachhaltigkeitsprinzips. Dazu wird eine ausgewogene, zukunftsorientierte Verbesserung von Wirtschaftlichkeit, Umweltschutz, Sozialverantwortung sowie Technikeinsatz angestrebt. Das NMS bildet den Ordnungs- und Gestaltungsrahmen für alle Teilsysteme, Elemente und Aktivitäten im Unternehmen.

6.4.3 Ziele

Durch ein Nachhaltigkeitsmanagementsystem werden drei übergeordnete Ziele verfolgt:

1. dauerhafte Sicherung von Existenz und Erfolg des Unternehmens,
2. kontinuierliche, ausgewogene Verbesserung der wirtschaftlichen, umweltbezogenen, sozialen und technischen Leistungsfähigkeit des Unternehmens,
3. langfristige Sicherheit und Zufriedenheit relevanter Anspruchsgruppen.

6.4.4 Prinzipien

Das Nachhaltigkeitsmanagementsystem basiert auf fünf übergeordneten Prinzipien:

1. **Ganzheitlichkeit**: Das Nachhaltigkeitsmanagement bezieht alle Organisationsbereiche und Beschäftigten ein. Im Vordergrund steht das Gesamtergebnis. Hierzu ist ein prozessorientiertes Denken und Handeln notwendig, unabhängig von Schnittstellen und Bereichsgrenzen.
2. **Ausgewogenheit**: Das Nachhaltigkeitsmanagement umfasst vier Zieldimensionen (Wirtschaft, Umwelt, Soziales, Technik) die ausgewogen und gleichrangig zu berücksichtigen sind. Bei Zielkonflikten sind Kompromisse erforderlich.
3. **Zukunftsorientierung:** Bei Entscheidungen und Aktivitäten ist die langfristige Wirkung zu bedenken. Der langfristige Erfolg darf nicht durch kurzfristiges Denken und vorübergehende Vorteilsnahme gefährdet werden.
4. **Wesentlichkeit:** Da die Ressourcen begrenzt sind, können nicht alle Themen mit gleicher Intensität bearbeitet werden. Um erfolgreich zu sein, ist eine Konzentration der Kräfte auf die wichtigen und richtigen Dinge erforderlich. Dazu ist eine Priorisierung von Themen, Zielen und Maßnahmen vorzunehmen.
5. **Realismus:** Ziele, Strategien und Maßnahmen sollen nicht auf Ideologien und Meinungen, sondern auf objektiven Zahlen, Daten und Fakten beruhen. Sie müssen praxistauglich und mit den verfügbaren Ressourcen machbar sein.

6.4.5 Teilsysteme

Das hier vorgestellte Nachhaltigkeitsmanagementsystem (NMS) kombiniert Managementsysteme für die Erfüllung von Teilzielen und integriert diese in ein ganzheitliches Managementsystem. Das NMS bildet den übergeordneten Ordnungs- und Gestaltungsrahmen für die Kombination von Teilsystemen in ein Gesamtsystem. Die integrierten Managementsysteme fassen als Subsysteme ausgewählte Prinzipien, Methoden und Werkzeuge für ein definiertes Teilziel des Nachhaltigkeitsmanagements zusammen. Managementsysteme können selbst definiert oder als normierter Standard (Abschn. 6.2) übernommen werden. Ein NMS ist offen für eine an den Anforderungen eines Betriebs angepasste Auswahl und Kombination von Managementsystemen. Die einzelnen Managementsysteme stellen Bausteine des Gesamtsystems dar. Die Auswahl, Kombination und Detailgestaltung ist Ausdruck einer individuellen Unternehmensstrategie. Insofern werden hier nur mögliche Beispiele genannt.

Beispiele für normierte Managementsysteme:

- Qualitätsmanagement (ISO 9001) – Teilziel: Qualitätsverbesserung,
- Umweltmanagement (ISO 14001) – Teilziel: Umweltschutz,

- Energiemanagement (ISO 50001) – Teilziel: Energieeffizienz,
- Risikomanagement (ISO 31000) – Teilziel: Risikobewältigung,
- Business Continuity Management (ISO 22301) – Teilziel: Betriebskontinuität.
- Arbeits- und Gesundheitsschutzmanagement (ISO 45001) – Teilziel: Personalschutz.

Beispiele für individuelle Managementsysteme:

- Ganzheitliches Produktivitätsmanagement (GPM) – Teilziel: wettbewerbsfähige Produktivität,
- Betriebliches Kontinuitätsmanagement (BKM) – Teilziel: organisationale Krisenfestigkeit,
- Ganzheitliches Produktionssystem (GPS) – Teilziel: hohe Kundenzufriedenheit,
- Humanressourcenmanagement (HRM) – Teilziel: leistungsfähiges Personal,
- Finanz- und Kostenmanagement (FKM) – Teilziel: wirtschaftliche Handlungsfähigkeit,
- Technologie- und Wissensmanagement (TWM) – Teilziel: Vorsprung in Technik und Wissen.

6.4.6 Methoden

Methoden beschreiben eine Vorgehensweise zur Erreichung konkreter Ziele oder zur Lösung bestimmter Probleme und Aufgaben. Das hier beschriebene NMS nutzt die bestmöglichen arbeits-, betriebs- und ingenieurwissenschaftlichen Methoden eines „New Industrial Engineering" (Eisele, ifaa 2020) zur Analyse, Zielbildung, Planung sowie Gestaltung und Verbesserung von Produkten und Dienstleistungen, Organisation und Prozessen sowie Anlagen und Gebäuden. Jede Methode, die zum Erfolg führt und bei dem Nutzen und Aufwand in einem akzeptierten Verhältnis stehen, ist erlaubt. Die folgende Liste (siehe Abkürzungsverzeichnis) kann somit beliebig ergänzt und erweitert werden:

- 5S – Aufgabe: Verbesserung Ordnung und Sauberkeit,
- 7V – Aufgabe: Aufdeckung von sieben Verschwendungsarten,
- 3R – Aufgabe: Verbesserung der Nachhaltigkeit,
- STOP – Aufgabe: Verbesserung der Sicherheit und Effizienz,
- ABC – Aufgabe: Priorisierung von Ursachen und Maßnahmen,
- SPL – Aufgabe: Systematische Problemlösung,
- SSFM – Aufgabe: Planung und Steuerung von Nachhaltigkeit am Shopfloor,
- SBSC – Aufgabe: Ausgewogene Definition von Nachhaltigkeitszielen,
- SWOT – Aufgabe: Analyse von Stärken, Schwächen, Chancen und Risiken,
- Wesentlichkeitsanalyse – Aufgabe: Ermittlung wesentlicher Themen und Handlungsfelder.

6.4.7 Werkzeuge

Werkzeuge stellen praktische Hilfsmittel zur Unterstützung und Anwendung von Methoden dar. Für jede Methode existieren analoge oder digitale Werkzeuge, mit denen die Aufgabenerfüllung erleichtert werden soll. Das hier beschriebene NMS setzt bedarfsgerecht die besten verfügbaren Werkzeuge (analog oder digital) zur effektiven und effizienten Umsetzung von Methoden und Prinzipien ein. Die folgende Beispielliste kann analog den Methoden individuell angepasst oder ergänzt werden.

- Wesentlichkeitsmatrix,
- SBSC-Board,
- OSEE,
- Risikolandkarte,
- Potenziallandkarte,
- Maßnahmenplan,
- Handbuch,
- Richtlinie,
- Arbeitsanweisung,
- Standardarbeitsblatt,
- Checkliste,
- Nachhaltigkeitsbericht,
- Bewertungsformular,
- Zielvereinbarungsformular,
- Problemlösungsblatt,
- Arbeitsblätter (3R, STOP, 7V, 5S).

Literatur

DIN – Deutsches Institut für Normung (2018) DIN EN ISO 19011:2018-10 Leitfaden zur Auditierung von Managementsystemen (ISO 19011:2018); Deutsche und Englische Fassung EN ISO 19011:2018, Beuth Verlag GmbH

DQS – Deutsche Gesellschaft zur Zertifizierung von Managementsystemen (2019) HLS – Chance für ein integriertes Managementsystem. Whitepaper. https://www.dqsglobal.com/de-de/wissen/whitepaper/integriertes-managementsystem. Zugegriffen: 25. Jan. 2024

Eisele O, ifaa (Hrsg) (2020) New Industrial Engineering – Garant für den Betriebserfolg in neuen Arbeitswelten. Zahlen | Daten | Fakten. https://www.arbeitswissenschaft.net/angebote-produkte/zahlendatenfakten/ue-zdf-new-ie. Zugegriffen: 25. Jan. 2024

Eisele O, ifaa (Hrsg) (2022) Betriebliches Kontinuitätsmanagement – Handlungsleitfaden für die praktische Umsetzung. Leistung & Entgelt (Sonderdruck Juni 2022):6–45

Eisele O, Jeske T, Lennings F (2021) Produktivitätsmanagement – Anforderungen, Gestaltung und Umsetzung in der digitalisierten Arbeitswelt. In: Jeske T, Lennings F (Hrsg) Produktivitätsmanagement 4.0 – Praxiserprobte Vorgehensweisen zur Nutzung der Digitalisierung in der Industrie. Springer Vieweg, Berlin, S 7–41 ifaa – Institut für angewandte Arbeitswissenschaft e. V. (Hrsg) (2002) Ganzheitliche Produktionssysteme – Gestaltungsprinzipien und deren Verknüpfung. Wirtschaftsverlag Bachem, Köln

Ohno T (1993) Das Toyota Produktionssystem. Campus, Frankfurt

REFA-Bundesverband e. V. (2016) Arbeitsorganisation erfolgreicher Unternehmen – Wandel in der Arbeitswelt. Hanser-Verlag, Darmstadt

REFA-Bundesverband e. V. (2011) REFA-Lexikon. Carl Hanser Verlag, München, Industrial Engineering und Arbeitsorganisation

REFA – Verband für Arbeitsstudien und Betriebsorganisation e. V. (1991) Methodenlehre der Betriebsorganisation. Carl Hanser Verlag, München, Grundlagen der Arbeitsgestaltung

StMWi – Bayerisches Staatsministerium für Wirtschaft und Medien, Energie und Technologie (2015) Aktuelle normierte Managementsysteme. Qualitäts-, Umwelt-, Energie-, Arbeitsschutz-, Risiko- und Nachhaltigkeitsmanagement. Ein Überblick für kleine und mittlere Unternehmen

Stowasser S (2014) Arbeitswissenschaft als Unterstützer der Unternehmen im Wandel der Arbeitswelt. In: Zeitschrift für Arbeitswissenschaft, Bd 68, Nr. 4, S. 234–235

Gestaltungsbeispiel

7

Beispiel für eine nachhaltige Betriebs- und Arbeitsorganisation

Olaf Eisele

In diesem Kapitel wird beispielhaft ein ganzheitliches Nachhaltigkeitsmanagementsystem für ein mittelständisches Unternehmen in Form eines Managementhandbuchs beschrieben. Dabei ist Folgendes zu beachten: Um das Beispiel trotz der umfassenden Themenfelder schlank zu halten, wurden nicht alle Themen im Detail beschrieben. An den betreffenden Stellen wird auf ergänzende Betriebsdokumente verwiesen, die in einem Unternehmen zu erstellen sind. Dies entspricht der betrieblichen Praxis, die übergeordnete Managementhandbücher durch weitere Handbücher, Richtlinien und Arbeitsanweisungen ergänzt. Dadurch entsteht ein betriebsspezifisches Regelwerk, das die Betriebs- und Arbeitsorganisation eines Unternehmens beschreibt.

Das Umsetzungsbeispiel erhebt nicht den Anspruch auf Allgemeingültigkeit oder Vollständigkeit. Es soll vielmehr zu einem besseren Verständnis beitragen und als Anregung sowie Hilfe für eine individuelle Gestaltung und Umsetzung verstanden werden. Das Verständnis und die Detailgestaltung von Nachhaltigkeit und Managementsystemen muss in Unternehmen individuell mit den Betroffenen erarbeitet werden. Nur so werden die notwendige Akzeptanz und der Erfolg erreicht.

O. Eisele (✉)
Fachbereich Unternehmensexzellenz, ifaa – Institut für angewandte Arbeitswissenschaft e. V., Düsseldorf, Deutschland
E-Mail: o.eisele@ifaa-mail.de

Nachhaltigkeitsmanagement – Handbuch für die Unternehmenspraxis, ifaa-Edition
https://doi.org/10.1007/978-3-662-69573-9_7

7.1 Unternehmen und Verpflichtungserklärung

Firmenprofil
Das hier beispielhaft beschriebene Unternehmen ist ein mittelständischer Hersteller der Metall- und Elektroindustrie. Das Unternehmen entwickelt und produziert seine Produkte an einem zentralen Produktionsstandort in Deutschland. Die Produkte werden über Vertriebsniederlassungen im In- und Ausland vertrieben. Das Produktspektrum umfasst ein breites Sortiment elektromechanischer Produkte mit hohen Ansprüchen an die technische Funktionalität, wettbewerbsfähigen Preis, Qualität sowie Umweltfreundlichkeit. Das Unternehmen ist seit mehreren Generationen in Familienbesitz und wird vom Inhaber persönlich geführt.

Geltungsbereich
Das dargestellte Nachhaltigkeitsmanagementsystem gilt für den zentralen Produktionsstandort sowie alle Verkaufsniederlassungen. Die für das Unternehmen gültige Unternehmensorganisation ist in dem folgenden Organigramm dargestellt (Abb. 7.1).

Verpflichtungserklärung
Die Geschäftsführung genehmigt das nach der eigenen Unternehmenspolitik gestaltete Nachhaltigkeitsmanagementsystem und setzt es hiermit in Kraft. Das Managementsystem und die darin zitierten Dokumente sind für alle Mitarbeiter und alle Abteilungen des Unternehmens verbindlich. Die Geschäftsführung weist hiermit an, dass alle

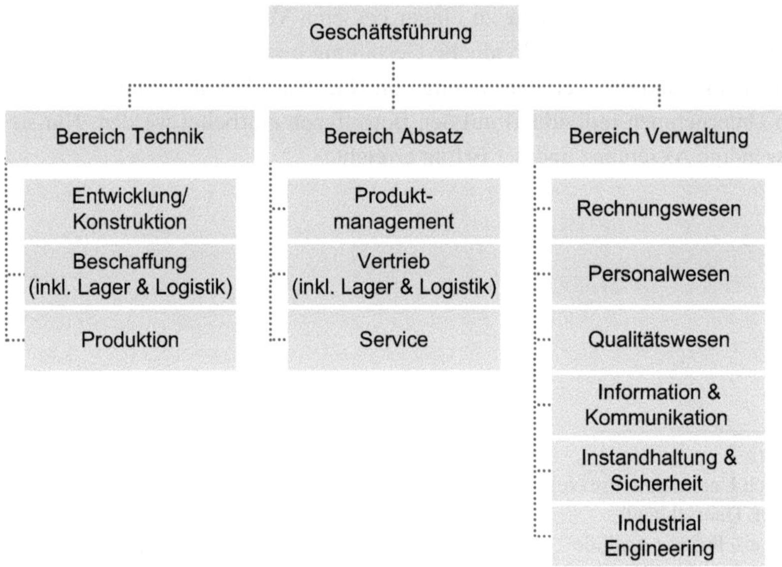

Abb. 7.1 Organigramm

Festlegungen in diesem Managementhandbuch von allen Beschäftigten in allen Ebenen des Unternehmens zu befolgen sind.

Ort, Datum	*Ort, Datum*
Unterschrift im Originaldokument	*Unterschrift im Originaldokument*
______________________	______________________
Geschäftsführung	*Nachhaltigkeitsbeauftragter*

7.2 Mission und Grundsätze

Zur Mobilisierung, Motivierung und einheitlichen Ausrichtung aller Aktivitäten im Unternehmen wird eine Vorstellung benötigt, welche übergeordnete Ziele verfolgt werden, warum und wie etwas getan werden soll und welches Ergebnis angestrebt wird. Hierzu ist ein Leitbild mit einer Mission und Grundsätzen für das Denken und Handeln erforderlich, das eine klare Orientierung gibt. Die Mission beschreibt den Zweck des Unternehmens und allgemeine Ziele. Die Mission wird durch Ziele detailliert. Um die Ziele zu erreichen sind Strategien erforderlich. Die Strategien beschreiben den Weg, die Prinzipien und die Methoden, mit denen die definierten Ziele erreicht werden sollen. Die Ziele und alle Entscheidungen sowie Handlungen sind in die Unternehmenswerte eingebettet. Die Unternehmenswerte beschreiben die Grundsätze, an die sich alle Beschäftigten zu halten haben. Sie geben Orientierung und einen Rahmen, in dem sich Kreativität entfalten, Leistungsfähigkeit entwickeln und Freude an der Arbeit gefördert werden sollen.

Mission
Wir sind ein mittelständisches Unternehmen der deutschen Metall- und Elektroindustrie. Durch unsere Produkte und Dienstleistungen erzeugen wir einen Mehrwert für unsere Kunden. Durch unsere Betriebstätigkeit schaffen wir Arbeitsplätze mit existenzsicherndem Einkommen für die beteiligten Menschen. Wir tragen zur Sicherung des Industriestandortes Deutschland und damit zu sozialer Sicherheit und Wohlstand der Gesellschaft bei. Unsere Produkte helfen bei der Verringerung von Umwelt- und Gesundheitsbelastungen und erleichtern das tägliche Leben unserer Kunden.

Unser Unternehmen gehört in dem von uns belieferten Marktsegment zu den führenden Anbietern und genießt bei den Kunden einen hervorragenden Ruf hinsichtlich Qualität, Technik, Umweltfreundlichkeit sowie Preis-Leistungs-Verhältnis der Produkte und Dienstleistungen. Unsere Kunden sind gerne bereit, den Preis für unsere Produkte und Dienstleistungen zu bezahlen. Zu unseren Lieferanten haben wir ein partnerschaftliches Verhältnis. Führungskräfte und Mitarbeiter arbeiten mit Freude im Unternehmen. Das Unternehmen kann ohne Abhängigkeit von externen Kapitalgebern agieren und ist zukunftssicher auch für zukünftige Generationen aufgestellt. Bei Umwelt-, Arbeits- und

Gesundheitsschutz zählt das Unternehmen zu den Besten in der Branche. Wir stehen zu unserem Standort und nehmen unsere unternehmerische Verantwortung für die Gesellschaft ernst.

Unternehmensgrundsätze
Wir bekennen uns zu folgenden Unternehmensgrundsätzen hinsichtlich der Nachhaltigkeitsaspekte Wirtschaft, Umwelt, Soziales und Technik, welche von allen Führungskräften und Mitarbeitern zu beachten sind:

Wirtschaft

Unsere Betriebstätigkeit ist auf einen langfristigen wirtschaftlichen Erfolg ausgerichtet. Hierzu entwickeln und erzeugen wir kundenorientierte Produkte und Dienstleistungen mit höchster Qualität in schlanken, effizienten Prozessen zu wettbewerbsfähigen Kosten und Lieferkonditionen. Wir verbessern kontinuierlich unsere Qualität, Produktivität und Flexibilität in allen Bereichen und Prozessen des Unternehmens.

Umwelt

Durch unsere Betriebstätigkeit sollen keine Umweltschäden entstehen. Wir entwickeln, produzieren und liefern energiesparende und umweltschonende Produkte und entsorgen umweltverträglich. Wir vermeiden Ressourcenverschwendung und verbessern kontinuierlich die Umweltfreundlichkeit unserer Produkte, Prozesse, Anlagen und Gebäude.

Soziales

Durch unsere Betriebstätigkeit und Produkte sollen keine gesundheitlichen Schäden für Menschen entstehen. Wir sind ein fairer, verlässlicher Geschäftspartner für unsere Kunden und Lieferanten. Wir wertschätzen jeden Menschen, achten die Menschenrechte und stehen zu unserer gesellschaftlichen Verantwortung. Wir achten in unserem Unternehmen auf Arbeitssicherheit und Gesundheitsschutz, entlohnen leistungsgerecht und bieten leistungswilligen Mitarbeitern Entwicklungschancen.

Technik

Zur Verbesserung unserer Produkte, Prozesse, Anlagen und Gebäude nutzen wir die beste verfügbare Technik. Wir sind offen für neue Technologien. Voraussetzung für den Einsatz neuer Technologien im Unternehmen ist die Verbesserung von wirtschaftlicher, umweltbezogener und sozialer Leistungsfähigkeit. Die Technik soll den Menschen dienen.

7.3 Ziele und Kennzahlen

Die Mission unseres Unternehmens wird durch Ziele detailliert. Dem Nachhaltigkeitsprinzip folgend sind die Zielsetzungen hinsichtlich Wirtschaft, Umwelt, Soziales und Technik gleichwertig und gleichrangig anzusehen. Unsere Ziele werden im Sinne eines ausgewogenen Zielsystems zur Verbesserung der Nachhaltigkeit definiert (Abb. 7.2).

Alle Ziele und Handlungen im Unternehmen sind grundsätzlich konform zu aktuellen Gesetzen, Verordnungen, Vorschriften sowie berufsgenossenschaftlichen und behördlichen Regelungen.

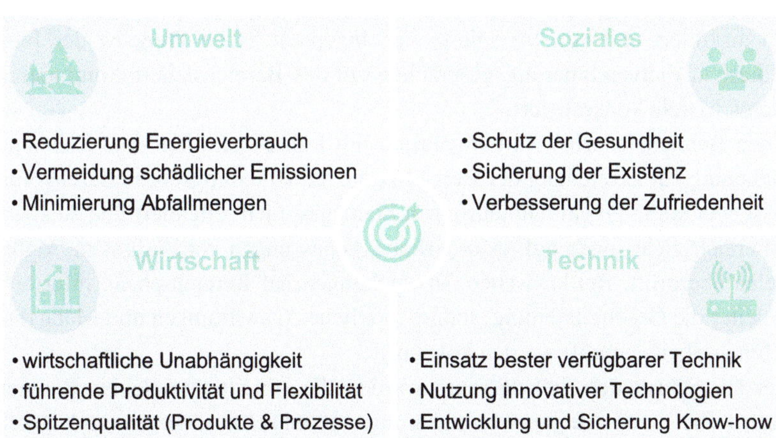

Abb. 7.2 Gleichwertige Nachhaltigkeitsziele als ausgewogenes Zielsystem

Zielbildung

Unsere Zielbildung basiert auf einer Wesentlichkeitsanalyse, mit der wir die für unsere Zukunft wichtigen Themen definieren (Van Hall et al. 2022). Zu den als wesentlich festgelegten Themen formulieren wir langfristige Unternehmensziele. Zur Erreichung der langfristigen Unternehmensziele werden diese für überschaubare Zeithorizonte mit messbaren Zielwerten operationalisiert. Die Zieldetaillierung erfolgt im Rahmen einer vierstufigen Unternehmensplanung:

1. mittelfristige Unternehmensplanung (Zeitraum 5 Jahre),
2. jährliche Unternehmensplanung,
3. halbjährliche Bereichsplanung,
4. monatliche Abteilungsplanung.

Im Rahmen der Mittelfristplanung werden unter Berücksichtigung von wirtschaftlichen Umfeldbedingungen, Absatzprognosen und Vertriebszielen die Absatzmengen und Umsätze geplant. Dies bildet die Basis für eine mittelfristige Investitions- und Personalplanung. Mit der Investitionsplanung werden Forschungs- und Entwicklungsprojekte sowie Investitionen in Anlagen, Gebäude, Informationstechnik sowie sonstige Sonderprojekte (Strategie und Beratung) festgelegt. Die Investitionsplanung erfolgt unter Berücksichtigung der übergeordneten Mission und Ziele sowie verfügbarer finanzieller Ressourcen. Sie enthält eine Bewertung von Chancen, Risiken sowie Dringlichkeit und Priorität für einzelne Investitionsvorhaben. Die Personalplanung ergibt sich aus dem Kapazitätsbedarf, der von geplanten Umsatzzahlen, Projekten und Rationalisierungseffekten abhängt.

Am Ende jedes Jahres erfolgt eine Planung von Umsatz, Investitionen, Personal und Projekten für das folgende Jahr unter Berücksichtigung aktueller Entwicklungen und Kenntnisse. Hierzu werden Vorschläge aus allen Unternehmensbereichen im Rechnungswesen gesammelt, konsolidiert und in der Geschäftsführung in einem Jahresplanungsgespräch diskutiert und ggf. korrigiert oder angepasst. Nach Freigabe der Jahresziele werden diese in Zielvereinbarungsgesprächen mit den Bereichsleitern kommuniziert und durch Bereichsziele konkretisiert.

Von den Bereichsleitern wird halbjährlich mit Führungskräften eine Ziel- und Maßnahmenplanung zur Erreichung der Bereichsziele auf Abteilungsebene durchgeführt. Die Ergebnisse werden in einem halbjährlichen Statusgespräch reflektiert und Auswirkungen auf die Bereichsziele sowie ggf. erforderliche Anpassungen von Aufgaben, Maßnahmen oder Zielen überprüft. Bei kritischen Abweichungen auf Bereichsebene informieren die Bereichsleiter die Geschäftsleitung, sodass mögliche Auswirkungen und Maßnahmen auf Unternehmensebene geprüft werden können.

Im letzten Schritt der Zielauflösung werden die Abteilungsziele im Rahmen einer monatlichen Ziel- und Aufgabenvereinbarung auf einzelne Gruppen und Beschäftigte heruntergebrochen. Hierbei werden auf Basis konkreter Kennzahlen und Arbeitsaufgaben monatliche Ziele definiert und wöchentlich oder täglich im Rahmen des Shopfloor-Managements überwacht. Die mehrstufige Unternehmensplanung wird durch ein Ziel- und Kennzahlensystem (Managementinformationssystem) unterstützt.

Ziel- und Kennzahlensystem
Zur Steuerung und Überwachung des Unternehmens und der Leistungserstellungsprozesse im Hinblick auf unsere Unternehmensziele setzen wir Kennzahlen ein. Diese werden so gewählt, dass sie eine effiziente Kommunikation zur Zielerreichung auf der Basis von Zahlen, Daten und Fakten sowie eine kontinuierliche Verbesserung unterstützen. Sie sollen eine gemeinsame Kommunikationsbasis sowie Orientierung über Ist- und Soll-Zustände schaffen, Handlungsbedarf aufzeigen und die Erfolgskontrolle eingeleiteter Verbesserungsmaßnahmen ermöglichen (Conrad et al. 2019).

Maßnahmen zur Zielerreichung können auf verschiedene Ziele und Kennzahlen gegenläufig wirken. Bei einseitiger Fokussierung auf eine Zielgröße oder Kennzahl können Aktivitäten forciert werden, die für den ganzheitlichen Unternehmenserfolg nachteilig sind. Entsprechend unserem Verständnis von Nachhaltigkeit achten wir auf ausgewogene Ziele und Kennzahlen in den Dimensionen Umwelt, Wirtschaft, Soziales und Technik. Auf allen Ebenen und in allen Abteilungen wird mindestens eine Kennzahl zu jeder dieser Zieldimensionen definiert und als Steuerungsgröße beachtet. Hierdurch werden alle Akteure sensibilisiert, sich nicht einseitig zu fokussieren und andere Einflüsse und Auswirkungen nicht unbeachtet zu lassen.

7.4 Strategie und Maßnahmen

Zur Erreichung unserer Ziele verfolgen wir eine Strategie, die auf aus fünf wesentlichen Bestandteilen (Teilstrategien) besteht:

1. Produktstrategie,
2. Prozessstrategie,
3. Personal- und Führungsstrategie,
4. Sicherheitsstrategie,
5. Technikstrategie.

Produktstrategie
Für einen nachhaltigen Unternehmenserfolg müssen wir uns auf Erfolg versprechende Produkte und Märkte konzentrieren. Diese müssen zu unserer Überzeugung, unseren Kompetenzen und unserer Leistungsfähigkeit passen. Wir konzentrieren uns auf Produkte und Märkte mit hohen Ansprüchen an Design, Technik, Qualität, Umweltfreundlichkeit und Service. Wir beliefern keine anonymen Massenmärkte, sondern streben einen persönlichen Kontakt zu unseren Kunden an. Unser Ziel ist eine langfristige, partnerschaftliche Kunden-Lieferanten-Beziehung. Da Kundennähe und intensiver

Kundenkontakt für uns wichtig sind, konzentrieren wir uns auf den europäischen Markt. Im Rahmen einer strategischen Produktprogrammplanung sowie einer Variantenplanung überprüfen wir zyklisch unsere Produkte und passen diese kontinuierlich an Kundenwünsche sowie Technologie-, Markt- und Wettbewerbsbedingungen an. Dabei wird auf eine technisch nachhaltige Produktgestaltung geachtet.

Prozessstrategie
Die kontinuierliche und nachhaltige Verbesserung unserer Prozesse erreichen wir durch den Ansatz eines Ganzheitlichen Produktivitätsmanagements (GPM). Ziel des GPM ist die Verbesserung der Gesamtproduktivität unseres Unternehmens (Eisele und ifaa 2023). Der Anspruch der Ganzheitlichkeit berücksichtigt:

- alle Unternehmensziele (ökonomische, ökologische, soziale und technische),
- alle Ressourcen (Mensch, Maschine, Material, Energie, Information),
- alle Arten von Produktivitätsverlusten (auch solche durch organisatorische Vorgaben),
- alle Prozesse und Bereiche (auch indirekte),
- Wechselwirkungen zwischen Prozessen und Abteilungen.

Zur praktischen Umsetzung unseres GPM nutzen wir die aktuellen betriebs-, ingenieur- und arbeitswissenschaftlichen Erkenntnisse des Industrial Engineering sowie praxisbewährte Prinzipien und Methoden des Lean Managements.

Personal- und Führungsstrategie
Die Fähigkeiten und die Motivation unserer Mitarbeiter sind die Basis für unseren Erfolg. Wir streben nach einer kontinuierlichen Verbesserung der Arbeits- und Leistungsfähigkeit sowie einer langfristigen Bindung unserer Beschäftigten an das Unternehmen. Wir setzen auf eine Personalentwicklung mit einer langfristigen Laufbahnplanung und zielgerichteten Qualifizierungsmaßnahmen entsprechend der individuellen Leistungsfähigkeit, Leistungsbereitschaft sowie Stellenanforderungen. Beschäftigte des Unternehmens werden fair und leistungsgerecht entlohnt. Einsatzbereitschaft, Erfahrung und Loyalität zum Unternehmen werden honoriert. Wir sehen einen Vorteil in der Kombination der Diversität von Menschen und ihren Fähigkeiten, Stärken und Schwächen.

Zur Erreichung unserer Ziele setzen wir auf einen Führungsansatz mit Elementen aus dem Lean Leadership (Eisele und Conrad 2022). Die Führungskraft führt mit Ziel- und Aufgabenvereinbarungen und unterstützt die Mitarbeiter bei der Erfüllung von Zielen und Aufgaben. Die Führungskraft nimmt die Rolle eines Trainers und Mentors ein. Von besonderer Bedeutung ist die Führung vor Ort, d. h. am Shopfloor. Deshalb ist das Shopfloor Management in allen direkten und indirekten Bereichen ein wesentlicher Bestandteil unserer Führungsstrategie (Conrad et al. 2019).

Sicherheitsstrategie
Die Sicherheitsstrategie dient der nachhaltigen Sicherung der Existenz und des Erfolgs unseres Unternehmens sowie der Existenz und dem Wohlergehen unserer Beschäftigten.

Als Unternehmen agieren wir in einem Umfeld mit vielfältigen Risiken, welche die Existenz und den langfristigen Fortbestand unseres Unternehmens gefährden können. Zur nachhaltigen Sicherung der betrieblichen Kontinuität betreiben wir ein Betriebliches Kontinuitätsmanagement (BKM). Dieses beinhaltet eine systematische Identifizierung, Analyse, Bewertung und Bewältigung ökonomischer, ökologischer, sozialer und technischer Risiken (Risikomanagement) sowie ein Krisen- und Sanierungsmanagement im Falle von eingetretenen Schadensereignissen (Eisele und ifaa 2022).

Das BKM auf betrieblicher Ebene wird durch ein Arbeits- und Gesundheitsschutzmanagement (AGM) auf der Arbeitsebene unserer Beschäftigten ergänzt (ifaa 2017). Das AGM beinhaltet eine Analyse, Beurteilung, Vermeidung bzw. Bewältigung von gesundheitlichen Risiken am Arbeitsplatz (Gefährdungsmanagement) sowie ein Notfall- und Integrationsmanagement für den Fall von eingetretenen Arbeitsunfällen oder gesundheitlichen Beeinträchtigungen unserer Beschäftigten. Unser betriebliches AGM deckt die rechtlichen Anforderungen des Arbeits- und Gesundheitsschutzes ab. Ziel des AGM ist eine langfristige und damit nachhaltige Beschäftigung der im Unternehmen arbeitenden Menschen.

Technikstrategie
Um langfristig bestehen zu können, müssen wir auf dem Stand der Technik bleiben. Wir wollen frühzeitig Chancen und Risiken neuer Technologien erkennen und für eine Verbesserung unserer ökonomischen, ökologischen und sozialen Leistungsfähigkeit nutzen. Technik stellt für uns keinen Selbstzweck dar, sondern dient der Erfüllung von Kundenanforderungen (Produkttechnik) oder Arbeitsaufgaben in unseren Leistungserstellungsprozessen (Prozesstechnik). Wir unterscheiden produktbezogene und prozessbezogene Technikstrategien.

Unsere produktbezogene Technikstrategie ergibt sich aus den Anforderungen unserer Kunden sowie den Wettbewerbsbedingungen. Aufgrund der kontinuierlichen Veränderung dieser Einflussgrößen, müssen wir unsere Produkttechnik flexibel an die aktuellen Entwicklungen anpassen. Hierzu führen wir zyklisch eine Bewertung des Technologieportfolios durch. Darin bewerten wir vorhandene sowie neue Produkttechnologien hinsichtlich der Chancen und Risiken. Die Bewertung erfolgt aus Kundensicht (Technologieattraktivität) sowie aus Wettbewerbssicht (relative Technologiestärke im Wettbewerbsvergleich). Darauf basierend entscheiden wir uns technologiebezogen für eine Investitions- oder Desinvestitionsstrategie. Neue Produkttechnologien müssen grundsätzlich konform zu unseren Nachhaltigkeitszielen, d. h. umweltfreundlich, wirtschaftlich und gesellschaftlich akzeptiert sein.

Unsere prozessbezogene Technikstrategie ergibt sich aus den Anforderungen unserer Prozesse zur Leistungserstellung. Hierbei gilt grundsätzlich, dass die Prozesse die Technik bestimmen und nicht die Technik die Prozesse. Die Einführung neuer Prozesstechnologien erfordert Investitionen, denen ein angemessener Nutzen (Return on Investment) gegenüberstehen muss und die mit unseren finanziellen Ressourcen als mittelständisches Unternehmen machbar sind. Vor der Einführung einer neuen Prozesstechnologie führen wir eine Bewertung von Chancen und Risiken durch, die durch eine monetäre Wirtschaftlichkeitsbewertung ergänzt wird. Die Entscheidung über eine Anschaffung von neuen Prozesstechnologien erfolgt im Rahmen unserer mittelfristigen sowie jährlichen Unternehmens- und Investitionsplanung. Analog zu Produkttechnologien müssen auch Prozesstechnologien grundsätzlich konform zu unseren Nachhaltigkeitszielen sein und zu einer Verbesserung unserer ökonomischen, ökologischen sowie sozialen Leistungsfähigkeit beitragen.

7.5 Produkte und Dienstleistungen

Für eine erfolgreiche Unternehmenstätigkeit benötigen wir Produkte und Dienstleistungen, die den Anforderungen unserer Kunden an Design, Funktion, Qualität, Umweltfreundlichkeit, Preis und Lieferbedingungen entsprechen. Sie müssen in diesen Punkten wettbewerbsfähig sein. Aufgrund kontinuierlicher Veränderungen von Technologien, Märkten, Wettbewerbssituation und politisch-rechtlichen Rahmenbedingungen verändern sich auch die Anforderungen an Produkte. Zur nachhaltigen Sicherung des Unternehmenserfolgs müssen diese Veränderungen rechtzeitig erkannt und notwendige Anpassungen im Produkt- und Dienstleistungsspektrum sowie bei der technischen Produktgestaltung vorgenommen werden. Die Nachhaltigkeit unserer Produkte und des Produktprogramms stellen wir durch folgende Maßnahmen sicher:

- Produktprogrammplanung,
- Variantenmanagement,
- Produktgestaltung.

7.5.1 Produktprogrammplanung

Im Rahmen eines zyklischen Prozesses wird alle zwei Jahre eine strategische Analyse und Planung des Produktspektrums unter Berücksichtigung aktueller Entwicklungen und Trends von Technologie, Markt, Wettbewerb, Kundenwünschen sowie rechtlichen Rahmenbedingungen vorgenommen. Dazu werden unsere Produktvarianten in Gruppen mit ähnlicher Funktion, Technik und Kundenzielgruppe zusammengefasst. Für jede Produktgruppe wird eine Bewertung nach den in Abb. 7.3 dargestellten Kriterien durchgeführt.

Auf Basis der Analyse und Bewertung des Produktprogramms werden folgende strategische Entscheidungen getroffen:

Bewertungskriterium Produktgruppe (PG)	PG 1	PG 2	...
Umwelt			
– Umweltfreundlichkeit der Herstellung	2	3	...
– Umweltfreundlichkeit bei Nutzung	1	2	...
– Recyclingfähigkeit	1	3	...
Wirtschaft			
– Gewinn-/Deckungsbeitrag	2	2	...
– Umsatzbedeutung	3	2	
– Wettbewerbsfähigkeit (Preis, Qualität, Lieferzeit)	1	2	
Technik			
– Technologieattraktivität (Kunden)	1	3	
– Zukunftspotenzial (Technologielebenskurve)	3	3	...
– Technologiebedeutung (Know-how, Patente)	1	3	...
Soziales			
– gesellschaftliches Produktimage	1	3	...
– gesundheitliche Unbedenklichkeit	2	3	...
– Beschäftigungswirkung (Arbeitsplätze)	1	2	...
Gesamtwert Nachhaltigkeit:	19	31	...

Bewertungsstufen:
0 = kritisch
1 = gering
2 = mittel
3 = hoch

Abb. 7.3 Analyse und Bewertung der Nachhaltigkeit von Produktgruppen

- Beibehaltung oder Eliminierung von Produktgruppen aus dem Produktprogramm,
- Aufnahme neuer Produktgruppen (ggf. neues Geschäftsmodell) in das Produktprogramm,
- Anpassung von Produkteigenschaften innerhalb bestehender Produktgruppen (Design, Technik, Funktion, Qualität, Preis, Lieferkonditionen, Umweltfreundlichkeit).

Zur Erhaltung des nachhaltigen Produktprogramms wird auf eine zukunftsfähige Produktstruktur geachtet. Dabei legen wir Wert darauf, dass die Anzahl der Produktgruppen in den frühen Phasen des Produktlebenszyklus überwiegt und diese einen hohen Gesamtwert für die Nachhaltigkeit erzielen, (Abb. 7.4).

Die Produktprogrammplanung erfolgt in vier Schritten:

1. Analyse und Bewertung der Produktgruppen durch das Produktmanagement,
2. Vorstellung und Abstimmung der Bewertungsergebnisse durch das Produktmanagement mit der Vertriebs-, Entwicklungs- und Produktionsleitung,
3. Vorstellung der abgestimmten Bewertung und Empfehlungen vor der Geschäftsleitung,
4. Verabschiedung des zukünftigen Produktprogramms durch die Geschäftsleitung.

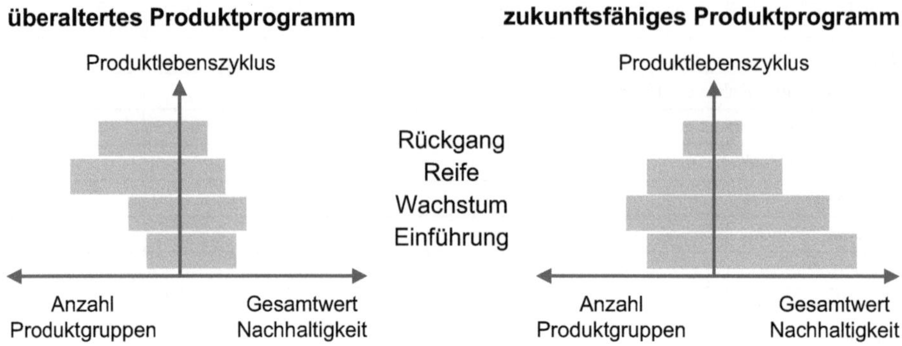

Abb. 7.4 Beispiele für überaltertes und nachhaltiges Produktprogramm

7.5.2 Variantenmanagement

Im Rahmen der jährlichen Variantenplanung wird innerhalb der strategisch definierten Produktgruppen eine Analyse und Bewertung der einzelnen Produktvarianten durchgeführt. Auf Basis von aktuellen und zukünftig erwarteten Absatzzahlen, Gewinn- und Deckungsbeiträgen, Chancen und Risiken werden für die einzelnen Produktvarianten folgende Entscheidungen getroffen:

- Beibehaltung oder Eliminierung der Produktvarianten aus dem Lieferprogramm,
- Aufnahme neuer Produktvarianten in das Lieferprogramm,
- Anpassung von Eigenschaften einzelner Produktvarianten (Design, Technik, Funktion, Qualität, Preis, Lieferkonditionen).

Jede aktive Produktvariante im Lieferprogramm führt zu einem Ressourcenverbrauch in Form von Verwaltungs-, Pflege-, Material-, Herstellungs-, Lager- und Transportaufwand. Sofern eine hergestellte Produktvariante nicht mehr absetzbar ist, können zusätzliche Recycling- und Entsorgungskosten entstehen. Ziel der Variantenplanung ist ein produktives Lieferprogramm mit einem möglichst hohem Deckungsbeitrag und Gewinn bei möglichst geringem Ressourcenverbrauch (Energie, Material, Arbeit, Betriebsmitteleinsatz). Das Variantenportfolio wird hierzu jährlich hinsichtlich der Effektivität und Effizienz sowie Chancen und Risiken der einzelnen Produktvarianten nach den folgenden Kriterien analysiert und bewertet (Abb. 7.5):

- Deckungsbeitrag (Beitrag zur Deckung von Fixkosten),
- Absatzmenge (Jahresvolumen),
- Absatzkontinuität (Gleichmäßigkeit, Volatilität, Absatzverteilung),
- Zukunftspotenzial (Lebensdauer, Nachfrageentwicklung).

Lieferprogramm	Deckungsbeitrag	Absatzmenge	Absatzkontinuität	Zukunftspotenzial	Nutzwert Variante	Empfehlung
Produktgruppe 1						
· Variante 1	2	3	3	2	10	halten
· Variante 2	1	3	2	2	8	ändern
· Variante 3	0	1	1	0	2	eliminieren
Produktgruppe 2						
· Variante 1	2	2	2		7	prüfen
· ...	...	...	...		...	...
· ...	...	...	...		...	...

Bewertung:
0 = kritisch
1 = gering
2 = mittel
3 = hoch

Abb. 7.5 Analyse, Bewertung und Empfehlung von Varianten

Die jährliche Variantenplanung erfolgt organisatorisch in vier Schritten:

1. Analyse und Bewertung der Produktvarianten durch das Produktmanagement,
2. Vorstellung und Abstimmung der Bewertungsergebnisse durch das Produktmanagement mit der Vertriebs-, Entwicklungs- und Produktionsleitung,
3. Vorstellung der abgestimmten Bewertung und Empfehlungen vor der Geschäftsleitung,
4. Verabschiedung des Lieferprogramms durch die Geschäftsleitung.

7.5.3 Produktgestaltung

Entsprechend der 80:20-Regel werden 80 % der Kosten-, Qualitäts- und Umwelteigenschaften von Produkten in der Produktgestaltungsphase festgelegt. Diese beinhaltet die erste Definition von Anforderungen in einem Lastenheft, die Beschreibung einer technischen Lösung für diese Anforderungen in einem Pflichtenheft sowie die konstruktive Umsetzung im Rahmen eines Entwicklungsprojekts. Am Ende der Produktgestaltungsphase stehen der Produktionsstart und die Markteinführung.

Basierend auf Anforderungen aus Kunden-, Umwelt-, Sicherheits- und Wirtschaftlichkeitssicht erstellt das Produktmanagement ein Lastenheft. Die Anforderungen des Lastenhefts werden durch den Bereich Entwicklung und Konstruktion in einem Pflichtenheft in Form technisch machbarer Gestaltungsanforderungen präzisiert. Die technisch-konstruktive Gestaltung soll insbesondere folgende Anforderungen berücksichtigen:

1. Kundenanforderungen (Sicherheit, Funktion, Design, Qualität, Kosten),
2. Umweltanforderungen (Material, Herstellung, Nutzung, Recycling),
3. Fertigungsanforderungen (Komplexität, Qualität, Logistik, Ergonomie).

Ablauf, Zuständigkeiten und Anforderungen bei der Produktgestaltung sind in einer Prozessrichtlinie „Produktgestaltung“ beschrieben und geregelt. Diese wird durch unternehmensbezogene Design-Regeln in einem Design-Handbuch ergänzt.

Die Geschäftsleitung bestimmt die verantwortliche Projektleitung für die Entwicklung eines Produkts und genehmigt einzelne Projektphasen. Die Projektleitung ist verantwortlich für die Einhaltung der umwelt-, arbeitsschutz- sowie qualitäts- und kostenrelevanten Anforderungen an das Produkt. Sie muss beachten, dass die Anforderungen in Einklang mit den übergeordneten Nachhaltigkeitszielen des Unternehmens stehen. Die Projektleitung wird bei der Umsetzung externer Vorschriften und interner Festlegungen zum Umwelt-, Arbeits- und Gesundheitsschutz durch die dafür verantwortlichen Managementbeauftragten unterstützt.

7.6 Prozesse und Organisation

7.6.1 Übersicht Prozesse

Unternehmensprozesse

Für die betriebliche Leistungserstellung sind Prozesse erforderlich, die den Unternehmenserfolg und das Erreichen der geplanten Unternehmensziele gewährleisten. In den Kernprozessen erfolgt die eigentliche Wertschöpfung des Unternehmens für Kunden. Darüber hinaus sind Management- und Unterstützungsprozesse erforderlich. Managementprozesse dienen der Planung und Steuerung der Gesamtabläufe. Die Unterstützungsprozesse erfüllen Aufgaben, die nicht direkt kundenbezogen, aber für ein Funktionieren der Kernprozesse notwendig sind.

Prozesslandkarte

Die Abb. 7.6 zeigt eine Prozesslandkarte mit den aktuellen Unternehmensprozessen.

Für den nachhaltigen Erfolg des Unternehmens ist ein optimales Zusammenspiel der einzelnen Prozesse und Bereiche im Unternehmen erforderlich. Dies bedeutet, dass nicht die Optimierung einzelner Prozesse oder Bereiche im Vordergrund steht, sondern das Gesamtergebnis für das Unternehmen im Hinblick auf die übergeordneten Nachhaltigkeitsziele. Im Fokus steht der Wertschöpfungsprozess in den Kernprozessen, der möglichst störungs- und verschwendungsfrei erfolgen soll.

7.6.2 Kernprozesse

Kernprozesse haben direkten Einfluss auf den Kundennutzen und tragen somit entscheidend zur kundenorientierten Wertschöpfung des Unternehmens bei.

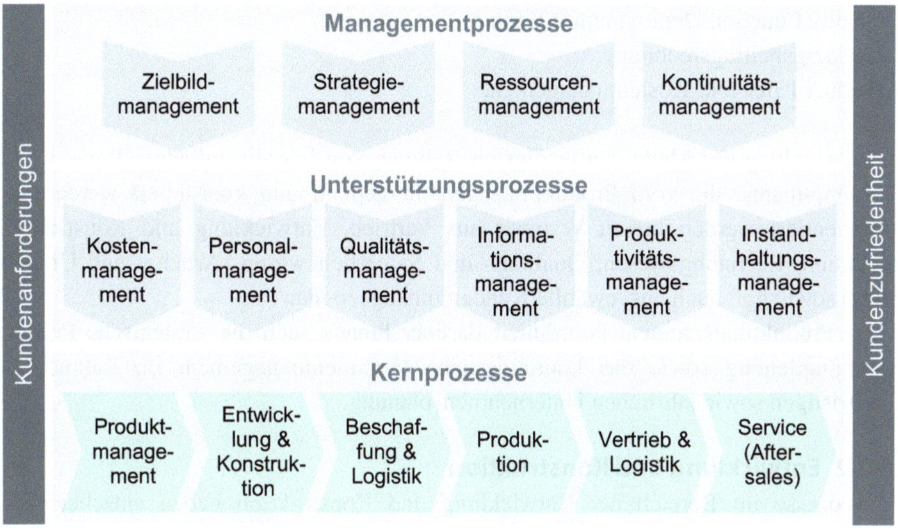

Abb. 7.6 Prozesslandkarte

7.6.2.1 Produktmanagement

Ziel des Produktmanagements ist die Gestaltung eines nachhaltigen Produktprogramms mit erfolgreichen Geschäftsmodellen und Produkten. Dies setzt Kenntnisse über die aktuellen und zukünftigen Markt-, Technologie-, Wettbewerbs- und Kundenanforderungen sowie die Definition und Planung dazu passender Produkte und Dienstleistungen voraus.

Innerhalb des Produktmanagements lassen sich folgende Teilprozesse unterscheiden:

- Analyse Markt-, Technologie- und Kundenanforderungen,
- Analyse Wettbewerb,
- Analyse und Entwicklung Geschäftsmodelle,
- Definition Produktanforderungen (Lastenhefte),
- Produktprogrammplanung (Abschn. 7.5.1),
- Variantenmanagement (Abschn. 7.5.2).

Zur Erfüllung dieser Aufgaben werden im Produktmanagement bedarfsabhängig folgende Methoden eingesetzt:

- Szenariotechnik,
- Markt-Technologie-Portfolioanalyse,
- SWOT-Analyse (Stärken, Schwächen, Chancen, Risiken),
- Geschäftsmodellierung (Canvas),
- Design Thinking,
- Zielkostenmanagement (Target Costing),

- Quality Function Deployment (QFD),
- Deckungsbeitragsrechnung,
- Product-Lifecycle-Kostenmanagement.

Die Anwendung der Methoden erfolgt im Rahmen von interdisziplinären Projekt- oder Workshop-teams, die vom Produktmanagement geplant und koordiniert werden. Bedarfsorientiert werden hierzu Vertreter aus Vertrieb, Entwicklung und Konstruktion, Produktion, Rechnungswesen, Qualitäts- und Sicherheitswesen (Arbeits- und Umweltschutz) sowie ggf. auch ausgewählte Kunden hinzugezogen.

Das Produktmanagement koordiniert darüber hinaus auch die strategische Produktprogrammplanung sowie das kontinuierliche Variantenmanagement im Rahmen der mittelfristigen sowie jährlichen Unternehmensplanung.

7.6.2.2 Entwicklung und Konstruktion

Die Prozesse im Bereich der Entwicklung und Konstruktion haben entscheidenden Einfluss auf die Nachhaltigkeit der Produkte sowie andere Unternehmensprozesse und damit auf die Erreichung der übergeordneten Nachhaltigkeitsziele. Durch die in der Entwicklung und Konstruktion durchgeführte Werkstoffauswahl werden Vorgaben für Beschaffung, Lager und Logistik festgelegt. Dadurch werden Rahmenbedingungen für die Umweltfreundlichkeit, Wirtschaftlichkeit sowie den Arbeits- und Gesundheitsschutz in allen Bereichen der Wertschöpfungskette vom Lieferanten bis zum Kunden definiert.

Fertigungsgerechte Konstruktion

Besonders große Auswirkung hat die konstruktive Gestaltung durch die Entwicklung und Konstruktion für die Produktion. Die Gestaltung von Anlagen, Verfahren, Fertigungs-, Prüf-, Montage-, Handhabungs- und Transportprozessen in der Produktion hängt maßgeblich von der konstruktiven Produktgestaltung ab. Etwa 80 % der im Produktionsprozess anfallenden Prozesskosten werden durch die konstruktive Gestaltung bestimmt. Neben einer kunden- und umweltgerechten Konstruktion legen wir deshalb auch besonderen Wert auf eine fertigungsgerechte Konstruktion. Zur Sicherstellung einer fertigungsgerechten Konstruktion werden die Anforderungen der Fertigung in Form von Design-for-Manufacturing-Regeln (DfM-Regeln) beschrieben und durch DfM-Checklisten bei jeder Produkteinführung sowie Produktänderung durch den Produktionsbereich überwacht.

Gestaltungs- und Konstruktionsregeln bei der Werkstoffauswahl

Die Grundlagen und Gestaltungsregeln für das Konstruieren recyclinggerechter Produkte entsprechend der VDI-Richtlinie 2243 sind zu berücksichtigen. In der VDI-Richtlinie 2243 werden Empfehlungen zur Werkstoffvielfalt und Werkstoffverträglichkeit sowie zu Verbindungstechniken gegeben (VDI 2002).

Rechtliche Anforderungen an die Werkstoffauswahl

Bauteile sollen aus wiederverwendbaren oder verwertbaren Werkstoffen bestehen. Bei der Werkstoffauswahl der Bauteile ist zu berücksichtigen, dass keine Gefahrstoffe enthalten sein sollen. Vorschriften, wie beispielsweise die Gefahrstoffverordnung, Technische Regeln für Gefahrstoffe (TRGS) oder die Verordnungen zum Kreislaufwirtschafts- und Abfallgesetz sind zu beachten. Wenn Zulieferteile gefährliche oder umweltrelevante Stoffe enthalten, sind die Zulieferer nach EU-Richtlinie 91/155 dazu verpflichtet Sicherheitsdatenblätter zur Verfügung zu stellen. Das Sicherheitsdatenblatt ist als Entscheidungshilfe bei der Werkstoffauswahl heranzuziehen. Es beinhaltet, neben den Angaben zur stofflichen Zusammensetzung, erforderliche Schutzmaßnahmen bei Transport, Lagerung, Verarbeitung sowie Hinweise zur ordnungsgemäßen Verwertung oder Entsorgung der Erzeugnisse.

Werkstoffvielfalt

Bei der Produktgestaltung sollen möglichst wenige verschiedene Werkstoffe verwendet werden, um die Verwertung der Produkte und Bauteile zu vereinfachen. Wenn sich ein verwertungsoptimales Einstoffprodukt nicht verwirklichen lässt, sind zumindest nur solche Werkstoffkombinationen (z. B. auch Lacke und Beschichtungen) als untrennbare Einheit anzustreben, die sich wirtschaftlich und mit hoher Qualität verwerten lassen.

Werkstoffkennzeichnung

Die verwendeten Werkstoffe sind mit einer nicht entfernbaren, möglichst maschinenlesbaren Kennzeichnung an Teilen, Baugruppen und Endprodukten zu versehen. Bei der Ausführung der Werkstoffkennzeichnung sind gültige Normen, wie z. B. die ISO 1043–1, 1043–2 und ISO 11469 zu beachten. Die Werkstoffkennzeichnung ist nach Möglichkeit auf allen wesentlichen Bauteilen anzuwenden. Werkstoffangaben sind in Demontageanweisungen aufzuführen.

Werkstoffeinführung

Zur Umsetzung von gesetzlichen Regelungen (u. a. Gefahrstoffverordnung) sind bereits vor der Einführung neuer Stoffe oder Kaufteile umwelt-, arbeits- und gesundheitsschutzspezifische Aspekte anhand folgender Kriterien zu prüfen:

- Gefahrstofffreiheit bzw. Alternativen mit geringerem Gefährdungspotenzial,
- Wiederverwendbarkeit und Recycelbarkeit,
- Materialkennzeichnung,
- Rücknahmeverpflichtungen des Herstellers bei Bauteilen und Baugruppen,
- gültige umwelt- und arbeitsschutzrechtliche Vorschriften.

Der Anforderer eines neuen Werkstoffes ist verantwortlich dafür, dass neue Stoffe, Materialien oder Kaufteile den verantwortlichen Beauftragten für Umwelt- und Arbeitsschutz zur Prüfung der genannten Kriterien vorgelegt werden. Hierzu sind Informationen wie:

- Sicherheitsdatenblatt,
- technisches Datenblatt und
- Werkstoff-/Materialangaben

zur Verfügung zu stellen.

Fertigungsverfahren
In der Entwicklung und Konstruktion werden die zur Herstellung erforderlichen Fertigungsverfahren maßgeblich beeinflusst. Aus diesem Grund sind bereits in der Entwicklungs- und Konstruktionsphase die Aspekte:

- Ressourcenschonung und Abfallvermeidung (z. B. durch Verschnittoptimierung, Trockenbearbeitung, wasser-/abwasserfreien Betrieb) sowie
- Einsatz emissionsarmer Fertigungsverfahren (Lärm, Staub, Gase etc.)

zu berücksichtigen und entsprechend dem Stand der besten verfügbaren Technik vorzusehen.

Demontierbarkeit, Wartungsfreundlichkeit
Die verwendeten Verbindungen der Bauteile sollen leicht lösbar und gut zugänglich sein. Dies gilt insbesondere für Baugruppen und Bauteile, die zu Wartungszwecken entfernt werden müssen. Anzustreben ist eine Demontierbarkeit, bei der die verbundenen Bauteile und die Verbindungselemente unbeschädigt wiederverwendbar sind oder zumindest aufbereitet werden können. Ist dieses Idealziel nicht zu erreichen, sollten die Bauteile wenigstens unbeschadet demontierbar sein. Zur Gewährleistung einer wirtschaftlichen Verwertung der Bauteile nach Produktgebrauch ist eine Demontageanweisung in Form einer Explosionszeichnung mit allen notwendigen Erläuterungen und Hinweisen zur späteren Demontage zu erstellen.

7.6.2.3 Beschaffung und Beschaffungslogistik
Aufgabe der Beschaffung und Beschaffungslogistik ist die qualitäts-, termin-, mengen-, kosten- und umweltgerechte Beschaffung von Roh-, Hilfs-, Betriebsstoffen und Zukaufteilen. Auf Basis von Materialvorgaben durch die Entwicklung und Konstruktion sind zunächst geeignete Lieferanten auszuwählen. Hierbei werden folgende Auswahlkriterien gleichermaßen berücksichtigt:

- Umweltverantwortung (Umweltschutzsituation),
- Sozialverantwortung (Compliance, Humanität, Arbeits- und Gesundheitsschutz),
- technische Leistungsfähigkeit (Funktionalität, Qualität),
- wirtschaftliche Leistungsfähigkeit (Menge, Preis, Lieferzeit),
- Kooperationsfähigkeit (Verlässlichkeit, Kundenfreundlichkeit, Fairness, Loyalität).

Bei der Erstauswahl werden nach den aufgeführten Kriterien Lieferantenaudits durchgeführt. Für alle Beschaffungsteile werden die dafür zugelassenen Lieferanten intern mit ihrem Freigabestatus geführt. Die laufende Beurteilung der Lieferanten erfolgt anhand von Qualitätsaufzeichnungen zu den gelieferten Sachen und Auswertungen zur Einhaltung von Lieferterminen sowie Liefermengen. Änderungen an Prozessen und Produkten durch Lieferanten sind nach einem festgelegten Verfahren durch den Lieferanten anzuzeigen. Mit Lieferanten wird eine Lieferantenvereinbarung abgeschlossen, in denen die Einhaltung von Umwelt-, Sozial- und Qualitätsstandards bestätigt wird.

Die Verantwortung für Zulieferteile liegt entsprechend gesetzlicher Bestimmungen bei den jeweiligen Herstellern. Die Lieferanten werden vom Einkauf auf die Produktverantwortung des Herstellers hingewiesen und über entsprechende Vereinbarungen wie Rücknahmeverpflichtungen in die Pflicht genommen. Alle Zulieferer werden zur Verwendung umweltfreundlicher Verpackungen sowie möglichst umweltfreundlichem Transport (Vermeidung unnötiger Transportwege und Einsatz umweltfreundlicher Transportmittel) der bestellten Waren aufgefordert.

Die Logistik bildet die Schnittstelle zwischen internen und externen Kunden-Lieferanten-Beziehungen. Gegenstand der Logistik ist die Planung und Steuerung der Bestände und Warenflüsse sowie die Durchführung von Transporten und Lagerung von Material und Baugruppen. Dabei werden folgende Ziele verfolgt:

- Arbeits- und Gesundheitsschutz (Vermeidung von Unfällen und Erkrankungen),
- Sicherstellung der Produktionsbereitschaft (Materialverfügbarkeit für die Produktion),
- Sicherstellung der Lieferbereitschaft (Produktverfügbarkeit für Kunden),
- Wirtschaftlichkeit (Vermeidung unnötiger Lager- und Transportkosten),
- Umweltfreundlichkeit (Vermeidung unnötiger Abfälle und Energieverbräuche).

Von hoher Bedeutung für die Wirtschaftlichkeit und Umweltfreundlichkeit der Logistik ist der Planungs- und Dispositionsprozess. Durch eine gute Planung und Steuerung von Beständen, Transportmengen, Transportwegen und Transportmitteln können die Ressourcenverbräuche von Logistikprozessen optimiert werden. Voraussetzung hierfür sind eine gute Informations- und Datenbasis sowie passende Planungsmethoden und Planungswerkzeuge. Mithilfe geeigneter Methoden und Werkzeuge werden Produkte und Materialien in der Logistik entsprechend ihrem Bedarfsverlauf sowie Verbrauchswert klassifiziert und darauf basierend adäquate Instrumente zur Optimierung eingesetzt (Abb. 7.7). Da sich die Eigenschaften von Produkten und Materialien im Zeitablauf ändern, werden in der Logistik alle Materialien zyklisch neu klassifiziert und Logistikprozesse aktualisiert.

Zur Optimierung der Lager- und Logistikprozesse wird ein Materialmanagementsystem eingesetzt. Dies ermöglicht eine durchgängige Materialverfolgung, Echtzeitbestandsführung sowie effiziente Lager- und Logistikprozesse.

Zur Eliminierung unnötiger Lagerbestände wird jährlich eine Überprüfung der Lagerbestände hinsichtlich Lagerdauer, Lagerbewegungen sowie zukünftiger Bedarfssituation

Verbrauchswert \ Bedarfsverlauf	X gleichmäßig	Y schwankend	Z sporadisch
A hoch	programmorientiert	programmorientiert	programmorientiert
B mittel	programm- oder verbrauchsorientiert	verbrauchsorientiert	Vorratslager
C niedrig	verbrauchsorientiert	Vorratslager	Vorratslager

Abb. 7.7 Materialklassifizierung

durchgeführt. Darauf basierend werden, wo erforderlich, die Soll-Lagerbestände angepasst und nicht mehr benötigte Lagerbestände umweltgerecht recycelt oder entsorgt.

7.6.2.4 Produktion

Die Produktion ist der maßgebliche Ort der Wertschöpfung im Unternehmen. Auf Basis der konstruktiven Vorgaben werden dort mithilfe der bereitgestellten Ressourcen (Anlagen, Material, Arbeitskräfte, Energie und Informationen) verkaufsfähige Produkte erstellt. Zur Sicherstellung einer nachhaltigen Produktion ist diese möglichst produktiv und ressourcenschonend durchzuführen. Dies wird insbesondere durch die kontinuierliche Reduzierung jeder Art von Ressourcenverschwendung erreicht. Diese zeigen sich insbesondere in Form folgender Verschwendungsarten:

- unnötige Wege und Transporte,
- unnötiger Verbrauch von Roh-, Hilfs- und Betriebsstoffen,
- Qualitätsmängel (Ausschuss, Mehr- und Nacharbeit),
- nicht wertschöpfende Arbeitsinhalte (Suchen, Warten),
- unnötige Bestände (Roh-, Hilfs-, Betriebsstoffe, Einzelteile, Baugruppen, Produkte),
- ineffektive und ineffiziente Verfahren und Anlagen.

Ziel der Produktion ist ein hinsichtlich Qualität, Flexibilität und Produktivität exzellentes Produktionssystem (EPS). Der Weg hin zu einem exzellenten Produktionssystem erfolgt in vier Stufen (Abb. 7.8):

1. **Stabilisierung:** Basis für ein exzellentes Produktionssystem sind stabile Prozesse. Dies bedingt standardisierte Abläufe mit sauberen und ordentlichen Arbeitsbedingungen.
2. **Absicherung:** Eine exzellente Produktion zeichnet sich durch unfall-, störungs- und fehlerfreie Prozesse aus. Dies erfordert Maßnahmen zur Absicherung von Arbeitsschutz, Produktqualität, Umweltschutz und Liefertermineinhaltung.

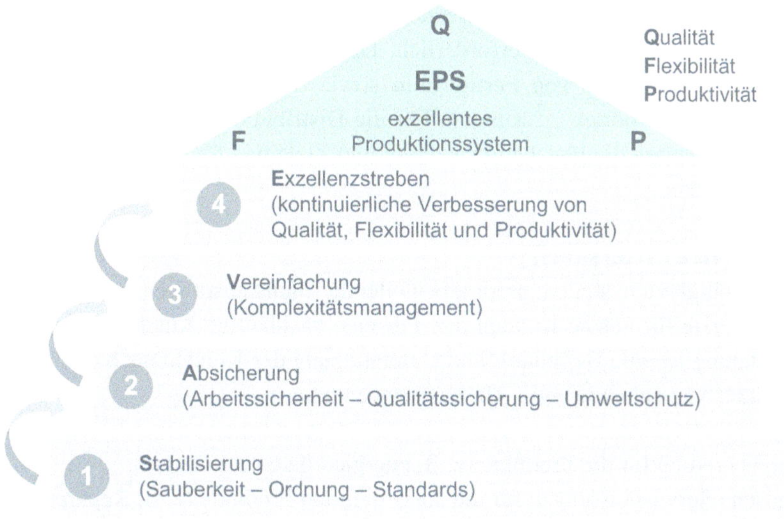

Abb. 7.8 Exzellentes Produktionssystem (EPS)

3. **Vereinfachung**: Perfektion entsteht nicht dann, wenn man nichts mehr hinzufügen kann, sondern wenn man nichts mehr weglassen kann. Wir streben deshalb nach einfachen Prozessen ohne unnötige Komplexität.
4. **Exzellenzstreben**: Auf der Basis stabiler, sicherer und einfacher Prozesse erfolgt eine kontinuierliche Verbesserung von Qualität, Flexibilität und Produktivität mit dem Ziel von Perfektion und Exzellenz in diesen Zielgrößen.

7.6.2.5 Vertrieb und Vertriebslogistik

Der Vertrieb ist die Schnittstelle zum Kunden und direkter Ansprechpartner für unseren Kunden. Der Vertrieb ermittelt die Bedürfnisse und Anforderungen der Kunden im Rahmen von:

- Kundenbefragungen,
- Reklamationsauswertungen,
- Kundengesprächen,
- Marktanalysen.

Mit diesen Informationen werden Produkt- und Vertriebsstrategien im Produktmanagement entwickelt. Durch die kontinuierliche Erfassung der Kundenbedürfnisse und Berücksichtigung in internen Produkt- und Prozessanforderungen wird eine hohe Kundenzufriedenheit sichergestellt.

Bei den Vertriebsprozessen wird auf eine umwelt- und ressourcenschonende Arbeitsdurchführung geachtet. Dies wird beispielsweise durch eine Optimierung der Reihenfolge- und Routenplanung für Kundenbesuche und den Einsatz von umweltschonenden Fahrzeugen und Verkehrsmitteln erreicht.

Zur Sicherstellung einer termingerechten Belieferung von Kunden ist eine kundenorientierte Distributionslogistik erforderlich. Die Distributionslogistik umfasst die Disposition und Bevorratung von Fertigwaren sowie die Disposition und Durchführung von Fertigwarentransporten zu Kunden. Für die Distributionslogistik innerhalb des Vertriebsprozesses gelten die gleichen Prinzipien und Ziele wie für die Beschaffungslogistik (Abschn. 7.6.2.3).

7.6.2.6 Service (Aftersales)

Die Servicetätigkeiten stellen produktbegleitende Dienstleistungen nach dem Verkauf unserer Produkte für unsere Kunden dar. Für eine nachhaltige Kundenzufriedenheit und Kundenbindung ist eine Betreuung und Unterstützung der Kunden nach dem Kauf unserer Produkte (Aftersales) wichtig. Unser Service umfasst:

- Kundenberatung für die Produkte (z. B. energieeffiziente Nutzung),
- technische Serviceleistungen für die ausgelieferten Produkte (z. B. Reparatur),
- Beratungsservice für die Projektierung,
- Produktschulungen für Kunden und interessierte Fachkreise,
- Rücknahme und Recycling von Altprodukten,
- Unterstützung bei Problemen während der Nutzung (Telefondienst),
- Durchführung von geplanten Wartungsarbeiten (Wartungsverträge),
- Durchführung von Reparaturen (Technikereinsatz),
- Lieferung von Ersatzteilen,
- Rücknahme von Produkten zum Recycling und zur Verwertung.

Zur langfristigen und damit umweltschonenden Nutzung unserer Produkte garantieren wir eine Ersatzteilverfügbarkeit von zehn Jahren und stellen die schnelle Verfügbarkeit von Ersatzteilen durch eine angemessene Bevorratung von Ersatzteilen sicher. Die Lieferung von Ersatzteilen erfolgt nach den Nachhaltigkeitsstandards der Beschaffungs- und Vertriebslogistik. Durch die Rücknahme von Altprodukten unterstützen wir eine zirkuläre Kreislaufwirtschaft (Circular Economy).

Durch geeignete Mittel und Mitarbeiter wird sichergestellt, dass unseren Kunden für die Auswahl, Montage, Inbetriebnahme, den Betrieb, die Wartung und Instandsetzung unserer Produkte immer die notwendigen und geeigneten Informationen und Unterstützungsleistungen zur Verfügung stehen. Dies geschieht in erster Linie durch Bereitstellung entsprechender Produktunterlagen und durch Produktschulungen. Weiterhin wird die technische Unterstützung vor Ort durch geeignete, ausgebildete Mitarbeiter gewährleistet.

Analog zum Vertrieb wird auch bei Serviceprozessen auf eine sichere sowie umwelt- und ressourcenschonende Arbeitsdurchführung geachtet. Dies wird durch eine Optimierung der Reihenfolge- und Routenplanung für Wartungs- oder Reparatureinsätze sowie den Einsatz von umweltschonenden Fahrzeugen und Verkehrsmitteln erreicht.

7.6.3 Managementprozesse

Managementprozesse sind zur Planung und Steuerung der Gesamtabläufe erforderlich. Dies betrifft insbesondere folgende Bereiche:

- Zielbildmanagement (Mission, Grundsätze, Ziele),
- Strategiemanagement (Vorgehen und Maßnahmen zur Zielerreichung),
- Ressourcenmanagement (Personal, Betriebsmittel, Energie, Material, Information),
- Kontinuitätsmanagement (Existenzsicherung, Betriebs- und Arbeitssicherheit).

7.6.3.1 Zielbildmanagement

Im Rahmen des Zielbildmanagements werden die Mission, Grundsätzen sowie Ziele für das Unternehmen definiert. Das Zielbild bildet die Basis und Leitplanken für alle Aktivitäten im Unternehmen. Es wird alle fünf Jahre von der Geschäftsleitung überprüft. Die Überprüfung erfolgt im Rahmen eines Zielbildworkshops, an dem alle Geschäftsleitungsmitglieder sowie ausgewählte Vertreter aus den Unternehmensbereichen teilnehmen. In dem Zielbildworkshop werden folgende Fragestellungen bearbeitet:

- Ist-Situation: Wie ist die aktuelle Unternehmenssituation?
- Ergebnisanalyse: Was waren unsere Ziele und was wurde bisher erreicht?
- Abweichungsanalyse: Wo liegen Ursachen für mögliche Zielabweichungen?
- Anforderungen: Wie sehen die zukünftigen Anforderungen und Rahmenbedingungen aus?
- Wesentlichkeit: Was sind die wesentlichen, erfolgskritischen Themen für das Unternehmen?
- Anpassung: Ist eine Anpassung von Mission, Grundsätzen oder Zielen notwendig?
- Zielbild: Wie sehen unsere Mission, Grundsätze und Ziele für die Zukunft aus?

Für den Zielbildungsprozess werden bedarfsabhängig folgende Methoden eingesetzt:

- Situationsanalyse,
- SWOT-Analyse,
- Wesentlichkeitsanalyse,
- Brainstorming.

7.6.3.2 Strategiemanagement

Im Strategiemanagement werden aufbauend auf dem aktuellen Zielen für das Unternehmen Strategien entwickelt, um diese zu erreichen. Strategien beinhalten konkrete Handlungsanweisungen und Maßnahmen zur soziotechnischen Gestaltung des Unternehmens bezogen auf die Aspekte Mensch (Personal und Führung), Technik (Produkt- und Prozesstechnologie) oder Organisation (Managementsystem, Sicherheitsmanagement).

Strategien werden im Rahmen von Strategieworkshops mit ziel- und bedarfsabhängigen Teilnehmern erarbeitet. Ausgangspunkt für einen Strategieworkshop ist eine von der Geschäftsleitung genehmigte Beschreibung einer übergeordneten Zielsetzung mit strategischer Bedeutung für das Unternehmen. Ergebnis ist eine konkrete Strategiebeschreibung in Form einer Roadmap, eines 5- oder 10-Punkte-Plans oder einer Maßnahmenliste mit Verantwortlichkeiten und Terminen.

7.6.3.3 Ressourcenmanagement

Die Steigerung der Ressourcenproduktivität durch Vermeidung von Ressourcenverschwendungen jeglicher Art ist ein Erfolgsfaktor für Nachhaltigkeit. Im Rahmen des Ressourcenmanagements sind von der Geschäftsleitung hierzu organisatorische Regeln und Prozesse zu definieren, mit denen dies sichergestellt wird.

Ressourcen stellen Inputfaktoren (Betriebsmittel, Energie, Personal, Material, Information) dar, die zur Durchführung von Kern-, Unterstützungs- und Managementprozessen benötigt werden. Mit ihnen soll ein gewünschter Output (Arbeits-/Prozessergebnis) erzeugt werden. Die Menge und Art der benötigten Ressourcen hängt von dem gewünschten Output (Kundenbedarf) sowie der Produktivität der Arbeitsprozesse ab. Daraus ergeben sich zwei Zielsetzungen für die Vermeidung von Ressourcenverschwendungen durch das Ressourcenmanagement:

1. Anpassung des Ressourcenangebots an den Ressourcenbedarf und
2. Verbesserung der Ressourcenproduktivität von Unternehmensprozessen.

Innerhalb des Ressourcenmanagements lassen sich zur Erreichung dieser Zielsetzungen folgende Teilprozesse unterscheiden:

- Ressourcenplanung (Anlagen-, Personal-, Material-, Energie-, Informationsplanung),
- Ressourcenanpassung (Investition, Beschaffung oder Desinvestition, Abbau),
- Ressourcenüberwachung (Verbrauchsmessung, -analyse, -bewertung),
- Ressourcenverwaltung (Pflege, Bestandsführung),
- Ressourcenverbrauchsoptimierung (Effizienz-/Produktivitätssteigerung).

Die Planung der Ressourcen erfolgt im Rahmen der mehrstufigen Unternehmensplanung auf Basis der erwarteten Absatzmengen sowie ggf. strategischer Entscheidungen der Geschäftsleitung (Abschn. 7.3). Unter Berücksichtigung der Finanzierbarkeit erfolgt eine Anpassung der Ressourcen in den Unternehmensbereichen.

Für die Beschaffung sind, abhängig von der Art der Ressource und der Wertigkeit die Abläufe, Zuständigkeiten und Genehmigungsprozesse organisatorisch in den Prozessrichtlinien „Personalbeschaffung", „Materialbeschaffung", „Anlagenbeschaffung" und „Energiebeschaffung" geregelt. Die Ressourcenüberwachung, -verwaltung und -verbesserung liegt bei den Verantwortlichen der Kern- und Unterstützungsprozesse, welche die Ressourcen einsetzen.

Durch ein Managementinformationssystem mit definierten Managementberichten und Kennzahlen überwacht die Geschäftsleitung die Ressourcenbeschaffung, -veränderung sowie Ressourceneffizienz der Unternehmensprozesse. Wesentliche Instrumente hierzu sind:

- Absatzberichte (Vertrieb),
- Investitions-, Kosten- und Leistungsberichte (Rechnungswesen),
- Personalberichte (Personalwesen),
- Materialberichte (Beschaffung),
- Energieberichte (Energiebeauftragter),
- Produktivitätsberichte (Industrial Engineering).

7.6.3.4 Kontinuitätsmanagement

Ziel des Kontinuitätsmanagements ist die nachhaltige Sicherung und Aufrechterhaltung der Betriebstätigkeit des Unternehmens sowie der Arbeits- und Leistungsfähigkeit der Beschäftigten. Kritische Ereignisse können zu Betriebsunterbrechungen sowie gesundheitlichen Gefahren für die Beschäftigten führen. Solche Ereignisse können beispielsweise in Form von Naturkatastrophen, Stromausfall, Datenverlust, Materialknappheit, Brand oder Epidemien auftreten. Jedes dieser Ereignisse kann die Existenz des Unternehmens sowie der Beschäftigten bedrohen. Zum Schutz des Unternehmens und der Beschäftigten vor solchen Schadensereignissen betreiben wir auf betrieblicher Ebene ein Betriebliches Kontinuitätsmanagement (BKM). Dieses wird auf mitarbeiterbezogener Ebene durch ein Arbeits- und Gesundheitsschutzmanagement (AGM) ergänzt.

Betriebliches Kontinuitätsmanagement (BKM)

Um die Vielfältigkeit und Komplexität von Risiken zu bewältigen, ist ein systematisches und an die individuellen Rahmenbedingungen unseres Unternehmens angepasstes BKM erforderlich. Dieses beinhaltet drei wesentliche Bestandteile:

1. Risikomanagement: Präventive Maßnahmen, um existenzbedrohende Risiken für die Betriebstätigkeit systematisch zu identifizieren, analysieren, bewerten und zu bewältigen.
2. Krisenmanagement: Reaktive Maßnahmen, um im Falle von Schadens- und Krisenereignissen durch bestmögliche Reaktion die Schadensauswirkung zu minimieren.
3. Sanierungsmanagement: Maßnahmen, um nach eingetretenen Schadensereignissen die Betriebstätigkeit möglichst schnell und unbeschadet wieder aufzunehmen.

Verantwortung, Pflichten und konkrete Inhalte des BKM sind in einem separaten BKM-Handbuch beschrieben und geregelt. Das BKM-Handbuch enthält Details zum betrieblichen Risiko-, Krisen- und Sanierungsmanagement und zur Erfüllung rechtlicher Anforderungen in diesen Bereichen.

Arbeits- und Gesundheitsschutzmanagement (AGM)
Bestandteil unserer Nachhaltigkeitsziele ist eine nachhaltige Beschäftigung unserer Mitarbeiter und die Übernahme von Sozialverantwortung. Hierzu betreiben wir organisatorisch ergänzend zum BKM ein Arbeits- und Gesundheitsschutzmanagement (AGM), dass drei wesentliche Bestandteile enthält:

1. Gefährdungsmanagement: Präventive Maßnahmen, um die Sicherheit und Gesundheit der Beschäftigten durch systematische Identifizierung, Analyse, Beurteilung von Gefährdungen und vorbeugende Schutzmaßnahmen zu gewährleisten und zu verbessern.
2. Notfallmanagement: Reaktive Maßnahmen, um im Falle von Arbeitsunfällen durch bestmögliche Erste-Hilfe-Maßnahmen und Notfallreaktion die Folgen für Betroffene auf ein Minimum zu reduzieren und eine bestmögliche Erstversorgung sicherzustellen.
3. Integrationsmanagement: Integrierende Maßnahmen, um Beschäftigte nach gesundheitlichen Beeinträchtigungen bei der Rehabilitation und Wiedereingliederung in unser Unternehmen zu unterstützen.

Verantwortung, Pflichten und konkrete Inhalte des AGM sind in einem separaten AGM-Handbuch beschrieben und geregelt. Das AGM-Handbuch enthält Details zum Arbeits- und Gesundheitsschutz im Unternehmen zur Erfüllung rechtlicher Anforderungen mit Ausführungen zu folgenden Themen:

- Ziele und Unternehmenspolitik,
- Organisation des betrieblichen Arbeitsschutzes,
- Überwachung des Arbeits- und Gesundheitsschutzes,
- Maßnahmen zur Verbesserung,
- Dokumentation,
- Formulare und Checklisten.

7.6.4 Unterstützungsprozesse

Unterstützungsprozesse (z. B. Qualitätswesen oder Instandhaltung) können als zentraler Funktionsbereich ausgeübt werden oder dezentral in einzelnen Kernfunktionseinheiten integriert sein (z. B. im Produktionsbereich). Auch die Aufteilung einzelner Teilprozesse oder Teilaufgaben zwischen zentralen und dezentralen Funktionseinheiten ist möglich. Die organisatorische Gestaltung machen wir von Umfang und Komplexität der Aufgaben sowie dem verfügbaren Personal (Anzahl, Kenntnisse, Fähigkeiten) abhängig. Wir unterscheiden folgende Unterstützungsprozesse:

- Kostenmanagement,
- Personalmanagement,

- Qualitätsmanagement,
- Informationsmanagement,
- Produktivitätsmanagement,
- Instandhaltungsmanagement.

7.6.4.1 Kostenmanagement

Das Kostenmanagement erfüllt die Anforderungen der externen Rechnungslegung an das Unternehmen und unterstützt intern andere Prozesse bei der Analyse, Planung, Überwachung und Entscheidungsfindung. Entsprechend wird im zuständigen Organisationsbereich Rechnungswesen zwischen Finanzbuchhaltung (externes Rechnungswesen) und Betriebsbuchhaltung (internes Rechnungswesen) unterschieden.

Die Finanzbuchhaltung stellt sicher, dass die aktuellen gesetzlichen und finanzwirtschaftlichen Vorschriften (HGB, BGB etc.) eingehalten werden. Sie überwacht zudem die kurz-, mittel- und langfristige Liquidität sowie Finanzierung des Unternehmens. Abläufe und Zuständigkeiten sind in der Prozessrichtlinie „Finanzbuchhaltung" beschrieben.

Die Betriebsbuchhaltung sorgt darüber hinaus im Rahmen einer Kosten- und Leistungsrechnung für Transparenz der mengen- und wertmäßigen Güter- und Zahlungsströme der Betriebstätigkeit (Coenenberg 1997). Die Betriebsbuchhaltung unterstützt und koordiniert die Investitions- und Kostenplanung. Sie stellt zudem Produktkostenkalkulationen für die Preisfindung sowie Wirtschaftlichkeitsberechnungen für Make-or-Buy-Entscheidungen bereit und überwacht durch Soll-Ist-Vergleiche die Entwicklung von Bereichskosten (Ist- und Plankostenrechnung) sowie Produktkosten (Produktkostencontrolling). Abläufe und Zuständigkeiten sind in der Prozessrichtlinie „Betriebsbuchhaltung" beschrieben.

Zur Sicherstellung der Nachhaltigkeitsziele wird bei der Entscheidungsfindung zu Produkten, Investitionen, Standortentscheidungen sowie Mittelverwendung auf eine ausgewogene Berücksichtigung wirtschaftlicher, umweltbezogener und sozialer Aspekte geachtet. Dies erfolgt beispielsweise durch eine ganzheitliche Betrachtung von Product-Lifecycle-Kosten bei der Entscheidung über die Aufnahme oder Eliminierung von Produkten im Produktprogramm.

Ergänzend zu den rechtlich vorgeschriebenen Bilanzen wird vom Rechnungswesen mit dem Jahresabschluss eine Sozialbilanz erstellt. Die Sozialbilanz differenziert die betrieblichen Ausgaben und Einnahmen nach Interessengruppen. Die Sozialbilanz wird dem Personalwesen zur Integration in den jährlichen Sozialbericht zur Verfügung gestellt.

7.6.4.2 Personalmanagement

Das Personalwesen unterstützt andere Unternehmensprozesse in den Bereichen (Bühner 1997):

- Personalplanung (quantitativer und qualitativer Personalbedarf),
- Personalanpassung (Rekrutierung, Umbesetzung, Freisetzung),

- Personalverwaltung (Verträge, Entgelt, Arbeitszeit, Urlaub, Krankheit),
- Personalentwicklung (Anforderungs-/Potenzialermittlung, Aus-/Weiterbildung) und
- Personalsicherheit (Arbeits- und Gesundheitsschutz).

Inhalte, Abläufe und Zuständigkeiten für die genannten Teilprozesse sind in entsprechenden Prozessrechtlinien für das Unternehmen im Detail beschrieben.

Die Aktivitäten des Personalmanagements sollen eine nachhaltige Beschäftigung fördern. Diese zeichnet sich durch eine anforderungsgerechte, gesunde, zufriedene und effiziente Arbeit aus, die auf eine dauerhafte Beschäftigung und Bindung von Mitarbeitern im Unternehmen ausgelegt ist. In den Prozessen des Personalmanagements werden dazu folgende Methoden und Instrumente eingesetzt:

- absatzorientierte Personalbedarfsrechnung,
- anforderungsgerechte Personaleinsatzplanung (Profilvergleichsmethode),
- flexible Arbeitsgestaltung (Arbeitszeitkonten, mobile Arbeit),
- tarifbasierte, anforderungs- und leistungsgerechte Entgeltgestaltung,
- Personalgespräche (Beurteilung, Potenzial, Entwicklung, Zielvereinbarung),
- Schulung, Unterweisung (Arbeits-, Umweltschutz) und externe Weiterbildung,
- betriebliches Gesundheitsmanagement,
- Mitarbeiterbefragung.

Zur technischen Unterstützung von Arbeitszeit- und Personaleinsatzdaten wird ein elektronisches Betriebsdatenerfassungssystem eingesetzt (BDE). Zur Verbesserung der Effizienz und Schonung von Umweltressourcen streben wir eine möglichst papierarme Verwaltung von Personaldaten an. Dies wird beispielsweise durch eine elektronische Abwicklung von Urlaubsanträgen erreicht.

Zur Vermeidung einer Personalfreisetzung werden bei Personalüberkapazitäten zunächst folgende Maßnahmen geprüft:

- Abbau von Resturlaub, Überstunden, Stundenkonten,
- Rücknahme fremdvergebener Aufträge (Insourcing),
- Vorziehen von Aufträgen und geplanten Maßnahmen,
- Vorproduktion auf Lager,
- Herstellung neuer Produkte oder Dienstleistungen.

Bei notwendigen Anpassungen an eine dauerhafte Personalbedarfsreduzierung werden sanfte Maßnahmen zur Anpassung der Personalkapazität angestrebt. Beispiele hierfür sind:

- Reduktion von Mehrarbeit,
- Einführung von Kurzarbeit,
- Umbesetzung oder Versetzung von Mitarbeitern,

- Umwandlung von Vollzeitstellen in Teilzeitstellen,
- Gewährung von unbezahltem Langzeiturlaub (Sabbaticals),
- Abbau von Leiharbeit,
- Angebot von Aufhebungsverträgen.

Alle personenbezogenen Maßnahmen werden unter dem Aspekt der Sozialverantwortung und Achtung der Würde der betroffenen Menschen durchgeführt.

Das Personalwesen erstellt jährlich einen Sozialbericht für die Geschäftsleitung zur Berücksichtigung bei Managemententscheidungen und der Unternehmensplanung. Der Sozialbericht enthält folgende Informationen:

- Personalstruktur- und Personalentwicklungsstatistik,
- Verdienststatistik,
- Personalkostenentwicklungsstatistik,
- Arbeitszeitstatistik,
- Unfallstatistik,
- Krankenstatistik,
- Altersvorsorgestatistik,
- Aus- und Weiterbildungsstatistik,
- Mitarbeiterzufriedenheitsstatistik.

7.6.4.3 Qualitätsmanagement

Das Qualitätsmanagement unterstützt alle Unternehmensbereiche bei der kontinuierlichen Verbesserung von Produkt- und Prozessqualität durch Reduzierung bzw. Vermeidung von Fehlern. Fehlerhafte Produkte und Prozesse führen zu:

- Unzufriedenheit bei Kunden und Beschäftigten,
- Kosten für Mehr- und Nacharbeit, Ausschuss, Schadensersatz, Rücknahme, Verschrottung,
- Umweltbelastung durch unnötigen Verbrauch von Material und Energie sowie
- Kapazitätsverlusten durch nicht wertschöpfende Anlagennutzung.

Die Reduzierung und Vermeidung von Produkt- und Prozessfehlern sind somit aus mehreren Gründen zur Verbesserung der Nachhaltigkeit anzustreben. Die Unterstützung bei der Qualitätsverbesserung erfolgt durch folgende Teilprozesse:

- Qualitätsplanung (vorbeugende Qualitätssicherung, Prüfplanung),
- Qualitätsüberwachung (Audit, Prüfung, Erfassung und Auswertung von Qualitätsdaten),
- Qualitätslenkung (Behandlung fehlerhafter Produkte und Prozesse),
- Qualitätsverbesserung (Projekte, Workshops, Maßnahmen, Zirkel),
- Qualitätsverwaltung (Prüf- und Messmittelverwaltung, Dokumentenverwaltung).

Inhalte, Abläufe und Zuständigkeiten für die genannten Teilprozesse sind in entsprechenden Prozessrichtlinien im Detail beschrieben. In den Qualitätsprozessen werden folgende Methoden des Qualitätsmanagements eingesetzt:

- Fehlermöglichkeits- und Einflussanalyse (FMEA),
- statistische Prozesskontrolle (SPC),
- Stichprobenkontrolle (AQL-Prüfung),
- fehlervermeidende Produkt- und Prozessgestaltung (Poka Yoke),
- ABC-Analysen (Pareto),
- systematische Fehlerursachenanalyse (Ishikawa-Diagramm),
- Auditierung (interne und externe Qualitätsaudits),
- regelmäßige Qualitätsgespräche (Qualitätszirkel),
- Rückverfolgung der Produkthistorie (Traceability).

Die Rückverfolgbarkeit der Produkthistorie mit relevanten Qualitätsdaten wird technisch durch ein barcodegestütztes Traceability-System realisiert (Eisele und ifaa 2019). Dies ermöglicht auch die Zuordnung von umweltrelevanten Werkstoff- und Energiedaten über den gesamten Produktlebenszyklus. Dadurch wird die Basis für eine Umweltbewertung (z. B. CO_2-Fussabdruck) sowie ein effizientes Recycling von Produkten im Rahmen einer zirkulären Kreislaufwirtschaft geschaffen.

7.6.4.4 Informationsmanagement

Das Informationsmanagement beinhaltet die Planung und Gestaltung von Information und Kommunikation sowie eingesetzter Informations- und Kommunikationstechnik. Ziel ist der möglichst produktive Einsatz der Ressource Information. In allen Unternehmensprozessen werden Informationen für die Erfüllung von Arbeitsaufgaben benötigt und erzeugt. Analog zu physischen Arbeitsprozessen treten auch in informatorischen Prozessen Verschwendungen auf, die es zu minimieren gilt. Dies sind: Überinformation, Warten auf Information, Informationstransport, ineffiziente Informationsprozesse, Informationsbestände, unnötige Informationstätigkeit oder fehlerhafte Informationen.

Für Informations- und Kommunikationsprozesse gelten die gleichen Ziele und Anforderungen hinsichtlich Umweltfreundlichkeit, Wirtschaftlichkeit und Sozialverantwortung wie für physische Arbeitsprozesse. Bei der Gestaltung von Information und Kommunikation wenden wir die Prinzipien und Methoden eines „Lean Information Management (LIM)“ an (Eisele und ifaa 2020). LIM beschreibt die Analyse, Planung, Steuerung und Gestaltung effizienter Informationssysteme. Durch „schlanke“, verschwendungsarme Information und Kommunikation soll verfügbares Wissen als Ressource bestmöglich (wertschöpfend) für die Erfüllung von Zielen und Arbeitsaufgaben im Unternehmen genutzt werden. Dies wird durch folgende Maßnahmen erreicht:

- Reduzierung von unnötigen Informations- und Datenbeständen,
- Verbesserung der Informations- und Datenqualität,

- Standardisierung von Informationen und Informationsprozessen,
- Sicherstellung von Datenschutz und Informationssicherheit,
- Automation von Informations- und Kommunikationsprozessen.

Zur Unterstützung von Information und Kommunikation werden digitale Informations- und Kommunikationstechnologien eingesetzt. Wichtig ist dabei, dass nicht die Informations- und Kommunikationstechnik die Prozesse, sondern die Anforderungen und Ziele der Prozesse die eingesetzte Technik bestimmen. Zentrales Informationssystem für die Kernprozesse ist das ERP-System (Enterprise Resource Planning), in dem alle technischen (z. B. Stücklisten, Zeichnungen, Arbeitspläne) und kaufmännischen (z. B. Aufträge, Bestellungen, Rechnungen, Kosten) Informationen und Dokumente der Leistungserstellung zentral bearbeitet und sicher verwaltet werden. Das ERP-System wird durch ein elektronisches Managementinformationssystem sowie weitere Subsysteme (z. B. MES – Manufacturing Execution System) ergänzt. Das Informationsmanagement koordiniert und betreut den Einsatz der verschiedenen Informations- und Kommunikationssysteme und stellt deren Verfügbarkeit, Kompatibilität und Konsistenz sicher.

Die Gestaltung von Informations- und Kommunikationsprozessen sowie der dabei eingesetzten Informations- und Kommunikationstechnologien erfolgt grundsätzlich unter Berücksichtigung der Datenschutz-Grundverordnung (DS-GVO) sowie des Geschäftsgeheimnisgesetzes (GeschGehG). Durch technische und organisatorische Maßnahmen werden die personenbezogenen Datenschutzanforderungen eingehalten und die Daten des Unternehmens vor Missbrauch geschützt.

Zur Gewährleistung von Datenschutz und Informationssicherheit werden im Lean Information Management die erhobenen, verarbeiteten, weitergeleiteten und gespeicherten Daten und Informationen systematisch hinsichtlich Art, Umfang, Inhalt, Zweck und Notwendigkeit sowie Zugriffsrechten analysiert. Ziel ist es, nur die wirklich notwendigen Daten und Informationen zu erfassen, zu verarbeiten und zu speichern. Dies trägt zur Reduzierung von Komplexität sowie einer Verbesserung von Qualität, Effizienz, Datenschutz und Informationssicherheit bei.

Unser Know-how und Wissen über unsere Geschäftsmodelle, Kunden, Produkte, Prozesse und Anlagen ist von hoher Bedeutung für unsere Wettbewerbsfähigkeit und Existenz. Es ist deshalb für uns wichtig, unsere Geschäftsgeheimnisse vor Dritten zu schützen. In allen Prozessen und Organisationsbereichen sind hierzu angemessene Geheimhaltungsmaßnahmen im Sinne des Geschäftsgeheimnisgesetzes (GeschGehG) zu realisieren.

7.6.4.5 Produktivitätsmanagement

Gegenstand des Produktivitätsmanagements ist die Produktivitätsentwicklung aller Kern-, Management- und Unterstützungsprozesse im Unternehmen mit dem Ziel, die Gesamtproduktivität des Unternehmens zu verbessern.

Zur Analyse, Bewertung und Gestaltung unserer Prozesse setzen wir bewährte Methoden des Industrial Engineering und Lean Managements ein. Diese werden in einem ganzheitlichen Produktivitätsmanagement (GPM) gebündelt (Eisele und ifaa 2023). Das GPM-Konzept bildet den Ordnungsrahmen, um Einzelanalysen und Maßnahmen in unterschiedlichen Organisationsbereichen und Prozessen zielgerichtet, effektiv und effizient durchzuführen und die ganzheitlichen Nachhaltigkeitsziele des Unternehmens zu erreichen. Die Koordinierung der GPM-Aktivitäten erfolgt durch das Industrial Engineering.

Alle Prozesse sind Bereichsverantwortlichen zugeordnet. Diese definieren Prozessverantwortliche in ihrem Bereich. Der Prozessverantwortliche ist verantwortlich für:

- Definition, Beschreibung und Umsetzung seiner Prozesse,
- bereichsübergreifende Koordinierung und Abstimmung einzelner Prozessschritte,
- Definition von Schnittstellen (Input, Output, Wechselwirkung mit anderen Prozessen),
- Überwachung, Messung und Bewertung sowie ständige Verbesserung seiner Prozesse,
- Einhaltung externer und interner Vorschriften,
- Erfüllung der Bereichs- und Prozessziele.

7.6.4.6 Instandhaltungsmanagement

Die Nachhaltigkeit von Gebäuden, technischer Gebäudeausstattung sowie Anlagen und Werkzeugen kann maßgeblich durch Instandhaltung beeinflusst werden. Durch Instandhaltung kann die Ressourceneffizienz im Hinblick auf Energie- und Materialverbrauch innerhalb der Nutzung sowie die Nutzungsdauer von technischen Einrichtungen und Hilfsmitteln verbessert werden. Beides schont die Umwelt und reduziert Kosten der Leistungserstellung. Durch Verbesserung der technischen Sicherheit und Verfügbarkeit können zudem ungeplante, stressverursachende Störungen von Betriebsabläufen vermieden und die Arbeitsbedingungen für Mitarbeiter verbessert werden. Störungsfreie und effiziente Anlagen tragen zudem auch zu einer höheren Termintreue, kürzeren Lieferzeiten und damit höherer Kundenzufriedenheit bei.

Zur Beurteilung der Leistungsfähigkeit von Anlagen und dem Instandhaltungserfolg werden insbesondere folgende Kennzahlen verwendet:

- Gesamtanlageneffizienz (Nutzungsgrad x Qualitätsgrad x Leistungsgrad),
- technische Verfügbarkeit (Anteil von störungsfreier Anlagennutzungszeit),
- Nutzungsdauer (Betriebsstunden/-jahre),
- Energieverbrauch (Strom, Kraftstoffe, Gase),
- Stoffverbrauch (Roh-, Hilfs-, Betriebsstoffe),
- Betriebskostensätze (Kosten pro Nutzungszeit).

Zur Verbesserung der Nachhaltigkeit wird in der Instandhaltung die Methode des Total Productive Maintenance (TPM) angewendet. Die Prinzipien und Methoden des Instandhaltungsmanagements gelten für alle technischen Einrichtungen (Gebäude, technische Gebäudeausstattung, Anlagen, Maschinen, Werkzeuge, Arbeitsmittel, Informations- und Kommunikationstechnik) in allen direkten und indirekten Bereichen.

7.7 Anlagen und Gebäude

7.7.1 Anforderungen

Für die betriebliche Leistungserstellung ist eine geeignete technische Infrastruktur erforderlich. Diese muss bereitgestellt und instandgehalten werden. Zur technischen Infrastruktur gehören die Gebäude, Versorgungseinrichtungen, Fertigungseinrichtungen sowie die individuelle Arbeitsplatzausstattung (inkl. Hard- und Software).

Die Arbeitsumgebung wird so geplant, gestaltet und aufrechterhalten, dass die Konformität zu gesetzlichen Vorschriften und Nachhaltigkeitszielen (Umwelt, Wirtschaft, Soziales, Technik) sichergestellt wird und die Motivation, Zufriedenheit sowie Arbeits- und Leistungsfähigkeit der Mitarbeiter positiv auf das Unternehmen wirkt. Hierzu gehört insbesondere auch die Einbeziehung der Beschäftigten in die sichere, ergonomische, effiziente und umweltfreundliche Gestaltung von Arbeitsplätzen, Anlagen und Gebäuden.

Eine nachhaltige Auswahl und Gestaltung von Gebäuden und Anlagen erfolgt durch die Bewertung hinsichtlich folgender Kriterien:

- Umweltschutz (Immissionen und Emissionen),
- Arbeits- und Betriebssicherheit (Prävention, Reaktion),
- Effizienz (Energiemanagement, Produktivität),
- Flexibilität (Erweiterbarkeit, Änderbarkeit, Anpassbarkeit).

Bei allen sicherheits- und umweltrelevanten Vorhaben, welche die in den folgenden Kapiteln genannten Themen tangieren, sind die entsprechenden Stellen und Verantwortlichen gemäß den gesetzlichen Bestimmungen bereits in der Planungsphase einzubeziehen. Verantwortlich für die Einbeziehung der Managementbeauftragten ist der jeweilige Leiter des planenden Bereichs. Zur Erfüllung ihrer Aufgaben sind den Managementbeauftragten rechtzeitig alle erforderlichen Daten und Informationen zur Verfügung zu stellen. Einzelheiten werden in einer Prozessrichtlinie „Gestaltung von Anlagen und Gebäuden" geregelt.

Die Auswahl, Beschaffung, Gestaltung und Nutzung von Anlagen und Gebäuden erfolgt grundsätzlich in Übereinstimmung mit den aktuell gültigen Gesetzen und Vorschriften. Bei Feststellung von Abweichungen zu gesetzlichen Vorschriften sind alle Beschäftigten dazu aufgefordert, diese an die nächsten Vorgesetzten bzw. die dafür zuständigen Stellen im Unternehmen zu melden.

7.7.2 Umweltschutz

Ziel des Umweltschutzes ist es, schädliche Emissionen (lat. emittere: herausschicken) in Form von Luftverunreinigungen, Lärm, Vibrationen, Licht, Wärme, Strahlen oder chemische Substanzen direkt an der Quelle zu begrenzen oder zu verhindern. Solche

Emissionen können als Immission (lat. immittere: hineinschicken) auf Umwelt, Lebewesen und Sachen schädlich einwirken. Der Emissionsschutz ist ein wesentliches Element des Arbeits- und Umweltschutzes.

Gesetze und Vorschriften
Als Mindestanforderung halten wir die aktuellen gesetzlichen Bestimmungen ein. Die gesetzlichen Vorschriften zum Immissionsschutz sind insbesondere im Bundes-Immissionsschutzgesetz (BImSchG) und den hierzu erlassenen Verordnungen (BImSchV, GefStoffV, ProdSV, BetrSichV) sowie Verwaltungsvorschriften geregelt.

Das BImSchG enthält Vorschriften zum Schutz vor schädlichen Umwelteinwirkungen durch Luftverunreinigungen, Geräusche, Erschütterungen und ähnliche Faktoren. Diese gelten für die Errichtung und den Betrieb von Anlagen, das Herstellen, Inverkehrbringen und Einführen von Anlagen, Brennstoffen, Treibstoffen sowie bestimmten anderen Stoffen und Erzeugnissen (Abschn. 3.2.2).

Genehmigungspflicht
Die Errichtung und der Betrieb von Anlagen, die eine schädliche Umweltauswirkung (beispielsweise Luftverunreinigung oder Geräusche) hervorrufen können, die Allgemeinheit oder Nachbarschaft gefährden, benachteiligen oder belästigen können, bedürfen einer Genehmigung durch die zuständige Behörde (§ 4–21 BImSchG). Die Genehmigung ist vom Planer frühzeitig – ggf. unter Einbeziehung des Anlagenherstellers – zu beantragen. Wesentliche Änderungen an genehmigungsbedürftigen Anlagen dürfen erst nach einer erneuten Genehmigung durch die zuständige Behörde begonnen werden.

Pflicht bei nicht genehmigungsbedürftigen Anlagen
Bei nicht genehmigungsbedürftigen Anlagen besteht die Pflicht, nach dem Stand der Technik unvermeidbare schädliche Umweltauswirkungen auf ein Mindestmaß zu beschränken und die durch den Betrieb anfallenden Abfälle ordnungsgemäß zu beseitigen (§ 22 ff. BImSchG).

Einführung und Vertrieb von Anlagen, Stoffen, Erzeugnissen
Bei der Einführung und dem Vertrieb von Anlagen, Stoffen und Erzeugnissen ist zu prüfen, ob durch Rechtsverordnungen bestimmte Anforderungen zum Schutz vor schädlichen Umweltauswirkungen durch Luftverunreinigungen, Geräusche oder Erschütterungen erfüllt werden müssen (§ 32 ff. BImSchG). Dies gilt auch für Fahrzeuge (§ 38 ff. BImSchG).

Ballungsgebiete
In Ballungsgebieten sind ein Luftüberwachungssystem und intensive Luftkontrolle vorgesehen. Hier sollen sämtliche Luftverschmutzungsquellen in einem Emissionskataster erfasst werden (§ 44 ff. BImSchG).

Planungsmaßnahmen
Bei allen Planungsmaßnahmen (Bauleitung, Fachplanung etc.) ist nach umweltfreundlichen Gesichtspunkten zu verfahren.

Verantwortung
Die Leiter der Fachbereiche, in denen emissionsrelevante Anlagen betrieben werden, sind für den ordnungsgemäßen Betrieb der Anlagen und die Einhaltung der entsprechenden Vorschriften sowie der Auflagen aus behördlichen Bescheiden verantwortlich.

Emissionsschutzmaßnahmen
Zur Vermeidung von Belastungen durch Immissionen streben wir eine Vermeidung oder Verringerung von Emissionen möglichst direkt an der Quelle durch folgende typische Maßnahmen des Emissionsschutzes an:

- konstruktive Maßnahmen (z. B. konstruktive Lärm- und Vibrationsvermeidung),
- Einsatz alternativer Arbeitsverfahren (z. B. 3D-Druck statt Fräsen, Bohren, Schleifen),
- Einsatz alternativer Einsatzstoffe (z. B. Einsatz Wasserstoff statt Erdgas),
- Einsatz emissionsarmer Antriebe (Elektromotor statt Ottomotor).

Sind Emissionen nicht vollständig vermeidbar, wird soweit möglich deren Ausbreitung beispielsweise durch folgende Maßnahmen verringert:

- Kapselung (z. B. Lärmschutzwände),
- Filterung (z. B. Gase, Dämpfe, Gerüche),
- Trennung (z. B. Schleusen, Trittschalldämmung).

Überwachung Grenzwerte und Richtwerte
Bei der Gestaltung von Gebäuden und Anlagen erfassen und überprüfen wir die Einhaltung von Grenzwerten bzw. Richtwerten zu folgenden Emissionen:

- Lärm und Erschütterungen,
- Luftschadstoffe,
- ionisierende Strahlen,
- elektromagnetische Felder,
- Licht,
- Wärme.

Abwasser
Wesentliche Ziele des Gewässerschutzes sind, eine Verunreinigung bzw. eine nachteilige Veränderung der Eigenschaften des Grund- und Oberflächenwassers zu verhindern und auf eine sparsame Verwendung von Wasser hinzuwirken. Die gewässerschutzrelevanten

Bestimmungen sind im Wasserhaushaltsgesetz (WHG), den dazu erlassenen Verordnungen und in landesspezifischen Vorschriften geregelt. Anlagen zum Lagern, Abfüllen und Umschlagen sowie Herstellen, Behandeln und Verwenden wassergefährdender Stoffe müssen so beschaffen sein und betrieben werden, dass wassergefährdende Stoffe nicht unkontrolliert austreten können. Hierzu sind Anforderungen zu erfüllen bezüglich:

- Befestigung und Abdichtung der Aufstellfläche,
- Rückhaltevolumen für austretende wassergefährdende Stoffe,
- Maßnahmen organisatorischer und technischer Art.

Einzelheiten sind in den Anlagenverordnungen (VAwS – Verordnung über Anlagen zum Umgang mit wassergefährdenden Stoffen und über Fachbetriebe) der Bundesländer geregelt. Das unkontrollierte Einbringen von wassergefährdenden Stoffen in das Abwasser bzw. die Kanalisation ist grundsätzlich verboten und mit allen geeigneten Mitteln zu verhindern. Die Einleitung von Abwasser mit gefährlichen Inhaltsstoffen bedarf der Erlaubnis durch die zuständige Behörde. Die Auflagen der Erlaubnisbescheide sowie der städtischen bzw. kommunalen Abwassersatzungen sind entsprechend einzuhalten. Die Leiter der Abteilungen, in denen Anlagen zum Umgang mit wassergefährdenden Stoffen bzw. zur Einleitung von Abwasser mit gefährlichen Inhaltsstoffen betrieben werden, sind für den ordnungsgemäßen Betrieb der Anlagen und die Einhaltung der Vorschriften sowie der Auflagen aus behördlichen Bescheiden verantwortlich. Die Aufstellung von Anlagen zum Umgang mit wassergefährdenden Stoffen und die Einleitung von Abwasser mit gefährlichen Inhaltsstoffen sind grundsätzlich im Vorfeld mit dem Nachhaltigkeitsbeauftragten abzustimmen. Einzelheiten sind in der Prozessrichtlinie „Gestaltung von Anlagen und Gebäuden" geregelt.

Abfälle

Abfälle sind in erster Linie zu vermeiden. Nicht vermeidbare Abfälle sind einer möglichst hochwertigen Verwertung zuzuführen. Nicht verwertbare Abfälle sind über entsprechende Entsorgungsfachbetriebe ordnungsgemäß zu beseitigen. Zur Einhaltung von Vorschriften und aus Kostengründen sind Abfälle getrennt zu sammeln. Das allgemeine Vermischungsverbot ist insbesondere bei der Entsorgung von Sonderabfällen zu beachten. Für die Entsorgung von Sonderabfällen gelten spezielle gesetzliche Vorschriften. Zur Erfüllung dieser Vorgaben hat die Entsorgung von Sonderabfällen ausschließlich in Abstimmung mit dem Nachhaltigkeitsbeauftragten zu erfolgen. Für die ordnungsgemäße Führung der Abfallnachweise („Abfallnachweisbuch") ist der Abfallbeauftragte verantwortlich. Die Dokumente zum Nachweis der ordnungsgemäßen Entsorgung (Begleitscheine, Übernahmescheine) sind dem Abfallbeauftragten im Original zur Verfügung zu stellen.

Zur Erfüllung der gesetzlichen Bestimmungen und zur Hinwirkung auf eine kontinuierliche Verringerung der Umweltauswirkungen werden vom Abfallbeauftragten Statistiken zur Abfallentsorgung geführt. Die hierfür notwendigen Informationen und

Daten werden von den entsprechenden Fachabteilungen zur Verfügung gestellt. Die Leiter der Fachabteilungen sind für die ordnungsgemäße Verwertung und Entsorgung der Abfälle aus ihrem Verantwortungsbereich zuständig. Dazu gehören insbesondere:

- Getrenntsammlung der Abfallfraktionen im Verantwortungsbereich,
- Aufstellung und Kennzeichnung der notwendigen Sammelbehälter,
- Unterweisung der Mitarbeiter zur ordnungsgemäßen Getrenntsammlung,
- Kontrolle der Getrenntsammlung,
- ordnungsgemäße Sammlung, Kennzeichnung und Verpackung von Sonderabfällen (Einzelheiten sind in der Arbeitsanweisung „Getrenntsammlung“ geregelt).

Gefahrstoffe

Für die Einführung, den Umgang und die Verwendung von Stoffen, Zubereitungen und Erzeugnissen gelten die Vorschriften des Chemikaliengesetzes (ChemG) mit den entsprechenden Verordnungen, insbesondere der Gefahrstoffverordnung (GefStoffV). Vor der Einführung neuer Stoffe oder Erzeugnisse ist im Rahmen der Ermittlungspflicht nach der GefStoffV zu prüfen, ob gefahrstofffreie Alternativprodukte oder solche mit einem geringeren gesundheitlichen Risiko verwendet werden können. Ist dies nicht möglich oder zumutbar, müssen die weitergehenden Umgangsvorschriften der einschlägigen gefahrstoffbezogenen Vorschriften eingehalten werden.

Der Einführer neuer Stoffe, Zubereitungen oder Erzeugnisse ist verantwortlich dafür, dass:

- die erforderlichen Stoffinformationen verfügbar sind,
- die Fachabteilungen (Arbeitsschutz) die Information und die erforderlichen Unterlagen für die Prüfung erhalten,
- eine Sachnummer zur Pflege der Dokumentation angelegt wird.

Vorgesetzte, deren Mitarbeiter im Rahmen ihrer Tätigkeiten Umgang mit Gefahrstoffen haben, sind verantwortlich dafür, dass:

- die Mitarbeiter über mögliche Gefährdungen sowie die anzuwendenden Schutzmaßnahmen unterwiesen werden und
- arbeitsplatzbezogene Betriebsanweisungen nach der GefStoffV erstellt und bekannt gemacht sind.

Die gemäß Vorschriften erforderlichen Gefahrstoffübersichten („Betriebsarbeitsstoffkataster“) werden vom Gefahrstoffbeauftragten und den Sicherheitsfachkräften gepflegt.

Für den Transport von gefährlichen Gütern sind die Vorgaben des Gefahrgutbeförderungsgesetzes (GGBefG) mit den dazu erlassenen Verordnungen sowie die international geltenden Gefahrgutvorschriften zu beachten. Die Gefahrgutvorschriften legen u. a. Anforderungen fest an:

- den Transport von Gefahrgut auf öffentlichen Straßen,
- das Verpacken, Verladen und Versenden sowie
- das Empfangen, Entladen und Auspacken von Gefahrgut.

Der jeweilige Versender und Empfänger von gefährlichen Gütern trägt die Verantwortung bezüglich der Einhaltung der entsprechenden Gefahrgutvorschriften. Die Einhaltung der Gefahrgutvorschriften wird durch einen Gefahrgutbeauftragten überwacht. Einzelheiten werden in einer Arbeitsanweisung „Beförderung gefährlicher Güter" geregelt.

CO_2-Emission

Aufgrund der umweltschädlichen Wirkung streben wir eine Minimierung von CO_2-Emissionen an. Maßnahmen zur Verringerung der CO_2-Emissionen können in allen Funktionsbereichen und an allen Stellen der Wertschöpfungskette ansetzen. Wir unterscheiden in Anlehnung an das GHG-Protokoll (Greenhouse Gas Protocol) vier relevante Bereiche zur Beeinflussung von CO_2-Emissionen im Rahmen unserer Unternehmenstätigkeit:

1. indirekte Emission durch vorgelagerte Aktivitäten (Ressourcenbeschaffung),
2. indirekte Emission durch bezogene Energie (Energieversorgung),
3. direkte Emission durch eigene Unternehmensprozesse (Betriebstätigkeit),
4. indirekte Emission durch nachgelagerte Aktivitäten (Vertrieb, Nutzung und Verwertung).

Die CO_2-Emissionen können durch unser Handeln in allen vier aufgeführten Bereichen direkt oder indirekt beeinflusst werden, wobei wir folgende Verbesserungsansätze verfolgen:

- Reduzierung von unnötigem Ressourcenverbrauch und damit auch CO_2-Emissionen,
- Einsatz anderer Ressourcen mit verbesserter CO_2-Bilanz,
- Nutzung bester verfügbarer Technik in Produkten, Prozessen und Anlagen.

Zur Überwachung und Verbesserung der von uns direkt beeinflussbaren CO_2-Emissionen ermitteln wir die jährliche CO_2-Emission aus unserer Betriebstätigkeit auf Basis der verbrauchten Mengen von Strom, Kraftstoffen und Gasen sowie der durch Geschäftsreisen oder sonstigen externen Transportmittel anteilig verursachten Energieverbräuche.

Da der Energieverbrauch und damit auch die CO_2-Emission eine umsatzabhängige, variable Größe ist, weisen wir in unserer CO_2-Berichterstattung eine CO_2-Produktivität aus. So ist ausgeschlossen, dass die Wirkung temporärer Umsatzschwankungen als dauerhafte Verbesserung oder Verschlechterung der Emissionsleistung fehlinterpretiert wird. Die CO_2-Produktivität definieren wir als Verhältnis von Rohertrag, d. h. Umsatz abzüglich aller externen Vorleistungen sowie Anlagen- und Bestandsveränderungen, zu den für diese Wertschöpfung angefallenen CO_2-Emissionen.

7.7.3 Betriebs- und Arbeitssicherheit

Zur nachhaltigen Sicherung der Betriebstätigkeit unseres Unternehmens und der Beschäftigung unserer Mitarbeiter betreiben wir ein Betriebliches Kontinuitätsmanagement (BKM) sowie ein Arbeits- und Gesundheitsschutzmanagement (AGM).

Verantwortlichkeiten
Die Geschäftsleitung trägt die Verantwortung für die Organisation von Risikomanagement sowie Umwelt-, Arbeits- und Gesundheitsschutz. Sie legt die Verantwortlichkeiten und Zuständigkeiten hierzu fest, überträgt Pflichten des Arbeitsschutzes (§ 13 ArbSchG, DGUV Vorschrift 1) und sorgt dafür, dass Fachkräfte für Arbeitssicherheit, Betriebsarzt und Sicherheitsbeauftragte gemäß den rechtlichen Bestimmungen bestellt werden sowie ein Arbeitsschutzausschuss gebildet wird.

Die Sicherheitsfachkräfte und der Betriebsarzt beraten und unterstützen den Unternehmer bei der Erfüllung seiner Verantwortung, sind jedoch nicht weisungsbefugt. Die Vorgesetzten der Fachbereiche und Abteilungen sind verantwortlich für die Umsetzung der Maßnahmen zur Vermeidung von Betriebsstörungen und Arbeitsunfällen nach den festgelegten Richtlinien. Sie tragen die Verantwortung für die Sicherheit und Gesundheit ihrer Beschäftigten am Arbeitsplatz.

Hilfsmittel und Notfallpläne
Als wesentliche Hilfsmittel für den Arbeits-, Gesundheits- und Umweltschutz stehen folgende Dokumente zur Verfügung:

- BKM-Handbuch,
- AGM-Handbuch,
- Notfallhandbuch mit Notfallplänen,
- Brandschutzpläne,
- Arbeitsordnung.

Die genannten Hilfsmittel werden ständig aktualisiert und bedarfsgerecht an die entsprechenden Einsatzkräfte und Behörden verteilt.

Behörden, Notfall-Einsatzkräfte
Die zuständigen Behörden und Einsatzkräfte werden bei der Erstellung der Konzepte zur Minimierung der Gesundheits- und Umweltauswirkungen durch Betriebsstörungen mit einbezogen.

Erste Hilfe
Die organisatorischen Vorgaben der Ersten Hilfe obliegen der Personalabteilung, unterstützt vom Betriebsarzt. Festlegungen und Hinweise zur Ersten Hilfe enthalten die Notfallpläne sowie die Arbeitsordnung.

Energieeffizienz
Die Effizienz von Anlagen und Gebäuden wird maßgeblich durch deren Energieverbrauch bestimmt. Der Energieverbrauch stellt einen Kostenfaktor dar. Zudem hat er einen Einfluss auf CO_2-Emissionen und damit die Umweltfreundlichkeit unserer Betriebstätigkeit. Wir streben deshalb grundsätzlich eine kontinuierliche Minimierung des Energieverbrauchs bei unseren Anlagen und Gebäuden durch folgende Ansätze an:

1. Reduzierung von unnötigem Energieverbrauch,
2. Nutzung energieeffizienter Technik.

Energiemanagement
Grundsätzlich sind alle Energieträger und -formen wie elektrischer Strom, Erdgas, Heizöl, Druckluft oder technische Gase in allen Unternehmensbereichen sparsam und effizient einzusetzen. Hierdurch werden die direkt beeinflussbaren CO_2-Emissionen reduziert und die Wirtschaftlichkeit verbessert. Zur kontinuierlichen Reduzierung unseres Energieverbrauchs betreiben wir ein Energiemanagement, das sich an der ISO 50001 orientiert und die Anforderungen des Energiedienstleistungsgesetzes (EDL-G) sowie des Bundesamtes für Wirtschaft und Ausfuhrkontrolle (BAFA) erfüllt (BAFA 2019).

Energieverbrauchserfassung und Energieberichte
Zur Kontrolle und Optimierung der Energieverbräuche werden regelmäßig die relevanten Verbrauchswerte mit Zuordnung zu den Verursachern erfasst. Für jedes Geschäftsjahr wird ein Energiebericht für die Geschäftsleitung erstellt. Dieser enthält eine Gesamtenergiebilanz sowie eine Aufschlüsselung der während der Berichtsperiode bezogenen und eingesetzten Energiemengen nach Energieträgern (Strom, Heizöl, Heizgas, Diesel, Benzin, Nutzwärme). Diesen Energiemengen werden die wesentlichen Energieverbrauchsmengen gegenübergestellt, wobei wir folgende Hauptverbrauchsbereiche unterscheiden:

- Gebäude,
- technische Gebäudeausstattung (TGA),
- Anlagen und Betriebsmittel in der Produktion,
- Anlagen und Betriebsmittel in Büros und Verwaltung,
- interne Transportmittel,
- externe Transportmittel.

Energieaudit

Alle vier Jahre findet ein Energieaudit nach DIN EN 16.247–1 statt (DIN 2012). Das Audit erfolgt durch einen bei der BAFA registrierten und freigegebenen Experten. Die Ergebnisse werden in einem Energieauditbericht dokumentiert.

Energiebeauftragter

Von der Geschäftsführung wird ein Energiebeauftragter benannt. Er koordiniert die Erstellung der Energiesparkonzepte und die Auswertung der Energiedaten. Er überwacht die Umsetzung der internen und externen Vorgaben zur Energieeinsparung und berichtet an die Geschäftsleitung. Die Koordination erfolgt in enger Zusammenarbeit und Abstimmung mit den technischen Abteilungen.

Energiesparkonzept

Nach Erfassung und Auswertung der relevanten Energiedaten werden unter Berücksichtigung der Unternehmensplanung die ökonomisch und ökologisch sinnvollen Optimierungsmaßnahmen in Form eines betrieblichen Energiesparkonzepts zusammengefasst. Das Energiesparkonzept ist regelmäßig zu erstellen und der Geschäftsleitung zur Entscheidung vorzulegen.

Verantwortung

Die Leiter der Fachabteilungen sind in ihrem Verantwortungsbereich verantwortlich für:

- sparsamen und effizienten Einsatz von Energie,
- Unterweisung und Motivation der Mitarbeiter zu energiesparendem Verhalten,
- Erfassung der relevanten Energieverbräuche und Meldung an den Energiebeauftragten,
- Umsetzung der im Energiesparkonzept festgelegten Optimierungsmaßnahmen,
- Erfolgskontrolle.

Optimierungsteam Energie

Ein benanntes „Optimierungsteam Energie“ wertet die erfassten Energiedaten aus und erstellt das Energiesparkonzept. Es setzt sich aus Vertretern der Fachabteilungen zusammen und wird vom Energiebeauftragten bei Bedarf einberufen.

Neu- und Umbaumaßnahmen

Neu- und Umbaumaßnahmen sind frühzeitig mit dem Energiebeauftragten abzustimmen, damit Energieeinsparungsmaßnahmen gemäß dem Energiesparkonzept berücksichtigt werden können.

Bei allen Baumaßnahmen wird eine nachhaltige Gebäudegestaltung angestrebt, welche die rechtlichen, standort- und nutzungsspezifischen Anforderungen unter folgenden Kriterien berücksichtigt:

- Umweltschutz (CO_2-Belastung),
- Wirtschaftlichkeit (Lebenszykluskosten),
- Sozialverantwortung (Humanität, Ergonomie, Akzeptanz),
- Einsatz beste verfügbare Technik (Funktionalität, Flexibilität).

7.7.4 Flexibilität

Die Rahmenbedingungen unserer Betriebstätigkeit unterliegen einem stetigen Wandel. Dieser kann sich in veränderten Kundenwünschen, Gesetzen, Technologien oder Veränderung der Markt- und Wettbewerbssituation äußern. Zur nachhaltigen Sicherung des Unternehmenserfolgs müssen sich unsere Produkte und Dienstleistungen sowie Gebäude, Anlagen, Organisation sowie Beschäftigte flexibel an solche Veränderungen anpassen.

Flexibilität kennzeichnet die Fähigkeit, auf veränderte Zustände reagieren und sich an diese anpassen zu können. Der realisierte Flexibilitätsgrad wird bestimmt durch:

1. den Umfang unserer Anpassungsmöglichkeiten (Handlungsspielraum),
2. die Effekte auf unsere Nachhaltigkeit, die mit erforderlichen Anpassungen verbunden sind,
3. den Zeitbedarf für die Realisierung von Anpassungsmaßnahmen.

Durch Flexibilität von Gebäuden und Anlagen bzw. Arbeitssystemen sollen die Auswirkungen von geänderten Bedingungen oder Anforderungen auf die Produktivität, Umweltfreundlichkeit sowie Sozialkriterien und der Aufwand für Anpassungen möglichst gering sein. Gebäude und Anlagen werden hierzu im Hinblick auf folgende Aspekte gestaltet:

- Umrüstbarkeit bzw. Änderbarkeit (neue oder geänderte Produkte und Prozesse),
- Rüstzeit, Anlaufzeit, Programmierzeit (wechselnde Produkte und Prozesse),
- Erweiterbarkeit oder Reduzierbarkeit (wechselnde Kapazitäts- und Leistungsbedarfe),
- Verlässlichkeit (technische Verfügbarkeit),
- Wiederverwendbarkeit (Nutzungsdauer bei wechselnden Anforderungen).

Die Flexibilitätsanforderungen sind bei der Planung und Beschaffung von Gebäuden und Anlagen sowie bei Neu- und Umbaumaßnahmen von den ausführenden Stellen zu beachten.

7.8 Managementsystem Nachhaltigkeit

Die im Folgenden genutzte Struktur und verwendeten Begriffe in den Überschriften wurden aus der High Level Structure (HLS) für ISO-Managementsysteme übernommen, um konform zu den ISO-Normen zu sein. Die dargestellten Sachverhalte ergänzen die bisherigen Ausführungen. Auf Inhalte, die bereits in vorhergehenden Kapiteln beschrieben wurden, wird verwiesen.

7.8.1 Organisation und Führung

Das hier beschriebene Managementsystem Nachhaltigkeit ist der Ordnungsrahmen,

- welcher für die Umsetzung der Unternehmenspolitik (Mission, Ziele und Strategien) sorgt,
- welchen der Unternehmer zur Gewährleistung und Kontrolle von Sicherheit und Schutz von Menschen, Umwelt und wirtschaftlicher Existenz im Unternehmen implementiert und
- welcher die Einhaltung aller gültigen Gesetze und Vorschriften unterstützt.

Organisatorischer Kontext, Politik, Erfordernisse, Führung, Rollen und Verantwortung

Das Managementsystem wird in der in Abschn. 7.1 beschriebenen Organisation angewendet. Die Geschäftsführung übernimmt die Verantwortung für das integrierte Managementsystem Nachhaltigkeit, stellt die erforderlichen Ressourcen hierfür bereit und fördert dessen fortlaufende Verbesserung. Die in Abschn. 7.2 bis 7.4 beschriebenen nachhaltigen Grundsätze, Ziele und Strategien des Unternehmens beschreiben die Unternehmenspolitik und stellen verbindliche Handlungsgrundsätze für alle Mitarbeiter dar.

Wir streben eine kontinuierliche Verbesserung der Nachhaltigkeitsleistung an, wobei die Einhaltung aller gesetzlichen Vorschriften als Mindestmaß vorausgesetzt wird. Die Grundsätze unseres Handelns sind in unseren vier Unternehmensgrundsätzen festgeschrieben (Abschn. 7.2). Wir betrachten die Dimensionen Umwelt, Wirtschaft, Soziales und Technik gleichrangig und gleichwertig.

Für die Umsetzung der Nachhaltigkeitspolitik ist die Mitwirkung von allen Beschäftigten notwendig. Deshalb werden die Mitarbeiter aller Unternehmensbereiche umfassend informiert, geschult und in das Nachhaltigkeitskonzept integriert.

Die Öffentlichkeit wird in Form eines Nachhaltigkeitsberichts in regelmäßigen Abständen über die Aktivitäten des Unternehmens zur Verbesserung der Nachhaltigkeit und deren Auswirkungen informiert. Der Nachhaltigkeitsmanagementbeauftragte ist über alle internen und externen nachhaltigkeitsrelevanten Mitteilungen aus der Öffentlichkeit zu informieren. Er prüft und dokumentiert diese und veranlasst – in Abstimmung mit der Geschäftsleitung – evtl. notwendige Maßnahmen.

7.8.2 Planung

Maßnahmen zum Umgang mit Risiken und Chancen
Zur Vermeidung von Umwelt-, Arbeits- und Gesundheitsbelastungen sowie der Gefährdung des wirtschaftlichen Erfolgs, werden alle Tätigkeiten und Verfahren sowie neue Produkte und Betriebsmittel im Voraus auf ihre Verträglichkeit beurteilt. Die Auswirkungen auf die genannten Aspekte werden regelmäßig bewertet. Wo immer möglich werden negative Auswirkungen auf die Nachhaltigkeit vermieden oder zumindest auf ein Minimum reduziert. Alle Produktionsfaktoren (Werkstoffe, Energie, Betriebsmittel, Informationen und Arbeitskraft) werden sparsam und verschwendungsarm eingesetzt. Natürliche Ressourcen werden unter dem geringstmöglichen Energieeinsatz so vollständig wie möglich zu den Produkten verarbeitet. Nicht vermeidbare Emissionen und Reststoffe werden, wo immer wirtschaftlich vertretbar, auf ein Mindestmaß verringert.

Risiken werden durch ein Betriebliches Kontinuitätsmanagements (BKM) identifiziert und bewertet (Abschn. 7.6.3). Wo technisch und wirtschaftlich möglich werden Risiken durch präventive Maßnahmen vermieden oder deren Schadensauswirkung minimiert. Für existenzielle Risiken, die nicht vollständig vermeidbar sind, werden Vorkehrungen für mögliche Schadensereignisse in Form von Notfall-, Krisen- und Sanierungsplänen getroffen. Es werden somit alle notwendigen Maßnahmen ergriffen, um negative Auswirkungen durch Schadensereignisse und Betriebsstörungen auf Menschen, Umwelt und Unternehmen zu vermeiden oder zu minimieren. Weitere Details sind im BKM-Handbuch sowie AGM-Handbuch des Unternehmens geregelt.

Durch entsprechende Anweisungen ist sichergestellt, dass die auf dem Betriebsgelände arbeitenden Vertragspartner die gleichen Umwelt-, Arbeits- und Gesundheitsschutzregeln anwenden wie die eigenen Beschäftigten. Unsere Kunden werden über Umwelt- und Sicherheitsaspekte im Zusammenhang mit der Handhabung unserer Produkte geschult.

Externe Vorschriften
Relevante Gesetze, Verordnungen und amtlich veröffentlichte Verwaltungsvorschriften, die für den Standort relevant sind, werden in Form einer Checkliste zur Durchführung einer Betriebs- und Managementprüfung zusammengestellt und zyklisch aktualisiert. Durch fest abonnierte Aktualisierungsdienste ist sichergestellt, dass alle umwelt- und arbeitsschutzrelevanten Vorschriften in aktueller Form vorliegen. Das standortbezogene Betriebshandbuch enthält eine aktuelle Übersicht der relevanten Vorschriften. Weiterhin gelten berufsgenossenschaftliche Vorschriften (BGV), Regeln (BGR) und Informationen (BGI), die in gleicher Weise zu beachten sind. Gesetze und Vorschriften sind in aktueller Form auf Datenträgern verfügbar.

Zusätzlich zu den gesetzlichen Auflagen können die entsprechenden Fachbehörden weitergehende Auflagen anordnen, die ebenfalls rechtsverbindlichen Charakter haben.

Existierende behördliche Auflagen werden mit den Nachweisen zu deren Einhaltung in den entsprechenden Bereichen ebenfalls im Betriebshandbuch dokumentiert.

7.8.3 Unterstützung

Ressourcen, Kompetenzen, Pflichten
Die Geschäftsführung stellt die notwendigen Mittel zur Verfügung, um:

- die Umsetzung der Nachhaltigkeitspolitik sicherzustellen,
- Risiken für Unternehmen und Beschäftigte zu bewältigen,
- Umwelt-, Arbeits- und Gesundheitsschutz zu gewährleisten sowie
- eine Entwicklung von Qualität, Produktivität und Flexibilität zu ermöglichen.

Die Geschäftsführung beauftragt qualifizierte Mitarbeiter mit der Umsetzung der Nachhaltigkeitspolitik. Sie legt die Ziele fest, die zur kontinuierlichen Verbesserung der Nachhaltigkeitsleistung erreicht werden sollen. Der Geschäftsführer überträgt die ihm hinsichtlich Umwelt-, Arbeits- und Brandschutz obliegenden Pflichten an Führungskräfte entsprechend ihrer Verantwortungsbereiche.

Die Führungskräfte sind in ihrem jeweiligen Verantwortungsbereich verantwortlich für die Einhaltung aller gesetzlichen Vorschriften und Regelungen zu Umweltschutz, Arbeitsschutz und Brandschutz. Einzelheiten sind in folgenden betrieblichen Dokumenten festgelegt:

- Pflichtenübertragungen,
- Aufgabenbeschreibungen,
- Managementhandbuch,
- sonstige interne Handbücher, Richtlinien und Anweisungen.

Alle Mitarbeiter sind verpflichtet, die gesetzlichen Vorschriften sowie die mündlichen und schriftlichen Anweisungen der Führungskräfte zu befolgen. Einzelne Vorgaben sind in nachstehend genannten Betriebsdokumenten enthalten:

- Managementhandbuch,
- Arbeitsordnung,
- Prozessrichtlinien,
- Arbeitsanweisungen,
- Betriebsanweisungen.

Zum Nachhaltigkeitsbeauftragten der Geschäftsführung ist der Leiter Qualitätsmanagement bestellt. Er übernimmt in Personalunion auch die Rolle des Qualitätsmanagement- und Umweltbeauftragten des Unternehmens. Seine diesbezüglichen Aufgaben sind:

- Organisation und Kontrolle der Umsetzung der Nachhaltigkeitspolitik des Unternehmens,
- regelmäßige Berichterstattung über nachhaltigkeitsrelevante Abläufe und Auswirkungen an die oberste Leitung,
- Beratung der Geschäftsleitung bei nachhaltigkeitsrelevanten Entscheidungen.

Neben dem Nachhaltigkeitsbeauftragten gibt es weitere Beauftragte für Einzelthemen innerhalb der Nachhaltigkeitsstrategie. Eine Übersicht der Themen und Beauftragten im Unternehmen zeigt die Tab. 7.1.

Die speziellen Zuständigkeiten im Unternehmen bezogen auf Umweltschutz werden gemäß Tab. 7.2 und die Zuständigkeiten im Bereich Arbeits- und Gesundheitsschutz gemäß Tab. 7.3 zugeordnet:

Schulung, Unterweisung und Weiterbildung

Die Geschäftsführung und die beauftragten Führungskräfte sind dafür verantwortlich, dass geeignetes Personal mit den notwendigen Fähigkeiten anforderungsgerecht eingesetzt wird.

Für die Durchführung der gesetzlich geforderten Unterweisungen

- vor Aufnahme einer neuen Tätigkeit sowie
- mindestens einmal pro Jahr (jährliche Sicherheitsunterweisung)

Tab. 7.1 Übersicht Unternehmensbeauftragte

Themenfeld	Beschreibung	Zuständigkeit
Nachhaltigkeit	Nachhaltigkeitsbeauftragter	Leiter Qualitätswesen
Umwelt	Umweltbeauftragter Immissionsschutzbeauftragter Gewässerschutzbeauftragter	Leiter Qualitätswesen
Energie	Energiebeauftragter	Leiter Instandhaltung
Gefahrstoffe und Abfälle	Gefahrstoffbeauftragter Gefahrgutbeauftragter Abfallbeauftragter	Leiter Beschaffung, Lager und Logistik
Arbeits- und Gesundheitsschutz	Werkschutzbeauftragter Fachkraft für Arbeitssicherheit Betriebsarzt Sicherheitsbeauftragter	Leiter Instandhaltung, gemäß ASiG, gemäß ASiG, gemäß SGB VII
Daten und Informationen	Datenschutzbeauftragter	Leiter Information und Kommunikation
Qualität	Qualitätsbeauftragter	Leiter Qualitätswesen
Produktivität	Produktivitätsbeauftragter	Leiter Industrial Engineering

Tab. 7.2 Zuständigkeitsmatrix Umweltschutz

Zuständigkeitsmatrix Umweltschutz									
	Geschäftsführung								
Kennzeichnung in Matrix:		Umweltbeauftragter							
E = Entscheidungsbefugnis			Anlagenbetreiber						
D = Durchführungsverantwortung				technischer Planer					
M = Mitwirkungspflicht					Vertrieb & Logistik				
I = Informationsrecht						Rechnungswesen			
							Beschaffung		
Aufgaben/Tätigkeiten:								F&E	
1 Umweltpolitik	D	M							
2 Wahrnehmung Betreiberpflicht	E	I	D						
3 Wahrnehmung Aufsichtspflicht	D	M							
4 Erstellung Genehmigungsunterlagen		M	M	D					
5 Umsetzung von Auflagen aus Genehmigungsbescheiden		M	D	M					
6 Kommunikation mit Behörden	E	D	M	M					
7 Ermittlung Umweltschutzinvestitionen		M	M	D		M	M		
8 Beantragung Mittel für Umweltschutzinvestitionen	E	M	D			M			
9 Berücksichtigung Umweltschutz bei Produktentwicklung	E	M		I			M	D	
10 Umweltschutzvereinbarungen mit Lieferanten		M	I	M			D		
11 Einsatz umweltverträglicher Materialien	E		D	M			M		
12 Sperrung umweltschädlicher Materialien	E	D	M	I			M	M	
13 Erstellung Konzepte der Abfallvermeidung und -entsorgung	E	D	M	M		I	I		
14 Umsetzung Konzepte Abfallvermeidung und –verwertung		M	D	M	M		I		
15 Durchführung ordnungsgemäßer Getrenntsammlung		M	D		M				
16 Umsetzung und Dokumentation ordnungsgemäße Entsorgung		D	M			I			
17 Durchführung Erfolgskontrolle des Umweltschutzes	D	D							

(Fortsetzung)

Tab. 7.2 (Fortsetzung)

Zuständigkeitsmatrix Umweltschutz	Geschäftsführung	Umweltbeauftragter	Anlagenbetreiber	technischer Planer	Vertrieb & Logistik	Rechnungswesen	Beschaffung	F&E
Kennzeichnung in Matrix:								
E = Entscheidungsbefugnis								
D = Durchführungsverantwortung								
M = Mitwirkungspflicht								
I = Informationsrecht								
Aufgaben/Tätigkeiten:								
18 Erstellung und Pflege Umweltschutzanweisungen	E	D	M	M				
19 Führen von umweltrelevanten Arbeitsstoffkatastern		D	M					
20 Erhaltung der Anlagensicherheit		M	D	M				
21 Information bei Anlagenänderungen		I	M	D				
22 Sachgerechte Lagerung von Betriebsmitteln und Stoffen		M	D					
23 Koordination von Fremdfirmen		M	D	D				
24 Verwaltung von Sicherheitsdatenblättern		D	M					
25 Erstellung und Verteilung Betriebsanweisungen		M	D	M				
26 Durchführung von Messungen und Analysen		M	D					
27 Führung von Umweltbilanzen		M						
28 Organisation von Weiterbildung und Pflege Pflichtenübertragung		M			D			
29 Hinwirkung auf umweltfreundliche Produkte	E	M						
30 Hinwirkung auf umweltfreundliche Fertigungsverfahren	E	M		D				
31 Hinwirkung auf umweltfreundliche indirekte Prozesse		D						
32 Erstellung Umweltschutzberichte für Geschäftsleitung		D						
33 Durchführung von Umweltaudits	E	D	M	M	M	M	M	M
34 Pflege des Managementhandbuchs Nachhaltigkeit		D	M	M				

(Fortsetzung)

Tab. 7.2 (Fortsetzung)

Zuständigkeitsmatrix Umweltschutz

Kennzeichnung in Matrix:
E = Entscheidungsbefugnis
D = Durchführungsverantwortung
M = Mitwirkungspflicht
I = Informationsrecht

Aufgaben/Tätigkeiten:	Geschäftsführung	Umweltbeauftragter	Anlagenbetreiber	technischer Planer	Vertrieb & Logistik	Rechnungswesen	Beschaffung	F&E
35 Veröffentlichung und Öffentlichkeitsarbeit	E	D						
36 Beseitigung umweltrelevante Mängel	E	M	D	M			M	

ist durch Übertragung der Unternehmerpflichten der jeweilige Vorgesetzte verantwortlich. Hierbei werden die Vorgesetzten bei Bedarf von weiteren Fachpersonen (Sicherheitsfachkräfte, Betriebsärzte) fachlich unterstützt.

Der Nachhaltigkeitsbeauftragte ist verantwortlich für die Planung und Durchführung von Schulungen zur Nachhaltigkeit. Alle Führungskräfte haben an mindestens einer der jährlich angebotenen Schulungsveranstaltungen zu den Themen Umwelt-, Arbeits- und Gesundheitsschutz teilzunehmen. Die Schulungen werden durch den Nachhaltigkeitsbeauftragten sowie Experten zu besonderen Themen (z. B. Sicherheitswesen, Umwelt) durchgeführt und die Führungskräfte darin über ihre Pflichten informiert.

Die Schulung der Mitarbeiter erfolgt durch die Führungskräfte im Rahmen der jährlich durchzuführenden Sicherheitsunterweisung sowie zusätzlicher Schulungen bei Bedarf. Die Führungskräfte der Fachabteilungen sind dafür verantwortlich, dass ihre Mitarbeiter mit sicherheits- und umweltrelevanten Tätigkeiten durch entsprechende Aus- und Weiterbildung bzw. Unterweisung die notwendige Qualifikation besitzen. Sie ermitteln den Schulungsbedarf ihrer Mitarbeiter im Rahmen der jährlichen Schulungsplanung durch das Personalwesen. Der Leiter Personalentwicklung ist verantwortlich für die Planung und Organisation der Weiterbildungsmaßnahmen.

Dokumentierte Information und Kommunikation

Die Dokumentation des Unternehmens gliedert sich in folgende Dokumentationsebenen:

- Unternehmen (Managementhandbuch),
- Unternehmenssysteme (Handbücher),
- Unternehmensprozesse (Prozessrichtlinien),
- Arbeitsplatz oder Produkte (Arbeitsanweisungen).

Tab. 7.3 Zuständigkeitsmatrix Arbeits- und Gesundheitsschutz

Zuständigkeitsmatrix Arbeits- und Gesundheitsschutz	Geschäftsführung	Führungskraft	Betriebsrat	Sicherheitsfachkraft	Betriebsarzt	technischer Planer	Personalwesen	Beschäftigte	
Kennzeichnung in Matrix:									
E = Entscheidungsbefugnis									
D = Durchführungsverantwortung									
M = Mitwirkungspflicht									
I = Informationsrecht									
Aufgaben/Tätigkeiten:									
1 Durchführung Maßnahmen des Arbeitsschutzes	E	D	M	I	M				§ 3 ArbSchG
2 Organisation des Arbeitsschutzes	D	I	M	I	I		M		§ 3 ArbSchG
3 Beratung und Unterstützung der Vorgesetzten	I	I	D	I	D		I		§ 3 ArbSchG
4 Beseitigung sicherheitsrelevanter Mängel	E	D	M	I	M				

(Fortsetzung)

Tab. 7.3 (Fortsetzung)

Zuständigkeitsmatrix Arbeits- und Gesundheitsschutz									
5 Bereitstellung Mittel für Sicherheit und Schutz	D	M	M		M				§ 3 ArbSchG
6 Gestaltung sicherer Arbeitsplätze	E	D	M	I	M				§ 4 ArbSchG
7 Erstellung sicherheitsrelevanter Anweisungen	E	D	M	I	M				§ 4 ArbSchG
8 Durchführung Gefährdungsbeurteilungen	E	D	M	I	M				§ 5 ArbSchG
9 Dokumentation Gefährdungsbeurteilungen	E	D	M						§ 6 ArbSchG
10 Unterweisung Mitarbeiter	E	D	M		M		I	I	
11 Planung und Gestaltung Arbeitsstätten		M	M	I	M	D			
12 Sicherheitsgerechtes Verhalten			M	M				D	§ 15 ArbSchG

(Fortsetzung)

Tab. 7.3 (Fortsetzung)

Zuständigkeitsmatrix Arbeits- und Gesundheitsschutz									
13 Arbeits-medizinische Betreuung und Versorgung					D				
14 Organisation des Gesundheitsschutzes	D	I		M	M		M	I	
15Information und Beratung Gesundheitsschutz		I			D			I	
16 Vorgesetzten-schulung zum Gesundheitsschutz	E	M		I	D				
17 Einhaltung Vorschriften zum Gesundheitsschutz	E	M		M	M			D	
18 Arbeitsplatz-besichtigung/Begehung		M	M	M	D		M	I	
19 Überwachungs-organisation Gesundheitsschutz	E	M	M	M	M		D		
20 Ergonomische Gestaltung der Arbeitsplätze	E	M	M	M	M	D			

(Fortsetzung)

Tab. 7.3 (Fortsetzung)

Zuständigkeitsmatrix Arbeits- und Gesundheitsschutz									
21 Organisation der Ersten Hilfe	E	M	I	I	M		D	I	
22 Bestellung ausreichender Anzahl Ersthelfer		D					M	M	
23 Bereitstellung und Prüfung Erste-Hilfe-Material		D			M			I	
24 Organisation Schulungen für Ersthelfer	E	M					D	I	

Für einige Tätigkeiten und Anwendungsfälle sind gemäß Vorschriften und Bestimmungen zudem arbeitsplatz- oder tätigkeitsbezogene Betriebsanweisungen zu erstellen. Dies sind unter anderem:

- Betriebsanweisungen nach Gefahrstoffverordnung,
- Betriebsanweisungen für Anlagen zum Umgang mit wassergefährdenden Stoffen,
- Betriebsanweisungen für spezielle Tätigkeiten (Führen von Flurförderfahrzeugen, Arbeiten an Pressen, Arbeiten an Laseranlagen etc.).

Betriebsanweisungen werden nach Form und Inhalt gemäß den Vorgaben bzw. Vorlagen erstellt und an den entsprechenden Arbeitsplätzen ausgehängt sowie bekannt gemacht. Für die Aktualität der Betriebsanweisungen sind die Führungskräfte der jeweiligen Fachabteilungen verantwortlich.

Für die Erstellung und Archivierung von erforderlichen Aufzeichnungen, Überwachungsplänen, Katastern, Betriebstagebüchern oder Anlagenlogbüchern sind die Leiter der entsprechenden Fachabteilungen verantwortlich. Das System zur Lenkung der Dokumente gewährleistet, dass für alle Tätigkeiten die aktuellen Dokumente an den erforderlichen Stellen verfügbar sind. Einzelheiten werden in der Prozessrichtlinie „Informationsmanagement" in dem Kapitel „Lenkung von Dokumenten und Daten" geregelt.

Die interne Kommunikation über die Wirksamkeit des Nachhaltigkeitssystems erfolgt durch:

- Geschäftsleitungssitzungen, Führungskreismeetings, Bereichsgespräche,
- Betriebsversammlungen,
- Aushänge an Informationstafeln und die Hauszeitschrift.

Der Nachhaltigkeitsmanagementbeauftragte ist der Ansprechpartner für alle Mitteilungen und Anfragen aus der Öffentlichkeit. Die externe Kommunikation über die Wirksamkeit des Nachhaltigkeitssystems erfolgt durch einen Nachhaltigkeitsbericht, der in Anlehnung an die Corporate Sustainability Reporting Directive (CSRD) sowie die European Sustainability Reporting Standards (ESRS) erstellt wird.

Die Ermittlung und Prüfung der Anforderungen an Produkte, Prozesse, Lieferanten sowie die Durchführung, Überwachung und kontinuierliche Verbesserung aller Management-, Kern- und Unterstützungsprozesse des Unternehmens erfolgen gemäß den Ausführungen zu Prozessen in Abschn. 7.6. Dort sind auch die Verfahren für den Umgang mit Risiken, Fehlern und Notfallsituationen dargelegt. Das dort beschriebene Prozessmanagement bildet die Basis für das integrierte Managementsystem Nachhaltigkeit.

7.8.4 Bewertung und Verbesserung

Um die Einhaltung gesetzlicher Vorschriften und die kontinuierliche Verbesserung der Nachhaltigkeit sicherzustellen, sind Organisationsstrukturen zur Überprüfung von Abläufen und Verfahren erforderlich. Hierbei werden unter anderem folgende Punkte überprüft:

- Einhaltung der gesetzlichen Vorschriften und Regelungen,
- Einhaltung der betriebsinternen Festlegungen,
- kontinuierliche Verbesserung von Produkten, Prozessen, Gebäude und Anlagen,
- Erreichen der betrieblichen Wirtschafts-, Umwelt-, Sozial- und Technikziele.

Die Geschäftsführung trägt die Verantwortung für die Einhaltung der gesetzlichen Vorschriften und Regelungen. Die Durchführungsverantwortung für die Einhaltung der gesetzlichen Vorschriften und Regelungen ist durch Übertragung der Unternehmerpflichten an die Führungskräfte der Fachabteilungen delegiert.

Die Führungskräfte der Fachabteilungen sind verantwortlich für die Durchführung der Kontrollen und Messungen an Anlagen innerhalb ihres Verantwortungsbereichs. Falls erforderlich sind Betriebstagebücher zu führen und dem Nachhaltigkeitsmanagementbeauftragten regelmäßig zur Kontrolle vorzulegen.

Die Einhaltung der externen und internen Vorschriften und Regelungen wird regelmäßig durch interne Betriebs- und Managementprüfungen überprüft. Einzelheiten zur Durchführung der Audits sind in einer separaten Prozessrichtlinie „Betriebsprüfungen" geregelt.

Die Verantwortung für die Durchführung und Dokumentation der internen Audits liegen beim den Managementbeauftragten. Die Ergebnisse der internen Audits werden im dreijährigen Auditzyklus zu einem Betriebsprüfungsbericht zusammengefasst. Festgestellte Mängel werden darin dokumentiert und bezüglich der Auswirkungen bewertet. Die Führungskräfte der betroffenen Bereiche und Abteilungen sind für die Mängelbeseitigung zuständig. Einzelheiten werden in der Prozessrichtlinie „Betriebsprüfungen" geregelt.

Auf Basis des Betriebsprüfungsberichts führt die Geschäftsführung einmal im dreijährigen Auditzyklus eine Bewertung der Eignung, Angemessenheit und Wirksamkeit des Managementsystems durch. Die Bewertung wird dokumentiert und mindestens 15 Jahre archiviert Diese beinhaltet insbesondere:

- die Überprüfung der Aktualität der Unternehmenspolitik und erforderlichenfalls deren Anpassung,
- eine Bewertung der Funktionalität des Managementsystems und erforderlichenfalls dessen Anpassung,
- die Bewertung der Erreichung der Unternehmensziele,
- die Festlegung neuer Unternehmensziele für den nächsten Auditzyklus.

Besondere Überwachungsvorschriften

Die Sicherheitsfachkräfte und Sicherheitsbeauftragten überwachen die Einhaltung der Vorschriften zum Arbeitsschutz. Die Einhaltung des Gesundheitsschutzes wird zudem durch die Personalabteilung – unterstützt durch den Betriebsarzt – beaufsichtigt. Die Regelkreise zur Umsetzung und Überwachung der Vorschriften sind in dem AGM-Handbuch geregelt.

Überwachung und Messung von Prozessen

Einen wesentlichen Beitrag zur Ermittlung von Optimierungspotenzialen liefern Statistiken und Kennzahlen. Sie veranschaulichen Informationen und dienen dem Management als Grundlage für objektive Entscheidungen. Die Leiter der Fachabteilungen sind verantwortlich für die Bereitstellung umwelt-, arbeitsschutz- oder produktivitätsrelevanter Daten. Der Leiter Sicherheitswesen erstellt in regelmäßigen Abständen unternehmensbezogene Statistiken zum Arbeitsschutz. Die Statistiken zum Gesundheitsschutz werden von der Personalabteilung geführt.

Zur Überwachung und Messung von Prozessen werden geeignete Methoden für die Ermittlung von Daten und Kennzahlen angewendet. Diese basieren auf aktuellen arbeits-, ingenieur- sowie betriebswissenschaftlichen Erkenntnissen.

Überwachung der Produkte

Die Überwachung der Produkte und die Durchführung dafür erforderlicher Messungen erfolgen zu geeigneten Zeitpunkten im Herstellungsprozess. Das geschieht durch Wareneingangsprüfungen, Selbst- und Zwischenprüfungen sowie End- und Abnahmeprüfungen. Nachweise zur Konformität von Produkten mit den festgelegten Anforderungen und verwendeten Annahmekriterien werden geführt. Diese Aufzeichnungen enthalten auch die Zuständigkeiten für die Freigabe der Produkte. Sind spezifizierte Tätigkeiten nicht zufriedenstellend abgeschlossen, einschließlich der Genehmigung und Verfügbarkeit der zugehörigen Dokumente, werden Produkte nicht weitergegeben oder versendet. Ausnahmen bedürfen einer schriftlichen Freigabe von einer befugten und zuständigen Stelle (z. B. durch den Kunden). Die Rückverfolgbarkeit des Produktentstehungsprozesses wird durch ein Traceability-System mit den wichtigsten Umwelt- und Qualitätsdaten vom Lieferanten bis zum Kunden sichergestellt.

Systematische Verbesserung

Wesentliches Instrument zur Sicherstellung einer systematischen Verbesserung ist das Shopfloor-Management. Das Shopfloor-Management stellt sicher, dass mithilfe von visualisierten Kennzahlen in regelmäßigen Kommunikationstreffen die aktuelle Ist-Situation im Vergleich zur Soll-Situation erfasst und bewertet wird. Bei Soll-Ist-Abweichungen wird eine Verbesserung angestoßen. Bei der systematischen Verbesserung wenden wir eine Problemlösungsmethode mit folgenden acht Arbeitsschritten an (Conrad et al. 2019):

1. Problem erkennen und Handlungsbedarf (Auswirkung) aufzeigen,
2. Ursachen des Problems analysieren und verstehen,
3. Lösungsideen für das Problem finden,
4. Lösungsideen bewerten, priorisieren und auswählen,
5. Maßnahmen zur Umsetzung der Lösungsidee festlegen und planen,
6. Maßnahmen umsetzen,
7. Erfolgskontrolle durchführen,
8. Stabilisierung des neuen, verbesserten Standards.

Literatur

BAFA – Bundesamt für Wirtschaft und Ausfuhrkontrolle (2019) Merkblatt für Energieaudits nach den gesetzlichen Bestimmungen der §§ 8 ff. EDL-G. https://www.bafa.de/SharedDocs/Downloads/DE/Energie/ea_merkblatt.html. Zugegriffen: 9. Febr. 2024

Bühner R (1997) Personalmanagement. Verlag moderne Industrie, Landsberg/Lech

Coenenberg AG (1997) Kostenrechnung und Kostenanalyse. Verlag moderne Industrie, Landsberg/Lech

Conrad RW, Eisele O, Lennings F (2019) Shopfloor-Management – Potenziale mit einfachen Mitteln erschließen. Springer, Berlin Heidelberg

DIN – Deutsches Institut für Normung (2012) DIN EN 16247–1:2012 Energieaudits – Teil 1: Allgemeine Anforderungen; Deutsche Fassung

Eisele O, Conrad RW (2022) Gute Führung – Grundlagen und Verbesserung von Führung mit Ansätzen aus dem Lean Leadership. Leistung & Entgelt (2):6–45

Eisele O, ifaa (Hrsg) (2019) Traceability. Rückverfolgbarkeit durch digitalen Zwilling in der Industrie 4.0. https://www.arbeitswissenschaft.net/angebote-produkte/zahlendatenfakten/ue-zdf-traceability. Zugegriffen: 9. Febr. 2024

Eisele O, ifaa (Hrsg) (2020) Lean Information Management (LIM). Schlanke Gestaltung von Information und Kommunikation. https://www.arbeitswissenschaft.net/angebote-produkte/zahlendatenfakten/ue-zdf-lim. Zugegriffen: 9. Febr. 2024

Eisele O, ifaa (Hrsg) (2022) Betriebliches Kontinuitätsmanagement – Handlungsleitfaden für die praktische Umsetzung. Leistung & Entgelt (Sonderdruck Juni 2022):6–45

Eisele O, ifaa (Hrsg) (2023) CHECKLISTE zum ganzheitlichen Management der Produktivität von Unternehmen. https://www.arbeitswissenschaft.net/angebote-produkte/checklistenhandlungshilfen/ue-che-gpm. Zugegriffen: 25. Jan. 2024

ifaa – Institut für angewandte Arbeitswissenschaft (Hrsg) (2017) Handbuch Arbeits- und Gesundheitsschutz. Springer-Verlag, Berlin

Van Hall M, Kirchesch P, Eisele O (2022) Wie ein Industrieunternehmen zu einem Nachhaltigkeitszielbild kommt. Einblick in das methodische Vorgehen der thyssenkrupp Rasselstein GmbH. Werkwandel 02(2022):20–24

VDI – Verein Deutscher Ingenieure e. V. (2002) VDI 2243 Recyclingorientierte Produktentwicklung. Beuth Verlag, Berlin

Erratum zu: Nachhaltigkeitsmanagement – Handbuch für die Unternehmenspraxis

Erratum zu:
ifaa – Institut für angewandte Arbeitswissenschaft e. V., *Nachhaltigkeitsmanagement – Handbuch für die Unternehmenspraxis,* https://doi.org/10.1007/978-3-662-69573-9

In der ursprünglich veröffentlichten Version des Buches wurde die Zugehörigkeit zu einer Reihe nicht angegeben. Das Buch gehört zur **ifaa-Edition** und wird nun entsprechend in dieser Reihe geführt.

Die aktualisierte Version dieses Buchs finden Sie unter
https://doi.org/10.1007/978-3-662-69573-9

Nachhaltigkeitsmanagement – Handbuch für die Unternehmenspraxis, ifaa-Edition
https://doi.org/10.1007/978-3-662-69573-9_8

MIX
Papier aus verantwortungsvollen Quellen
Paper from responsible sources
FSC® C105338

If you have any concerns about our products,
you can contact us on
ProductSafety@springernature.com

In case Publisher is established outside the EU,
the EU authorized representative is:
Springer Nature Customer Service Center GmbH
Europaplatz 3, 69115 Heidelberg, Germany

Printed by Libri Plureos GmbH
in Hamburg, Germany